KB093004

AI인공지능 & ADAS첨단운전지원시스템 융복합

자율주행차량의 하이테크

From AI to Autonomous and Connected Vehicles:
Advanced Driver-Assistance Systems (ADAS)
Edited by Abdelaziz Bensrhair & Thierry Bapin

Copyright ⓒ ISTE Ltd 2021
All Rights Reserved. Authorised translation from the English language edition published by John Wiley & Sons Inc. Responsibility for the accuracy of the translation rests solely with GoldenBell Corp. and is not the responsibility of John Wiley & Sons Inc. No part of this book may be reproduced in any form without the written permission of the original copyright holder, John Wiley & Sons Inc.
Korean translation copyright ⓒ2022 by GoldenBell Corp.
This translation published under license with John Wiley & Sons, Inc. through EYA(Eric Yang Agency).

이 책의 한국어판 저작권은 EYA(에릭양 에이전시)를 통한 John Wiley & Sons, Inc.사와의 독점계약으로 주식회사 골든벨이 소유합니다.
저작권법에 의하여 한국 내에서 보호를 받는 저작물이므로 무단전재 및 복제를 금합니다.

이 책은 공과대학 INSA Rouen Normandie와 프랑스 자동차 및 모빌리티 산업 클러스터인 NextMove 간의 많은 협력의 결과물이다.

이 책의 주제는 운전 자동화(ADAS, 첨단 운전자 지원 시스템) 분야에 관한 것으로, 연결기반 자율주행차량(CAV) 교육 강좌와 관련된 것들이다.

NextMove는 2006년 6월에 프랑스 자동차 R&D의 70%가 수행되는 Normandy and Île-de-France 지역에 설립되어, 현재와 미래의 이동성 문제를 해결하기 위해 해결책을 발명, 개발, 테스트 및 산업화하는, 유럽의 첨단 산업단지인 "Mobility Valley"를 구현, 활성화 및 촉진하고 있다. 프랑스의 모빌리티 기업의 미래가 혁신을 통한 경쟁력에 달려 있다고 확신하는, NextMove는 주요 제조업체, 중소기업, 신생 기업, 고등 교육 기관, 연구 기관 및 지방 당국 간의 역동적인 네트워크를 구성, 활성화하고 있다. NextMove는 600개 이상의 회원 기관을 모아 500개 이상의 레이블이 지정된 프로젝트(250개 이상의 자금 지원 프로젝트 포함)를 지원하고 있다. NextMove는 프랑스 최대의 탁월한 과학 및 기술 네트워크로, 프랑스 모빌리티 및 자동차 업계에서 600개 이상의 회원사를 확보하고 있다.

혁신을 장려하는 이 생태계 안에서 INSA Rouen Normandie와 Groupement ADAS의 SMS(중소기업들)를 결합, 연결기반 자율주행차량(CAV) 연구에 전념하는 우수한 교육 강좌를 개설하기 위한 아이디어가 탄생하였다. 이 이니셔티브의 시작점에서 NextMove의 Gérard Yahiaoui SME 부회장과 대학교수인 Abdelaziz Benshrair는 하이테크 SME와 주요 공과대학의 학생들을 하나로 모을 필요성에 공감하였다. 전통적으로 대기업을 위한 강좌였던 이 강좌는 자금 문제 때문에 전에는 신생 기업과 중소기업이 이용할 수 없었다. Groupement ADAS의 결정적인 규모와 모든 활동가의 공통된 의지 덕분에 이 CAV 강좌를 구체화할 수 있었다.

NextMove의 주도로 만들어진 Groupement ADAS는 운전 지원 시스템과 자율주행차량 분야의 혁신적인 다수의 중소기업을 한데 모았다. Groupement ADAS의 임무는 차량의 전자 및 디지털 분야에 혁신을 가져와, 도로 안전 및 운전 편의성 문제를 해결하는 것이다. Groupement ADAS는 임베디드 제품, 다분야 전문 지식 및 상호 운용 가능한 개방형 기술을 제공한다.

계속해서 혁신을 추진하기 위해서는 미래 인재의 채용이 핵심 과제이다. 실제로 자동화, 자율주행 및 모빌리티 지원 분야에서 해결해야 할 과제는 새로운 기술 분야의 젊은 엔지니어들을 훈련하는 것이다. 혁신은 주요 그룹만의 특권이 아니다. "연결기반 / 자율주행차량" 교육 강좌의 탄생 덕분에 학생들은 컴퓨터 공학을 공부하는 5학년에 이 전문 강좌를 선택할 수 있게 되었다. 이를 위해 하이테크 스타트업과 SMEs는 제안된 42시간 과정을 제공한다. 임베디드 인지, 운전자 행동 모델링, 운전 자동화 및 심층학습은 모두 이 전문 강좌에서 다루는 주제이다. 젊은 대학생들은 보빌리티 분야의 첨단 기술 중소기업 리더들과 매일 교류할 가능성을 통해, 인턴십 동안 구체적인 사례들을 다루면서 자신의 재능을 발휘할 수 있는 엄청난 기회를 얻게 될 것이다.

Thierry BAPIN
NextMove, 자동차 및 모빌리티 산업을 위한
프랑스 경쟁력 클러스터
2021년 5월

"AI와 ADAS", 모빌리티(이동성)를 어떻게 개선할 수 있을까?

모빌리티 현황 mobility context

지난 10년 동안 프랑스, 유럽 및 전 세계에서 교통사고의 횟수와 원인을 정량화하기 위해 수많은 통계적 연구가 수행되었다. 유럽 수준(European Commission 2019)에서는 연간 총 100만 건의 교통사고, 140만 건의 부상, 25,600명의 사망으로 문제가 심각하다. 전 세계적으로 매년 도로 교통사고로 인해 135만 명이 사망하고 2,000만~5,000만 명이 중상을 입거나 장애인이 된다(세계 보건 기구 2019). 프랑스의 경우 수년 동안 매년 평균 3,400명이 사망하였다. 그러나 부상자 수를 고려하면 사상자와 부상자 수는 70,000명으로 늘어난다. 이는 상당한 사회적 비용을 의미한다.

또한 대부분 사고가 운전자(93%)를 포함한 인적 요인과 관련이 있는 것으로 나타나고 있다. 이러한 연구는 또한 운전자의 능력 및 기타 요인과 관련된 일련의 요인이 운전 능력을 악화시킨다는 것을 보여주고 있다. 이들은 인지, 해석, 평가, 의사 결정 문제 및 궁극적으로 행동과 관련된 문제와 연결될 수 있다. 보다 구체적으로, 운전자는 가시성이 부족하거나 도로 상황의 복잡성으로 인해 제한적 및/또는 피상적인 정보를 가지고 있어 장면을 제대로 이해하지 못하거나, 잘못 해석할 수도 있다. 또한 도로교통 법규의 고의적 위반, 알코올 중독 및 약물 남용, 운전 경험 부족, 피로, 부주의, 단조로움으로 인해 유발되는 문제가 있거나, 단순히 주의가 산만할 수도 있다.

따라서 도로 교통사고의 횟수를 줄이고, 도로 상황에서 위험을 최소화하기 위해서는 운전자를 돕는 것이 필수적이다. 운전자에게 정보(경고, 지침, 전문 지식) 및 능동적(자동화, 위임 및 공유 운전) 지원을 모두 제공함으로써 교통사고를 줄일 수 있다. 이러한 지원 장치는 운전자의 잠재적인 실패에 대한 보상을 잊지 않고 인지, 의사 결정 및 행동과 관련해서 운전자의 한계를 최대한 돕기 위한 것이다.

ADAS에 시각과 지능을 부여하는 인지perception와 AI(인공지능)

이들 운전 보조 장치는 반드시 필수적이고 중요한 인지 단계를 거친다. 이러한 유형의 인지는 높은 수준의 성능, 신뢰성 및 견고성을 보장하기 위해 수많은 제약 조건에 대응해야 한다. 관련성, 품질 및 가용성에 따라 장착된 센서에서 출력된 데이터를 고려할 수 있으려면, 역동적이고 적응력이 있어야 한다. 처리된 이들 정보로 도로 장면과 관련된 "핵심 구성 요소" 속성의 추정값을 포함하는, 협력적인 로컬 및 글로벌 동적 인지 지도map를 구성할 수 있다. 도로 환경의 표현에서, 이들 주요 구성 요소는 장애물, 도로, 차량 자체, 환경 그리고 마지막으로 운전자로 구성된다. 이러한 모든 주요 구성 요소의 상태에 대한 지식을 보유하면 단기, 중기 및 장기적으로 수많은 임베디드 보안 애플리케이션에서 사용할 수 있는, 충분히 포괄적인 인지를 갖출 수 있다. 그러나 운전 프로세스의 자동화와 관련된 활성 응용 프로그램에는 도로 현장 주요 구성 요소의 속성에 대한 최적의 신뢰성, 확신, 정확성 및 견고성을 보장하는, 진정한 고품질 서비스가 필요하다. 이를 위해 인공지능(기계 학습, 심층학습, 그래프 이론, 전문가 시스템, 퍼지 논리 등)을 활용한 기술을 개발하여 센서 데이터 처리에 적용하고, 감지, 필터링, 데이터 복원, 추적, 식별 및 인식 기능을 생성할 수 있게 해야 한다. 이 처리는 센서별로 또는 센서 세트별로 적용된다(다중 센서 융합). 그러나 임베디드 센서의 성능과 센서가 사용하는 기술에 대한, 불리하면서도 열화된 환경 조건의 영향으로 인해 인식이 제한되는 경우가 많다. 결함이 있거나 성능이 저하된 센서는 자동 운전 시스템에 사용되는 것과 같은 활성 애플리케이션의 적절한 작동을 위태롭게 할 수 있으므로 아주 중요하다. 사실, 자율주행 레벨 3과 4에서는 운전자가 여전히 존재하며 시스템이 더 이상 올바르게 작동할 수 없을 때, 언제든지 개입하고 운전 작업을 인수하라는 요청을 받을 수 있다. 불행히도 이 변환(가상 협력 주행 모드에서 운전자 주행 모드로) 과정은 10초 이상이 걸린다(Merat 2014). 부주의한 운전자가 현재 환경을 인식, 분석 및 이해하고, 가능한 최선의 결정을 내려, 차량의 액추에이터(페달, 조향핸들 및 잠재적으로 기어박스)를 효과적으로 작동시키려면 시간이 필요하다. 따라서 자동 시험 시스템으로부터 탈퇴에 대한 경고를 받기 위해서는, 미래 상황을 분석,

해석 및 예측하고 위험 수준을 평가할 수 있도록 공간적, 시간적 측면에서 충분한 간격이 유지된 정보가 필요하다. 이러한 인식을 확장하는 가장 효과적인 방법은 다른 도로 사용자로부터 얻을 수 있는 지식을 사용하는 것이다. 이를 위해서는 통신 수단(차량에 내장되어 있거나 인프라(도로 측)에 설치된 송신기와 수신기)을 사용해야 한다.

커뮤니케이션, 광범위한 인지의 개발과, 문제의 예상에 필요한 요구 사항

이러한 통신 수단을 VANET(Vehicular Ad-hoc NETwork)이라고 하며, 802.11p 표준을 따른다. 전송 시스템 전용의 이들 통신 매체를 관리하기 위해, 다양한 표준을 활용할 수 있다. 예를 들면 다음과 같다.

WAVE 아키텍처(Wireless Access in Vehicular Environments)를 제안하는 IEEE, ETSI TC-ITS 아키텍처를 제안하는 ETSI, CALM 아키텍처를 제안하는 ISO가 있다. 모든 경우에 목표는 미디어에 높은 QoS(서비스 품질)를 제공하는 것이다. 이 QoS는 가용성, 흐름, 전송 지연 그리고 패킷 손실(메시지)의 최소 비율의 기준을 존중하면서, 가능한 최상의 조건에서 데이터를 전송할 수 있는, 통신 매체의 용량을 보장해야 한다. 자동화된 차량의 개발 및 배치와 관련하여 통신의 사용은 분명히 필수적이고 중요한 문제가 되고 있다. 실제로, 정보는 활성 애플리케이션(긴급 제동, 충돌 회피 조종의 적용, 차량 군집 안정성)을 제공하는 데 사용된다. 이러한 맥락에서, 통신 수단에 의해 전송된 정보는 지역(local) 동적 인지 지도를 업데이트하고, 확장된 동적 인지 지도(범위와 속성 안에서)를 얻을 수도 있다. 이러한 확장된 인지를 통해 운전 자동화에 필요한 의사 결정, 경로 계획 및 행동 action 시스템을 제공할 수 있다. 인지를 확장하는 행위는 미래의 위험한 상황을 예측하는 것은 물론, 자동화된 차량의 조종을 제어하는 동안에 최적의 의사 결정(안전 관점에서)을 생성하는 데에도 유용하다. 데이터 프레임에 포함된 정보의 지연, 간섭 또는 변조는 환경에 대한 확장된 인지와 데이터 품질(정확도, 불확실성, 신뢰성, 믿음)에 중대한 영향 impact을 미치며, 틀리고 잘못된 의사 결정을 유도하고, 더 나아가 사고를 유발하게 된다. 자동화된 차량단 관리도 마찬가지이다. 5대 이상의 차량으로 구성된 차량단의 안정성을 보장하고 "아코디언" 효과를 방지하는 유일한 방법은 통신을 사용하여 차량단의 리더가 다른 차량에 조종 의도를 전달할 수 있도록 하는 것이다. 이 경우 차량단의 모든 차량이 동시에 반응할 수 있으며, 인지 범위가 제한적이지 않으며, 선도 차량의 조종을 즉시 알 수 있으므로, 지연이 누적되지 않는다.

시뮬레이션 환경에서 ADAS 프로토타이핑 및 평가, 품질을 보장하기 위한 요구 사항

실제 프로토타입과 "개방된" 도로에서 ADAS의 테스트 및 검증은 높은 재료 비용, 특별한 기후 조건(원하는 또는 회피해야 하는 조건) 또는 상황과 관련된 위험들(충돌 회피, 충돌 충격의 완화, 차선 이탈 회피 등)로 인해 항상 가능한 것은 아니다. 또한 신뢰할 수 있는, 실시간 "지상 실측 정보"를 얻기 위해서는 종종 매우 복잡하고 비용이 많이 든다. 이 마지막 유형의 데이터가 없으면, ADAS의 평가 및 유효성 검사는 구현하기가 여전히 지루하고 정성적qualitative이다. 또한, 인증받기 위해서는 주행 자동화 서비스 및 애플리케이션이 매우 많은 양의 데이터와 도로 상황의 생성 및 사용이 필요하다. 이것은 실제로 수백만 킬로미터를 운전하지 않고는 달성하기 어렵다. 이러한 이유로 도로 환경(센서, 차량, 인프라, 기상 상황 및 운전자)은 ADAS, 그리고 더 나아가 운전 자동화의 프로토타이핑, 테스트, 평가, 검증 및 사전 인증을 가능하게 하는, 불가결의 필수적인 도구로 점점 더 주목받고 있다. 실제로 이러한 시뮬레이션 도구를 사용하면, 완벽한(지상 실측 정보) 참조 기반을 사용하여 열악한 조건에서 제어할 수 있고, 반복 가능한 시나리오(예: 특정 교통 및 임계 상황)를 생성할 수 있다.

완벽하고 작동 가능한 최소한의 자동화된 운전 애플리케이션을 설계하기 위해서는, 다수의 센서를 인식하고, 통신 도구를 사용하여 지역 및 확장된 동적 인지 지도map를 구축하고, 위험한 행동과 상황을 예측하고, 가능한 한 최적의 의사 결정을 촉진하고, 궤적과 경로 계획을 모두 생성하고, 마지막으로 차량 액추에이터에 대한 지침과 명령을 생성하는 제어 법칙을 구현해야 한다. 이 책은 이러한 처리 단계 일부를 다루고자 한다. 먼저 제1장에서는 자동화된 차량을 위한 AI(인공지능) 문제를 다룰 것이다. 그런 다음 제2장에서는 전통적인 그리고 비-전통적인 카메라를 사용하여 환경을 인식하는 방법에 관해 설명한다. 제3장에서는 궤적 계획의 문제를 다루고, 제4장에서는 센서, 차량 및 환경의 물리적 모델을 사용하여 ADAS(첨단 운전자 지원 시스템) 및 자동 운전 애플리케이션의 프로토타입을 가능하게 하는 시뮬레이션 플랫폼을 제시한다. 제5장에서는 협력 시스템 개발을 위한 통신 표준에 중점을 둘 것이다. 제6장에서는 제1장에서 언급한 기술과 처리를 구체적인 적용과 함께 설명한다. 마지막으로, 제7장에서는 자동 운전 응용 프로그램에 인공지능을 사용하는 데 기초가 되는 법적 문제를 다룰 것이다.

참고문헌

European Commission (2019). Road safety in the European Union: Trends, statistics and main challenges, April 2018. 26th International Technical Conference on the Enhanced Safety of Vehicles, Eindhoven, The Netherlands.

Merat, N., Janson, A., Lai, F., Daly, M., Carsten, O. (2014). Transition to manual: Driver behavior when resuming control from a highly automated vehicle. Transportation Research Part F: Traffic Psychology and Behavior, 26, 1–9 [Online]. Available at: 10.1016/j.trf.2014.09.005.

World Health Organization (2019). Road traffic injuries [Online]. Available at: https://www.who.int/ health-236topics/road-safety.

Dominique GRUYER
Gustave Eiffel University
May 2021

우리가 차를 타고 운전을 시작할 때, 우리는 하루 중 가장 위험한 활동 중 하나인 운전을 하려고 한다. 그리고 아무리 경험이 많고 조심스럽고 예의가 바른 운전자라도 운전은 여전히 우리의 하루 중 가장 위험한 시간이다. 왜냐하면 우리는 경험이 없고, 조심스럽지도 않고, 정중하지도 않을 수 있는, 다른 운전자들과 도로를 공유해야 하기 때문이다. 또한 자동차를 이동 수단으로 사용하는 경우, 운전은 위험할 뿐만 아니라 이 일에 온 관심과 에너지를 쏟아야 하므로 지루하고 피곤하기 마련이다.

우리의 일상생활에서 운전만큼 위험하고 스트레스가 많으며 비효율적인 일이 또 있을까? 아마도 없을 것이다. 일상에서 수동 운전을 제거하려는 모든 노력은 우리 생활 방식의 놀라운 개선으로 여겨지게 될 것이다.

스스로 운전하는 차량은 사람들의 운송에 안전과 편안함을 제공할 뿐만 아니라, 차세대 글로벌 혁명이라고 해도 과언이 아니다. 차량을 운전하는 인공지능은, 인류 역사에서 완전히 자율적으로 안전에 중요한 결정을 내리는, 인공 시스템의 바로 첫 번째 예가 될 것이다. 추월, 과속 그리고 다른 차량과 교차로에서 서로 교차할 때와 같은 경우의 의사 결정은 모두, 승객의 삶에 영향을 미칠 수 있는 조종(maneuvers) 뿐만 아니라, AI-기반 시스템과 상호 작용하고 있다는 사실조차 모를 수도 있는, 근처의 자전거 타는 사람 또는 보행자와 같은, 다른 도로 참가자에게도 영향을 미칠 수 있다.

자율주행차를 개발하는 과학자들은 자신의 막중한 책임을 알고 있어야 한다. 완전하지 않은 시스템을 잘못 배치하거나 너무 조기에 배치하면, 이 기술에 대한 사람들의 신뢰와 수용이 줄어들어 일반적으로 AI에 기반한, 발전으로 가는 길을 일시적으로 차단할 수 있다. 자율주행(AD: Autonomous Driving) 기술은 매우 강력한 잠재력을 가지고 있다. 우리 삶에 깊숙이 영향을 미쳐 우리의 미래 습관, 생활 방식, 관계, 공간 및 기대 수명을 바꿀 수 있다. 그러나 불행히도 이 매우 긍정적인 잠재력을 현실로 바꾸는 것은 그리 간단하지 않다. 이 기술의 기술적 세부 사항, 함축된 의미, 단점 및 가능한 오용은 과학자뿐만 아니라 입법자도 깊이 이해해야만, 이 혁신적인 기술이 배포되는 방식에 영향을 미칠 수 있다. 나는 이 책이 과학자들의 미래 연구를 안내하고, 정부 기관이 미래 커뮤니티의 이익을 위해 AD 기술을 가장 잘 사용하는 방법에 대해 정보에 입각한 결정을 내리는 데 도움이 되기를 바란다.

Professor Alberto BROGGI
PhD, IEEE Fellow, IAPR Fellow
General Manager, VisLab
May 2021

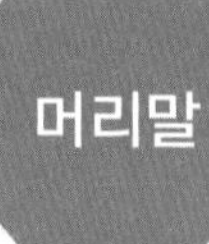

이 책의 주요 주제는 첨단 운전자 지원 시스템(ADAS)의 최근 개발에 관한 것이다.

제1장에서는 인공지능의 개념과 관련된 다양한 기술에 대한 전체적인 현황을 소개한다. 그 다음에, 주로 ADAS 시스템과 관련하여 자율주행차 분야를 중심으로, 업계에서 AI를 적용함으로써 제기되는 문제들에 대해 논의한다.

먼저 1장에서 최첨단 AI 기술을 상기시키고, 장의 마지막 부분에서 자율주행차 분야에서의 응용과의 연계를 논의할 것이다.

2장에서는 인지perception 단계에 관해 설명할 것이다. 이 단계에서는 시각visual 센서가 저렴하면서도 풍부한 데이터를 제공하기 때문에 기존의 것이든 아니든 간에 절대적으로 선호한다. 첫 번째 부분에서는 자율 차량의 문제에 적합한 다양한 유형의 시각 센서를 제시하고, 이어서 이러한 센서의 직접 출력을 활용하는 알고리즘에 관해 설명한다. 이 장의 나머지 부분에서는, 낮은 수준의 접근 방식이 가능한 한 빨리 목표 개념을 통합하는 방법을 보여주는 기술의 선택을 제시할 것이다. 자율 시스템 분야에서 목표는, 탐색 가능한 공간, 장애물(교통 약자, 이륜 차량, 자전거 타는 사람, 기타 차량)을 감지하거나 자기 차량 자체의 움직임을 추정하는 데 도움이 되는, 높은 수준의 성능을 요구한다. 마지막으로 주행 가능한 공간을 탐지하는 기술과 도로 장면에 영향을 미칠 수 있는 다양한 방해 요소에 대한 견고성을 제시하여, 원근감을 제공하는 완벽한 시각적 주행 거리 측정 기술을 도입한다. 이 장의 끝에서 심층학습deep learning에 기반한 접근 방식에 대한 예측을 제시하여, 새로운 AI 기술과 함께 이러한 기술의 가능한 진화에 대해 제안한다.

자동화된 모빌리티의 발달로 인해 특정한 개수의 모듈을 설계해야 하며, 이를 통해 임베디드 또는 원격 정보원에서 생성된 데이터에 의존하는 완벽한 자율주행 시스템을 구축할 수 있다. 이러한 모듈은 인지perception, 판단decision 및 행동action이다. 판단 모듈은 3장에서 소개한다. "계획 planning"이라는 용어는 경제학, 생산 및 신경 과학뿐만 아니라 로봇 공학에 적용된 이론, 모델, 방법 및 접근 방식의 발전을 재결합하는 오래된 용어이다. 자동화된 이동성 계획에 가까운 모바일 로봇 공학에서 계획은 경로route 계획, 궤적trajectory 계획 및 모션 제어motion control 계획의 세 가지 수준으로 나눌 수 있다. 이 장에서는 Gustave Eiffel University(구 IFSTTAR), 특히 LIVIC에서 수행된 작업 및 응용뿐만 아니라 기존의 최첨단 방법을 제시한다. 이러한 응용 프로그램과 다른 응용 프로그램 중에서, 이 장에서는 운전의 완벽한 자동화에 도달하고, 운전자와 상호 작용할 수 있는 협력 주행(co-pilot)을 소개한다.

4장에서는 ADAS 시스템의 프로토타이핑, 테스트 및 평가에 관해 설명하여, 미래의 연결기반 자동화 차량(CAV: Connected and Automated Vehicle)에서 ADAS 시스템이 효과적으로 구현될 수 있도록 하고자 한다.

지난 20년 동안 이동 수단의 발전으로 많은 수의 ADAS가 개발되었다. (자동화 차량의 개발과 함께) 점점 더 활성화되고 있는 이러한 유익하고 협력적인 응용 프로그램은 테스트, 평가 및 검증이 필요하다. 그러나 이러한 ADAS의 품질, 신뢰성 및 견고성을 평가하기 위한 단계에서는, 중요한 상황(인프라 열화, 어려운 기후 조건, 센서 작동의 열화 등)을 재현할 수 있는 제어된 환경에서 특정 시나리오의 구현이 필요하다. 또한 이러한 임베디드 및/또는 오프보드 시스템의 성능을 평가하려면 신뢰할 수 있고 정확한 기준reference 역할을 하는 "현장field 정보"를 생성할 수 있어야 한다. 이러한 모든 제약 조건을 모두 고려하기도, 실제 실험에 적용하기도 어렵다. 이 장에서는 이 문제를 해결하기 위한 대안적인 업스트림upstream 솔루션에 대해 논의할 것이다. 이 솔루션은 시뮬레이션, 특히 Pro-SiVIC 플랫폼의 사용을 기반으로 한다. 이 상호 운용 가능한, 모듈식, 동적 플랫폼은 ADAS 평가 및 검증 프로세스를 구현하는 동안에 노출된 제약 조건에 대해 완벽하고 효율적이다. 이 장에서는 이러한 시뮬레이션 플랫폼에서 구현해야 하는 일반적인 아키텍처와 다양한 기능에 관해 설명한다. 또한 Pro-SiVIC으로 프로토타이핑, 테스트 및 평가된 대표적인 응용 프로그램의 몇 가지 예도 소개한다.

5장에서는 이들 시스템이 환경과 협력하고 자율성autonomy을 현저하게 개선하는, 커뮤니케이션에 관해 설명한다.

이 장에서는 차량, 다른 도로 사용자, 도로 기반 시설, 도시 기반 시설, 교통 및 서비스 클라우드 관리 플랫폼 간의 데이터 교환을 가능하게 하는 표준화된 기술의 문제를 다룰 것이다. ETSI, CEN 및 ISO에서 유럽 용어를 충족하도록 표준화된, 이러한 기술은 "Cooperative ITS"라는 이름으로 알려져 있으며, 데이터 전송, 구성(organization), 보안 및 처리를 위한, 여러 기술과 기능을 결합한다. 가장 잘 알려진 것은 의심의 여지없이, 단거리 지역화 short-range localized 통신기술이다. 이 통신기술은 이동하는 차량(ITS-G5)에 적합한 Wi-Fi 형태를 기반으로 한다. 이들은 원격 통신 인프라(V2X)의 지원을 받지 않고도, 차량들이 서로, 그리고 도로 인프라와 직접 통신할 수 있도록 지원한다. 이들은 주로 ADAS가 혜택을 받을 수 있는 도로 안전과 관련된 애플리케이션에 사용된다. 협력 ITS에는 셀룰러 네트워크(LTE, 5G), 국지적 geo-localized 데이터 구성 기능(로컬 다이내믹 맵) 및 기타 표준화되고 있는 여러 가지 기반의 장거리 중앙 집중식 통신 기술도 포함된다. 상호 운용성을 보장하기 위해 이러한 기술을 그룹화하고, 통합 통신 아키텍처(ITS 스테이션 아키텍처)로 통합하여 동기, 기원, 일반적인 경우, 그리고 방대한 기능 세트에 대해 자세히 설명한다.

보행자 감지와 관련된 독창적인 사례 연구는 6장에서 논의할 주제이다. 모로코 보행자는 모로코에서 치명적인 사고의 희생자 수의 약 28%를 나타낸다. 그러나 이러한 통계는 모로코 도로를 지배하는 후자의 제멋대로인 행동을 고려할 때 충격적인 것은 아니다. 이 장에서는 보행자와의 충돌을 완화하는 PCAM Pedestrian Crash Avoidance Mitigation 시스템을 제안하고, 보행자의 방향 감지를 기반으로 하는, 비정형 지역에서의 보행자 사망률을 줄이기 위한, 솔루션 중 하나를 제시한다. 이 솔루션은 아직, 이 유형의 시스템에 적용되지는 않았다. 모로코 사례를 자세히 연구하기 위해 이동하는 차량에 통합된 카메라를 사용하여 모로코의 여러 도시에서 가져온 데이터로, 새로운 보행자 방향 데이터베이스를 생성하였다. 보행자 방향은 캡슐 네트워크라고 하는 새로운 심층학습 알고리즘에 의해 감지되며, 정확도 면에서 합성곱 convolution 신경망을 능가한다.

소위 "자율주행 autonomous" 차량에 대한 규제는 일반 대중과 자동차 제조업체 그리고 혁신 기업과 같은 해당 분야의 전문가 모두에게 뜨거운 주제이다. 교통이 개방된 도로에서 자율주행차량의 사용으로 인한 법적 영향은 상당하다. 입법 당국은 곧 이 새로운 기술의 일반화의 결과와 법적, 윤리적 영향에 대한 조사에 직면하게 될 것이다. 7장에서는 여러 주제 중에서 개방형 환경에서 자율주행차량을 사용하는 데 따른, 법적 이해관계를 다룰 것이다. 법적 책임과 보험, GDPR(일반 데이터 보호 규정)에 대한 문제도 논의할 것이다.

Abdelaziz BENSRHAIR
INSA Rouen Normandie
May 2021

CONTENTS

PART 02 | 기존의 비전vision여부 : 저급 알고리즘 선택

PART 03 | 자율주행, 궤적 계획의 문제

PART 05 | 협력 지능형 교통체계(C-ITS)에 대한 표준

PART 06 | ADAS의 이점에 대한 보행자 지향의 통합 : 모로코 사례 연구

PART 07 | 자율주행차량: 법적 문제는 무엇인가?

차량용 인공지능

Artificial Intelligence for Vehicles

1.1. 인공지능(AI ; Artificial Intelligence)이란 무엇인가?

'인공지능(AI)'이라는 용어는 John McCarthy[PRO 59]가 만들었으며, 그는 인공지능을 '지적인 기계(intelligent machine)를 만드는 공학 및 과학'이라고 정의하였다. 이 정의가 사용된 방법의 유형을 가정하지 않는다는 점은 주목할 가치가 없다. 목표의 기능적 정의이다. 그러나 이 정의는 '인공지능'의 특성화에서 '지적(intelligent)'이라는 단어를 언급한다. 따라서 완전히 만족스럽지는 않다.

두 번째 정의는 Marvin Minsky [MIN 56]가 제안하였다. '인간이 수행할 때 지능이 필요한 일을, 기계가 수행하도록 하는 과학'이다. 이 정의가 조금 더 정확하다. 첫 번째와 마찬가지로 목표의 기능적 정의이다. '지능(intelligence)'이라는 용어가 정의+에 포함되어 있지만, 여전히 만족스럽지는 않다.

예를 들어 '컴퓨터에서 지능적 거동의 시뮬레이션을 다루는 컴퓨터 과학의 한 분야' 그리고 '지능적인 인간 행동을 모방하는 기계의 능력'[1] 또는 '일반적으로 인간의 지능을 필요로 하는 작업, 예를 들어 시각적 인지, 음성 인식, 의사 결정 및 언어 간 번역과 같은 임무를 수행할 수 있는, 컴퓨터 시스템의 이론 및 개발'[2]과 같은 다른 정의들이 일반적으로 사용된다. 이 마지막 정의는 지능 영역의 범위에 포함된 임무에 대해 조금 더 많은 정보를 제공한다.

주: '생각(thinking)', '정신(spirit)', '이해(understanding)' 등은 AI 정의의 일부가 아니다.

오늘날, 기술 솔루션에 인공지능(AI)의 포함 여부를 말할 수 있는, 특성은 다음과 같다고 생각한다.

- 인지(perception)
- 학습(learning)
- 추론(reasoning)
- 문제 해결(problem solving)
- 자연어 사용(using natural language)

검증 가능한 5가지 특성을 포함한, 더 상세한 정의가 있다. 이러한 기능 중 하나 이상이 시스템에 의해 검증되면, 이 정의에 따라 AI가 관련되어 있다고 말할 수 있다. 우리는 학습(learning)이 AI로 간주되는 것의 한 측면일 뿐임을 주시하고 있다. 이것이 중요한 이유는, 어떤 사람들은 AI를 데이터

제1장은 Gérard YAHIAOUI가 집필하였다.

[1] Merriam-Webster American Dictionary, 2020.

[2] English Oxford Living Dictionary, 2020.

로부터 학습하는 능력과 체계적으로 연관시켜 AI를 사용하기 위한 전제 조건이 대규모 데이터베이스를 구축하는 것이라고 말하기 때문이다. 가장 일반적으로 받아들여지는 AI의 정의는 이것을 전제로 하지 않으며, 우리는 데이터에서 반드시 배울 필요는 없지만, 인간에게서 추출한 지식을 통합하는 AI 시스템(지식 기반 시스템)에 대해 말할 수 있다. 수년 동안, 이러한 시스템은 AI라고 하는 것의 90% 이상을 차지했으며, 거의 완전히 사라졌던 것이, 최근 몇 년 동안 학습 기술에 호응하여, 현재 연구에서 그 비중이 증가하고 있다. 예를 들어, 이제 과학 프로그램에서 '지식 표현(knowledge representation)'과 같은 단어를 다시 볼 수 있는 것이 일반적이다.

우리는 또한 기술이 발전함에 따라 한때 AI 문제로 간주했던 것들, 예를 들어 체스를 두는 것과 같은 것이 일반적인 컴퓨터 문제 목록에서 발견된다는 것을 알 수 있다. 현대 컴퓨터가 체스 챔피언을 이기는 것은 지능 때문이 아니라 모든 게임 시퀀스 조합을 가상으로 병렬로 플레이하고, 항상 최상의 시퀀스를 유지할 수 있는 충분한 계산 능력을 갖추었기 때문이다. 그러나 수년 동안 이 문제는 AI 연구원들에게 뜨거운 주제였다.

이 말은 지능의 개념이 초월에 대한 암묵적인 개념을 포함하고 있음을 보여주는 경향이 있다. 시스템이 어떻게 작동하는지 쉽게 이해하자마자, 우리는 더 이상 그것을 AI로 간주하지 않는다. 이것은 세 가지 분명히 다른 태도로 이어진다.

- '인공지능은 존재하지 않는다.'고 생각하는 사람들 [LUK 19]
- AI를 수평선처럼 우리가 발전함에 따라 후퇴하는 목표로 생각하는 사람들
- 모든 구성 요소와 매개변수를 완벽하게 알고 있더라도 동작을 예측

할 수 없을 때, 우리가 실제로 AI를 만들 것이라고, 생각하는 사람들. 이 개념이 '결정론적 혼돈 이론'[CRU 86]에 존재하는 한, 이것은 동떨어진 정의가 아니다.

사실, 이 세 가지 태도는 결국 수렴된다. 이 세 가지 사고방식에서, 지능이라는 개념 자체가 AI를 '단순한 자동 기능'으로 축소하는 어떤 설명에 대해서도 초월적인 자세를 유지해야 한다.

1.2. 인공지능(AI)의 주요 방법

이 절에서는 기술을 상세하게 제시하거나 철저하게 주장하지 않는다. 특정한 지침(guideline)과 용도를 이해하기 위해, 주요 접근 방식의 존재에 대한 인식을 높이기 위한 요약에 지나지 않는다.

1.2.1. 심층학습(Deep learning)

심층학습은 '정형(formal) 뉴런'의 네트워크가 자동으로 기능을 학습하도록 하는 것을 말한다. 대부분 경우, 이러한 뉴런은 스칼라 곱 단계로 구성된다. 입력 벡터는 '시냅스 가중치(synaptic weight)'라는 계수에 의해 가중치가 부여된다. 데이터 벡터를 다룰 때 표준 스칼라 곱을 사용하는 것이 일반적이다. 그러나 신호(일시적인 음성 신호, 이미지, 비디오 등)를 처리하는 경우, 상호 상관 함수인 신호의 벡터 공간의 스칼라 곱을 사용한다[BUR 19]. 이 함수는 합성곱(convolution) 연산으로 작성되었기 때문에 '합성곱 신경망'(CNN)[BUR 19]이라고도 한다. 조정 가능한 계수를 포함한, 스칼라곱 단계 다음에는 '활성화(activation) 함수'가 뒤따른다. 다수의 가능한 활성화 함수가 있으며 가장 일반적인 것은 쌍곡선 탄젠트로 인코딩되는 'S' 곡선이다. 스칼라 곱을 거리로 대체하고 '방사형 기저 함수 신경망'과 같은 비-단조 활성화 함수를 사용하는 변형도 있다[LOW 88].

산업 응용 분야에서 뉴런(neuron; 신경세포)은 일반적으로 '피드포워드(feedforward)' 패턴에 따라 계층(layer)에 배치된다. 뉴런의 계층에는 두 종류가 있다. 하나는 외부 세계와 직접 접촉하는 입력계층과 출력계층이고, 다른 하나는 은닉층 또는 심층층이라고 하는 중간계층이다. (그래서 용어, 심층학습).

이들 신경망은 특별한 흥미가 있다. 첫째로는, 입력과 관련하여 뉴런의 출력으로부터 직접 또는 간접 피드백이 없으므로 작동이 안정적이다. 두 번째로 범용 근사자(universal approximators)를 고려해야 하는, 특정 조건에서 활성화 함수가 나타내는 정리(定理)가 있다[HOR 89].

이러한 계층 네트워크의 학습은, 리졸브드(resolved) 데이터베이스(또는 학습 기반)에서 신경망에 의해 만들어지는 오류를 최소화하기 위해서, 스칼라 곱의 가변 매개변수를 반복적으로 조정하는 데 관여한다. 우리는 지도학습(supervised learning)에 대해 말하는데, 이유는 학습 과정에서 신경망의 각 입력에 대해 원하는 출력을 알고 있기 때문이다.

네트워크에서 발생하는 오류의 가능한 최솟값에 대한, 이 반복 검색은 임의 검색과 같은 운용과학의 고전적 개념, 그리고 모의 담금질 기법[HEN 06]과 같은 정교한 기능 또는 '역전파(backpropagation)' 학습 규칙[BUT 05]으로 이어지는, 경사 하강법(gradient descent)이 적용되는 오류 기울기의 개념을 사용한다.

많은 다른 유형의 신경망이 있지만, 일반적으로 다층 피드-포워드 신경망을 가장 많이 사용한다.

1.2.2. 기계 학습 (Machine Learning)

일반적으로 기계 학습(machine learning)과 심층학습(deep learning)은 구분된다. 심층학습은 다층 피드-포워드 신경망의 특별한 경우의 기계 학습을 표현한 것이다.

기계 학습의 프레임워크는 더 광범위하다. 시스템의 구성 요소가 무엇이든 상관없이 매개변수를 자동으로 조정할 수 있는, 논리적 추론 요소 또는 계산 시스템으로 나타낼 수 있다. 데이터베이스의 오류를 최소화하기 위해 매개변수를 반복적으로 검색하는 것을 기계 학습이라고 하며, 운용과학(operational research)과 동일한 개념을 사용한다.

기계 학습 시스템에는 다음이 포함되는 경우가 많다.

- **베이지안**(Bayesian) **네트워크**: '베이즈(Bayes)'의 조건부 확률 계산 셀을 조작한다[PEA 88].
- **전이**(transfer) **학습 시스템**: 다른 과제를 해결하기 위해, 앞서 과제 해결에 처음 사용했던 지식과 기술을 다시 적용하는 것을 포함한다. 어려움은 작업 근접성을 측정하고, 작업의 어떤 특성이 어떤 종류의 지식과 관련이 있는지 아는 데 있다[BOZ 76].
- **퍼지**(fuzzy) **의사결정 테이블**[GUP 82]: 이들은 퍼지 집합에 대한 연산자 멤버십 함수(operator membership function)를 통해 "예"와 "아니오" 사이의 모든 정도(degree)를 허용하는 퍼지 논리로 고전적인 "예/아니오" 논리를 대체하여 의사결정 테이블의 고전적인 개념을 구현한다. 퍼

지 집합은 구성 가능한 연속 함수이다. 기계학습은 데이터베이스에서의 의사결정 오류를 최소화하기 위해, 퍼지 멤버십 연산자의 조정 매개변수를 반복적으로 찾는 것을 포함한다. 퍼지 집합은 불확실한 지식과 부정확한 데이터를 모두 나타내며, 종종 의사결정의 계산에 '가능성 이론(possibility theory)'[DUB 88]을 사용할 수 있음에 유의해야 한다.

- **의사결정 나무**(decision trees) [KAM 17]: 의사결정 공간은 사례 그룹으로 반복적으로 분할되고, 각 사례(case)는 더 작은 그룹 등으로 분할된다. 이 분할 프로세스의 반복이 의사결정 나무를 구축한다. 각 나무 마디(node)에는 사례를 한 그룹의 사례 또는 다른 사례 그룹으로 분류할 수 있도록 하는, 조정 가능한 매개변수가 있다. 데이터베이스에서의 의사결정 오류를 최소화하는, 마디 매개변수에 대한 반복 검색 역시, 기계 학습의 범위에 속한다.

다른 많은 지도(supervised) 기계학습 기술이 있지만, 위에서 언급한 요약으로 책의 나머지 부분을 이해하기에 충분할 것으로 생각한다.

1.2.3. 클러스터링 (Clustering; 군집화)

많은 양의 데이터를 이해하기 위한 질문 중 하나는 다음과 같다. 데이터베이스를 소위 동종 그룹으로 나눌 수 있는가? 그룹 내 분산이 그룹 간 분산보다 작으면 그룹이 동질적이라고 한다. '벡터 양자화(vector quantization)'[PAG 15]라고도 하는, 이 질문으로 인해 많은 방법이 개발되었으며 그 중 다음을 언급할 수 있다.

- **이동 평균 또는 K-평균 클러스터링**[LLO 57]: 이 알고리즘은 단순하다. 여기에는 '씨앗(seeds; 초깃값)'(데이터 벡터 공간에서 임의 벡터)을 초기화하고 다른 씨앗보다 한 씨앗에 더 가까운 벡터를 각 씨앗에 할당하는 작업을 포함한다. 따라서 씨앗당 벡터 그룹을 얻는다. 새로운 씨앗을 각 그룹의 질량(barycenter)으로 계산하고, 연산을 N회 반복한다. 그 후에 씨앗의 움직임이 멈추면, 알고리즘이 수렴되었다고 한다. 이 알고리즘은 데이터 분석 및 신호 이론을 연구하는 연구원들이 AI 부문 외부에서 개발했으므로 이동 평균은 일반적으로 AI 기술의 일부로 간주하지 않는다. 그러나, 이 방법은 간단한 아이디어를 사용하지만, 성능을 향상하기 위해 반복 학습 규칙에 확률적 버전을 구현하는, 자동 클러스터링 신경망(automatic clustering neural networks) 연구자들이 여전히 사용하는 기초이다.

- **Teuvo Kohonen**[KOH 82]**이 제안한 SOM**(Self-Organization Maps; 자기 조직화 지도)은, 언뜻 보면 신경망을 이용한 Monte-Carlo[MET 49] K-평균 방법이라고 할 수 있다. 각 뉴런에는 입력을 고려하는 계수 벡터(시냅스 가중치라고 함)가 있다. 구성에 따라 이 벡터는 그룹으로 나눌 공간과 동일한 수의 구성 요소를 가지고 있다. 분류해야 할 예가 있을 때, 계수 벡터가 이 입력 벡터에 가장 가까운 뉴런을 찾는다. 이 뉴런을 '선택된 뉴런'이라고 한다. 선택된 뉴런의 입력 계수는 입력 예제에 더 가깝도록 수정된다. 따라서 N 번 분류될 예시 세트를 제시한다. 아이디어는 선택한 뉴런의 계수를 예제 입력에 더 근접시킬 때, 이 입력 벡터처럼 보이는 모든 데이터에 더 가깝게 근접하는 것이다.

따라서 이동 평균은, 수학적 이점을 제공하는, 무게 중심을 계산하지 않고 구현한다. 그러나 이것이 SOM(자기 조직화 지도)이 되기 위해서는 지도(보통 2D)에 뉴런을 지리적으로 배치하고, 인간인지의 생물학적 신경망 구조에서 영감을 받아, 뉴런 간의 상호 작용(측면 억제; lateral inhibition라고 함)을 적용한다. 핵심은 선택된 뉴런의 지리적 이웃도 시냅스 계수를 수정해야 하지만, '멕시코 모자'라는 함수를 따라야 한다는 점이다. 지리적으로 가까운 뉴런은 또한 이 선택된 뉴런을 결정하는데 이바지한, 입력 벡터에 더 가까운 시냅스 계수를 취한다. 그러나 선택된 뉴런으로부터의 거리로 인해, 힘이 감소하므로 그렇게 된다. 반대로, 지리적으로 멀리 떨어진 뉴런은 입력 예제에서 멀리 떨어진 시냅스 계수를 갖는다. 이 과정이 끝나면, 지도의 각 영역은 입력 유형에 민감하고, 클래스(class)는 토폴로지에 따라 지리적으로 배치된다. 두 개의 인접한 클래스는 가까운 뉴런의 그룹으로 표시된다.

- **신경가스**(neural gas; NG) [MAR 91]: 이것은 SOM의 확장모델이다. 지리적 공간에서 뉴런 사이의 거리를 측정하는 대신에, 시냅스 계수 공간 내에서 이 거리를 계산한다. 다시 말해, 선택된 뉴런에 가장 가까운 뉴런은 선택된 뉴런이 없었더라면, 선택되었을 뉴런이라고 생각한다. 이는 마치 뉴런이 서로에 대해 끊임없이 움직이는 것처럼, 각 입력 예제(example)에 대해 뉴런을 다르게 분류하는 거리를 설정한다. 이것이 '신경가스'라는 용어에 대한 설명이다. 클러스터링 작업이 끝나면, 각 그룹에 속하는 예를, 말할 필요 없이, 동종 데이터 그룹을 얻는다. 예(example)는 유사성 원칙에 따라 그룹화된다(유유상종). 이

것이 우리가 비지도 학습(unsupervised learning)에 대해 말하는 이유이다.

SOM(자기조직화 지도)의 단점을 해결하기 위한 제안된 신경가스(Neural Gas, NG) 계열의 모델들은 SOM의 고정된 노드 연결 상태를 동적으로 변화시킬 수 있도록 개선한 것이다. 초기 모델인 NG(Martinetz and Schulten 1991)는 SOM과 비슷하게 노드 활성화와 조정을 하지만, 노드 간 연결을 미리 정해 두지 않고 공동으로 활성화된 노드 사이에 생성하며, 각 연결의 최근 활성화 시각을 기록하여 일정 시간 동안 활성화되지 않은 연결은 삭제한다. NG를 발전시킨 GNG(Fritzke 1995)는 초기 노드를 두 개로 줄이는 대신 노드마다 입력에 대한 예측 오차를 기록하고 오차가 일정 수준 이상으로 커지면 새로운 노드를 추가하도록 하여 자유도를 높였다.

SOINN(Shen and Hasegawa 2006)은 노드 활성화 횟수를 추가로 기록하고 두 수준의 계층적 표상 공간에서 번갈아 가며 군집화를 진행하여 잡음에 강인하게 했으며, 이를 확장한 A-SOINN(Shen et al. 2011)은 준-지도 능동 학습을 통해 표지가 적을 때도 안정적으로 데이터를 분류할 수 있도록 했다. 그러나 이런 모델들은 여러 단계의 동작을 결정하는 다수의 고정 파라미터를 미리 정해야 한다는 한계를 가지고 있다.

1.2.4. 강화 학습(reinforcement learning)

강화 학습은 지도 학습(supervised learning)과 간접적으로 비교할 수 있다. 원하는 출력은 모르지만, 계산된 출력이 허용 가능한지, 불가능한지 안다. 아이디어는 수용할 수 없는 솔루션을 억제하고 수용 가능한 솔루션의 존재를 강화하는 것이다. 이를 누적 보상(cumulative reward) 메커니즘이라고 한다.

예를 들어 서보 제어(servo control) 문제에 대한 실행 가능성 이론[AUB 11]을 사용하는, 자동화와 같은 다른 분야에서도 이러한 종류의 '허용 가능한(admissible)' 솔루션 아이디어를 찾을 수 있음에 유의해야 한다. 여기에는 최적화 기준에 따라 최적의 출력을 찾는 것이 아니라, 시스템을 '실행 가능(viable)'하게 만드는 솔루션, 즉 조종(예: 로봇)의 관점에서 수용할 수 있는 솔루션이 포함된다.

대부분의 고전적 강화 학습 방법은 조합 문제를 겪고 있으며, 소수의 차원(예: 최대 5개)의 문제에만 적합하다. 예를 들어 Q-Learning 또는 동적 계획(dynamic programming) 지원 역할을 하는 마르코프 결정 과정(MDP, Markov Decision Process)[OTT 12]을 인용해 보자. 해결해야 할 시스템은 마르코프(Markovian) 프로세스에 의해 모델링된 N개의 상태를 취하는 경우를 고려하자.

과정을 모르는 경우는, Q-learning[SUT 98]을 사용할 수 있다. 여기에는 시스템의 각 상태에 대한 의사결정(로봇 동작) 학습이 포함된다. 학습 과정에서, Q(a, b)함수를 발전하도록 한다. 이것은 시스템이 'a' 상태에 있을 때 'b' 동작에 제공되는 (관찰된) 보상을 나타낸다. 작동 시, 시스템은 시스템이 설정된 S 상태에서 보상을 최대화하는 동작을 적용한다.

MDP(마르코프 결정 과정)를 알면, 1950년대부터 시작된 최적화 방법인 동적 계획법(dynamic programming) [BEL 57]을 사용할 수 있으며, 문제에 대한 최적의 응답은 하위 문제에 대한 최적 응답의 조합이라고 규정한다. 그들이 말하는 것처럼 '"분할하고 정복하라'.

차원이 많은 문제의 경우, 다음을 사용할 수 있다.

- 위에 제시된 심층학습(deep learning), 그리고 이 경우에는 심층 강화학습(DRL: Deep Reinforcement Learning)[MAT 15]을 말한다.
- 유전 알고리즘[HOL 84]: 솔루션 세트는 유전자형이라고 하는 데이터 벡터로 표현되는 개체의 모집단으로 간주된다. 각 유전자형(잠재적 솔루션)은 표현형(phenotype)이라는 결과를 가져온다. 누적 보상 기능을 사용하여 개체를 죽이거나 죽이지 않을 수 있다. 개체는 서로 교배(교차)하여 쌍으로 번식할 수 있는데, 이는 유전자형의 끝을 복사하여 붙여 넣어 새로운 개체를 만드는 것과 같고, 개체는 돌연변이(유전자형 벡터 요소의 무작위 변형)가 될 수 있다.

메커니즘은 다윈식(Darwinian)이다. 최상의 솔루션은 살아남고 새로운 솔루션을 생성하는 관점에서 번식에 이바지하는 유일한 솔루션이다. 심층학습과 달리, 오류를 최소화하기 위해 솔루션을 반복적으로 수정하지 않고, 이들 솔루션의 수용 가능성을 최대화하기 위해, 솔루션 모집단을 반복적으로 수정한다. 따라서 최상의 솔루션을 찾기 위해, 여러 솔루션을 교차하여 동시에 개발하려고 노력한다.

이러한 이유로 '암시적 병렬성(implicit parallelism)'에 대해 언급한다. 이 접근 방식을 사용하려면 솔루션 간의 보간법(interpolations)이 의미가 있도록, 최소한 하나의 로컬 토폴로지가 존재하는 코딩을 사용하여, 유전자형(genotypes)을 코딩해야 한다.

1.2.5. 사례 기반 추론(case-based reasoning)

사례 기반 추론[AAM 94]은 유사한 문제의 해결에서 영감을 얻는다. 이를 위해서, 토폴로지를 수용하는 문제에 대한 설명이 있어야, 케이스 간의 거리를 계산할 수 있다. 두 표현(representation)이 비슷하면 문제가 가깝고, 그 반대도 성립한다.

유사한 문제에 대한 검색은 일반적으로 발견적(heuristically) 방법으로 수행하거나, N개의 가장 가까운 이웃을 검색하여 수행한다.

기본 원리는 사례를 성공적으로 해결할 수 있었던 추론(reasoning)을 기록한 다음, 가장 가까운 해결 사례 뒤에 추론을 직접 적용하거나, 가장 가까운 사례 뒤에 추론의 수정(파생)을 적용하는 것이다.

시스템은 문제를 해결할 수 있었던 추론으로, 점점 더 많은 사례를 저장하고, 학습을 계속한다.

1.2.6. 논리적 추론(logical reasoning)

지식 기반 시스템은, 일반적으로 논리적인 연역적 추론(deduction)을 통해 복잡한 문제를 해결할 수 있는, 인간 전문가로부터 지식을 구해야 한다. 지식 기반 시스템을 사용할 준비가 되기 전에, 인터뷰와 연구 사례의 해결을 통해 전문가로부터 지식을 끌어내는 것이 필요하다. 이 논리적 지식이 모이면, 모델링해야 한다(지식 표현[SOW 00], 일반적으로 수학적 논리의 형태로).

문제를 해결하기 위해, 논리적 추론은 여러 수준의 복잡성으로 작동할 수 있는, 추론 엔진(inference engine)이라는 특수 프로그램을 적용한다. 가정을 만들고, 유효성을 확인하거나 무효화하고, 모든 '드모르간(de Morgan) 규칙' 등을 사용하여 논리(logic)를 조작할 수 있다. 사용되는 논리는 이진 또는 퍼지일 수 있다[ZAD 75]. 후자의 경우, 예를 들어 논리 연산자를 가능성(possibilities) 이론[DUB 88]과 결합하기 위해, 더 최근의 수학적 방법을 사용할 수 있다.

1.2.7. 다중 에이전트 시스템

다중 에이전트 시스템[WEI 99]은 꿀벌, 개미 등 무리에서 기능하는 동물 그룹에서 영감을 받았다.

각 에이전트(벌)는 자동 장치와 같이 매우 간단한 동작을 갖지만, 복잡한 문제를 해결할 수 있게 하는, 창발성(創發性; emergent property) [OCO 12]이라고 하는 것을 그룹에 부여하는 것은, 자동 장치 간의 상호 작용이다.

에이전트는 'BDI(Belief-Desires-Intentions; 믿음-욕망-의도)' 유형[RAO 95]에 따른 행동의 자율성과 환경에 대한 반응 모델을 가지고 있다. 다중 에이전트 함수의 핵심은 에이전트 간의 통신과 상호 작용(예: 주변 에이전트의 작업에 대한 에이전트 작업의 영향)이다. 다중 에이전트 시스템에서의 학습은 특히 Markov Decision Process(MDP)와 같은 알려진 방법에 의존한다.

1.2.8. PAC(Probably approximately correct) 학습

PAC 학습[VAL 84]은 학습 과정에 복잡성 이론을 도입한다. 아이디어는 클래스(class)를 각 입력 벡터와 연관시키는, 사전 설정된 분류 기능이 있다는 점이다. 이러한 사전 설정 기능 중 하나를 '개념(concept)'이라고 하며,

새 항목을 적절하게 분류하는 (복잡한) 기능이다. 실제로 함수의 모음을 초기화할 수 있다. 이를 위해서는 다항시간(多項時間; polynomial time) 범위에서 개념에 가장 가까운 함수, 즉 E보다 작은 오차로, 개념을 제공할 확률이 P보다 높은 함수를 찾아야 한다.

1.3. 산업계를 위한 최신 AI(인공지능) 과제

1.3.1. 설명 가능성: XAI(eXplanable Artificial Intelligence; 설명 가능한 인공 지능)

AI(인공지능) 기술은 이해하기 쉬운 결과(output)가 없어도 매우 잘 작동할 수 있다. - 사후 감사를 수행할 때도. 그러나 개인 간의 차별이 관련된 특정 영역(예: 크레딧 수여 결정) 또는 강력한 안전 문제가 있는 기타 영역(예: 개방 도로에서 자율주행차량 운전)에서는 투명성 필요조건이 요구된다. 첫 번째 경우에는 투명성 또는 '설명 가능성(Explainability)'이 결정을 정당화할 수 있는 반면에, 두 번째 경우에는 예를 들어 SIL(Security Integrity Level: 안전 무결성 등급) 형식을 사용하여 형식적인 보안 증명을 생성하는 것이 도움이 된다 [THE 19].

AI 시스템의 기능을 설명할 수 있게 하는 작업은 XAI[GUN 19] (eXplainable Artificial Intelligence; 설명 가능한 인공지능)라는 용어로 그룹화된다.

이 주제에서 지식 기반 시스템은, 예를 들어 심층학습과 같은 순수한 수치 컴퓨팅 방법보다 이점이 있음에 주목해야 한다. XAI를 검색할 때, 딜레마는 일반적으로 더 나은 설명 가능성을 얻기 위해 성능 저하를 수용해야 한다는 점이다.

1.3.2. 소위 하이브리드 AI(인공지능) 시스템의 설계

주어진 기술의 모든 문제를 어떤 대가를 치르더라도 해결하려고 하는 소수의 전문가를 제외하면, AI 시스템을 설계해야 하는 엔지니어들은 여러 기술의 모음을 사용하는 것이 필요하다는 결론에 도달한다. 말 그대로 '하이브리드' AI(인공지능) 솔루션이다.

따라서 다음을 공동으로 통합할 수 있는 솔루션에 이르게 된다.

- 심층학습(Deep Learning)
- 지식 기반 시스템(knowledge-based systems)
- 통계(statistics)
- 물리학(physics)
- 응용 수학(applied mathematics)
- 고전적 알고리즘(classic algorithms)(이미지 처리, 신호 처리 등).

이러한 솔루션들을 설계하기 위해서는, 광범위한 일반 지식이 필요하고, 거의 무한한 선택의 조합에 빠지지 않도록 해야 한다.

이를 위해, 고전적 알고리즘과 신경망을 혼합한 솔루션을 설계하는 방법론이 만들어졌다. 이를 'AGENDA'(Approche Générale des Etudes Neuronales pour le Développement d'Applications, General Approach to Neural Studies for Development of Applications)[AMA 00]라고 한다. 이 방법론은 시스템이 변형 및 불변형으로 지정된 정보 처리 기계로 설계되는 것으로 간주한다. 실제로 팀 창의성을 촉진(다양한 기술에 대해 여러 전문가의 기술을 통합해야 함)하여 기술적 선택의 추적성을 확보하고, 테스트 절차를 개선하며, 학습에 관한 한 - 학습과 검증 데이터베이스를 질적, 양적으로 세련되게 한다.

이 방법의 적용으로 관찰된 효과 중 하나는, 훨씬 적은 수의 예제로 더 효율적이고, 더 강력한 학습을 얻을 수 있다는 것이다.

1.4. 지능형(intelligent) 차량이란?

과거에, 인류는 이미 자신의 고유 지능을 가진 이동 수단인, 말에 접근할 수 있었다.

그러나 이 이동수단의 조종이 때때로 복잡할 수 있다는 것은 분명하다. 즉, 말과 기수의 상황에 대한 평가가 서로 다를 때이다.

지능형intelligent 차량이라고 말할 때는, 운전자가 상황을 제대로 판단할 수 없다고 판단되는 특정한 경우를 제외하고, 자신 고유의 자유 의지를 가진 차량도 제외한다.

이를 운전 지원(driving assistance) 또는 운전 위임(delegation of driving)이라고 하며, 이는 불완전할 수도 또는 완전할 수도 있다.

1.4.1. ADAS (Advanced Driver Assistance Systems)

ADAS(첨단 운전자 지원 시스템) [HER 16]의 목적은 운전자가 인지하지 못한 상황을 운전자에게 알려주고, 무엇보다 차량에 자동으로 개입하여 운전자를 돕는 것이다. ADAS의 영역은 두 부문으로 나눌 수 있다.

- **정상 주행 중 동작**: 비상 상황이 없고 차량이 적절한 환경에서 정상적으로 주행 중이며, 예를 들어 차량이 자동화된 정속주행(ACC) [WIN 12]이라는 장치를 통해 주행속도를 자동으로 조절할 수 있다(지능형

속도 적응 - ISA[BLU 12]). 이는 종방향(longitudinal) 주행의 위임으로 볼 수 있다. 마찬가지로 차량 전방의 주행 차선이 명확하게 감지되면, 차선이탈 제어 및 조향 보조기능[GAY 12]을 사용하여 차량이 자동으로 이 차선의 중앙에 머물도록 조향핸들을 제어할 수 있다. 우리는 이 기능을 횡방향(lateral) 운전의 위임으로 생각할 수 있다.

- **비상 조치**: 차량이 비상 상황을 감지하면, 일반적으로 운전자에게 경고하기에는 너무 늦다(이는 위험한 순간에 파괴적인 스트레스를 생성하기 때문에 역효과일 수도 있음). 여러 단계가 있다. 비상시, 충돌 중, 충돌 후.

(1) 다양한 주행 단계

❶ 정상 주행

이 시스템은 비상 상황의 발생을 최소화하기 위해 '잘 작동'할 것으로 예상된다. 위에서 보았듯이, ACC(보통은 Adaptive 또는 Autonomous Cruise Control)와 '차선 이탈 제어(Lane Departure Control)'의 영역이다.

❷ 비상 상황

가능하면 신속하고 적절한 반응으로 비상 상황에 대응하여, 사고를 방지하는 시스템이 되기를 원한다. 최악의 시나리오에서 사고가 불가피한 경우, 시스템이 가능한 한 가장 심각하지 않게 하기를 원한다. 이 범주에는 다음과 같은 시스템들이 있다.

- **차량의 동역학 제어 시스템**: 제동력 보조 및 구동력 제어
- **자동 제동 시스템**: AEB(보통은 Autonomous Emergency Braking: 자동 비상 제동) [AEB 17]
- **잠재적으로, 자동 회피 시스템**(automatic avoidance system). 비상 회피 동작

에 놀란, 인접 차선의 차량과 사고가 발생할 가능성이 크기 때문에 이 시스템의 동작은 비상 제동보다 더 섬세하다.

❸ 사고가 발생하는 동안

사고를 피할 수 없는 경우를 대비하여 심각도를 최소화하는 솔루션을 갖추고 있다. 변형 구역(deformation zone), 안전 캡슐, 에어백, 안전벨트 등

❹ 사고 후

충격의 심각도 판정에 따라, 자동 통신 시스템이 구조 요청을 결정할 수 있다.

(2) 도로 상의 위험에 관한 생각과 관련된 매우 뚜렷한 개념

미래의 잠재적 사고에 관해서는 모든 엔지니어가 즉시 "충돌 가능성(probability of collision)"이라는 개념을 생각할 것이다. 물론 이 개념도 중요하지만, 아래에서 살펴볼 다른 개념들도 중요하다.

❶ 잠재적 위험(예측되지만 피할 수 없는 위험(harzard))

오랫동안, '얼음 위험' 또는 '낙석'과 같은 도로 표지판으로 잠재적인 위험을 알려왔다. 이 표지판의 단점은 모든 운전 조건에서 의미가 있는지가 항상 명확하지 않다는 점이다. 요즘에는 다양한 메시지 패널에 경고를 통합하거나 소리 또는 음성 경고의 형태로 차량 조종석에 직접 경고를 통합할 수 있다. 이러한 경고에는 3km 전방의 사고, 4km의 교통 체증, 차선을 걷고 있는 사람들 등이 있다.

잠재적 위험에 관한 이들 정보는 디지털 지도에 통합되거나, 다른 차량에서 또 다른 차량으로 전송되거나, 일반적으로 V2X 시스템(차량 대 차량(또는 기반 시설) 통신이라고 하는 통신 시스템을 사용하여 도로 기반 시설

로부터 전송된다. – 커넥티드 카(Connected Vehicle)라는 용어의 탄생.

이들 정보는 흥미롭지만, 실제로 운전자는 무엇을 해야 하는지 또는 언제 해야 하는지 모르는 경우가 많다.

예측되지만 피할 수 없는 위험[DUD 17]은 운전자의 운전 행동(behavior)이 부적절할 경우만, 유효한 위험이 될 것이다.

❷ 운전 위험 (Driving risk)

운전 행동(속도, 가속도)과 운전 상황(전방 인프라의 복잡성, 위험 경고, 교통 상황 등)을 모두 감시하면, 이 두 요소 간의 불일치를 발견할 수 있다. 이러한 불일치는 '운전 위험(driving risk)'[GRÉ 16]에 대한 주의 부족으로 간주한다. 이러한 주의 부족/운전 위험은 지식 기반 시스템을 사용하여 실시간으로 추정할 수 있다.

운전 위험은 정상 운전 중에 계속 추정된다. 그 수준은 차량이 비상 상황에서 스스로 발견할 수 있는 빈도(낮음 또는 높음)를 결정한다(비상 시나리오는 사고 상황의 유발). 위에서 언급한 ISA(Intelligent Speed Adaptation; 지능형 속도 적응) 문제의 일부로 ACC(자동화된 정속주행)는 과속을 방지하기 위해, 물론 사고로 이어질 수 있는 긴급 상황을 방지하기 위해, 차량의 주행속도를 자동으로 제어할 수 있다.

❸ 위험도 (Criticality)

비상 상황의 위험도는 비상 시나리오가 진행되는 동안의 유효한 위험수준[PAU 18]이다. 이 수준은 시간이 지남에 따라 매우 빠르게 변할 수 있다.

위험도(criticality)는 다음과 같은 여러 지표를 통해 추정할 수 있다.

– 충돌 확률(또는 궤적 중단 확률)

- 충돌 예측 시간(TTC; time to collision)

- 가능한 충격 에너지

일반적인 자연어를 사용하면, 이러한 세 가지 경우(잠재적 위험, 주의 부족/운전 위험, 위험도)에 '위험(risk)'이라는 단어를 아주 자연스럽게 사용할 수 있음에 유의하자. 결과적으로 이는 일부 통신을 이해할 수 없게 만든다. 그래서 매번 적절한 용어를 사용하여 개념을 구별하는 것이 좋다.

❹ ADAS의 전역 블록선도 (global diagram of ADAS)

운전지원장치가 장착된 최신 차량은 두 가지 기능을 포함하는 자동장치로 볼 수 있다. 예를 들어 ACC(또는 차선이탈 경고시스템)를 갖춘 정상 주행 전용 시스템, 그리고 두 번째로 비상 상황에 ADAS 전용으로 사용할 수 있는 AEB와 같은 빠른 시스템.

정상 주행 시스템은 차량이 위험에 노출되는 것을 줄이기 위해, 주행속도를 자동으로 제어하는, 확장된 ISA(지능형 속도 적응) 측면에 중점을 둔다(운전 행동을 조심스럽게 유지). 이 시스템에서는 속도 제한을 준수하는 문제에 직면하게 되며, 허용 가능한 값으로 유지하기 위해 먼저 운전 위험을 추정해야 할 것이다.

비상 관리 장치는 계속 위험도를 평가한다. 위험도가 임곗값을 초과하면, 스위치 기구가 비상 모드로 전환할 수 있도록 하고, 반면에 임곗값이 0이거나 매우 낮으면, 스위치가 정상 주행모드를 계속 유지한다.

로봇(예: ACC)은 모든 경우에 명령을 실행한다.

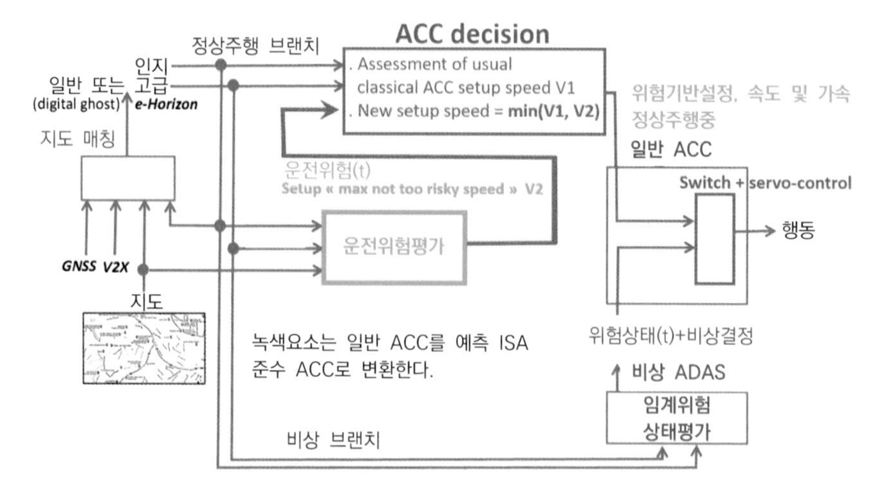

그림 1.1 ADAS의 전역 블록선도

이 아키텍처는 ISA(자동 속도 제어) 기능의 확장을 구현하고, 기존 ACC의 아키텍처를 수정하지 않고도 위험 감수의 제어를 보장할 수 있음에 주목하자. 단지 운전 위험을 계산하는 기능(그림 1.1의 녹색)의 통합이 필요하며, 여기에는 제한 속도(지도에서 읽거나 지각으로 포착)도 포함된다.

1.4.2. 자율주행차량

(1) 다양한 유형의 임무

자율주행차량은 널리 알려졌지만, 결국 이 용어가 종종 아주 피상적으로 설명된 다양한 유형의 임무를 포함한다는 것을 알 수 있다.

- **자율주행 버스**(autonomous bus): 일반버스는 항상 같은 노선(노선버스의 노선)에서 같은 시간에 운행한다. 이 경로와 그 특성에는 '마음으로 배울 수 있는(learned by heart)' 상수(invariant)가 포함된다. 햇빛 및 기타 기상 조건이 동일한 장소에 대한 인지 센서의 출력을 수정할 가능성

이 있으므로, 여전히 환경적 변동성이 있을 수 있다. 또한 임시로 움직이는 개체(예: 도로에서 움직이는)는 인지된 로컬 지오메트리(local geometry)를 수정할 수 있다. 그러나 이러한 변화는 숫자가 적으며, 예를 들어 햇빛과 기상 조건의 경우, 감독하거나 심지어 '학습하기(learn)'가 쉽다. 현재 배치되고 있는 이러한 유형의 이동 개체는 '자율주행 셔틀(shuttle)'이라고 하는 미니버스(minibus)이다.

- **자율주행 택시**(autonomous taxi): 현재 구상 중인 자율주행 택시는 요청 시, 알고 있는 지역에서 알고 있는 또 다른 지역으로의 이동이 가능하다. 잠재적 경로가 한 지역에서 다른 지역으로 이동하는 모든 경로이기 때문에, 이는 추가적인 복잡성을 내포하고 있다. N개의 지역이 있으면 N × (N-1) 경로가 있다. N이 상대적으로 크더라도(예를 들어 N = 100은 100 × 99 = 9,900개의 가능한 경로를 생성함), 노선버스의 경우를 다시 참조하고, 가능한 모든 경로를 '기억(또는 암기)'할 수 있다. 우리는 또한 택시의 행동반경(예: 파리 또는, 로스앤젤레스)을 제한하고 양방향의 모든 거리를 기억할 수 있다(양방향이 허용되는 경우). 이 경우 자율주행 택시는 제한된 수의 지역만 연결하는 대신에, 제한된 경계(perimeter) 안의 모든(every) 주소에서 모든 주소로 이동할 수 있다. 약 5,000개의 거리가 있는 파리와 같은 도시에서, 이것은 센서의 예상 출력 측면에서 마음으로 학습해야 할 10,000개의 거리를 생성한다. 예를 들어 움직이는 요소가 없는 거리(황량한 거리)까지를 포함해서 모든 거리의 '모든(every)' 장소에서 이미지를 생성할 수 있다, 그리고 매 순간 실시간으로 획득한 이미지를 해당 기준(reference) 이미지와 비교한다. 이 두 이미지 사이의 모든 차이점은 표적의 동작이다(화창한 날씨에 생긴 그림자와 기타 유사한 방해요소

제외).

- **자율주행 개인 차량**(autonomous personal vehicle): 자율주행 개인 차량은 자율주행 택시처럼 보일 수 있다. 그러나 개인 차량에는 이동 범위 제한이 없다. 캐나다의 운전자가 자동차로 브라질의 특정 주소로 여행하기로 할 수 있다. 이 경우, 여정의 각 장소에 대한 정확한 기준(reference)을 상상하기 어려울 것이라는 점을 분명히 알 수 있다. 디지털 지도 공급업체는 정확도가 5cm에 가까운 3D 지도를 사용하여, 이러한 유형의 기준(reference)을 만들기를 원한다는 점에 유의하자. 그러나 글로벌(global) 수준에서 그러한 기준을 구축하는 것은 매우 긴 과정(process)이다. 즉, 당분간, 이 특별한 자율주행차는 낯선 환경(사람처럼)에서 운전할 수 있어야 한다. 그러면 복잡성 수준이 현저하게 증가하며, 따라서 수년 전에 제조업체에서 발표한 3D 지도와 비교하여 성과가 지연되는 이유를 알 수 있을 것이다.

부분적인 해결책이 자율주행 택시의 경우에 동화될 수 있는지를 살펴보자. 유럽에서 노동 연령층의 경우, 연간 이동 거리의 56%가 집과 직장 사이이다. 집-직장 사이의 이동에 대한 기준(reference)을 마음으로 학습하고, 아이들의 집-학교 궤적 등을 학습하여 이동의 90%를 셔틀(shuttle)처럼 독립적으로 수행하는 차량을 상상할 수 있다. 그러나 대부분의 자동차 제조업체는 이동성(mobility) 기능이 아닌, 고속도로, 일반도로, 도시와 같은 인프라 유형으로 여정을 분류하기로 하고 있다. 따라서 차량은 익숙하지 않은 환경에서 적절하게 움직여야 하고 인프라의 풍부한 가변성에 대처해야 한다. 따라서 자율주행 기능이 가장 단순하고 가장 '표준화된(standardized)' 인프라 유형인, 고속도로에서 시작하는 이유를 쉽게 이해할 수 있을 것이다.

(2) 다양한 수준의 자율성

자율성 수준은 5가지 수준으로 분류한다.

- **레벨 1(Level 1)**

  레벨 1에서 운전자는 여전히 자동차의 운전 기능의 대부분을 담당하지만, 약간의 도움을 받는다. 예를 들어, 레벨 1 유형의 차량은 다른 차량에 너무 가까이 다가가면 제동 지원을 제공하거나 거리 및 고속도로 속도를 제어하는 적응형 정속주행 기능이 있을 수 있다.

- **레벨 2(Level 2)**

  레벨 2 차량에는 운전의 모든 측면(조향, 가속 및 제동)을 담당하는 자동 시스템이 있을 수 있다. 그러나 운전자는 시스템 일부에 장애가 발생하였을 때, 운전을 제어할 수 있어야 한다. 따라서 레벨 2는 '개입 없음(with no intervention)'으로 볼 수 있지만, 실제로 운전자는 항상 운전대를 잡고 있어야 한다.

- **레벨 3: 조건부 자율성**(conditional autonomy)

  조건부 자동화는 운전자가 눈의 개입 없이 편안하게 앉아서 모든 운전을 하도록 한다. 운전자는 다른 활동에 주의를 집중할 수 있다. 그러나 이 기능은 특정한 경우(예: 교통 체증 또는 고속도로)에만 사용할 수 있다. 이러한 조건에서 벗어날 때 운전자는 제어권을 되찾아야 하므로 깨어 있어야 한다.

- **레벨 4(Level 4)**

  레벨 4 차량은 운전자가 전혀 필요하지 않아 운전자가 잠을 잘 수 있을 정도여서 '마인드 오프(mind-off)' 차량이라고 한다. 그러나 자율주행 모드는 특정 지역에서만 활성화될 수 있거나, 교통 체증 및 기타 잘 정의된 경우에만 활성화될 수 있으므로 약간의 제한이 있다.

- 레벨 5(Level 5)

  레벨 5는 인간의 상호 작용이 필요 없다. 차량은 조향, 가속, 제동 및 도로 상태를 감시할 수 있어, 운전자가 차량의 기능에 주의를 기울이지 않고도, 앉아 있을 수 있다.

위에서 설명한 바와 같이, 성취의 복잡성은 자율성 수준과 관련이 있을 뿐만 아니라, 환경이 완전히 알려져 있는지, 아니면 반대로 완전히 알려지지 않은 지와 관련이 있다. 이런 의미에서 레벨 5의 자율주행 셔틀(shuttle)은 하나의 궤적만 완료할 수 있다. 이것은 레벨 3 차량을 언제라도 한 장소에서 다른 장소로 이동시키는 것보다, 궁극적으로 달성하기 쉬워 보인다.

(3) 사고 발생 시의 책임

더 이상 운전하는 사람이 운전자가 아니라 차량 자체가 되는 순간부터, 잠재적인 사고에 대한 책임 문제가 발생한다. 사고가 났을 때, 차량이 조심스럽게 운전했는지를 명확하게 나타내는 신호를 기록한 '블랙박스(black box)'를 장착하는 것은 흥미로울 수 있다. 이는 위에서 정의한 운전 위험(또는 주의 부족)의 개념에 해당한다. 주의 모니터링을 위한 이러한 시스템의 사용 또는 사고 당시 주의 부족은 법적 책임 문제를 처리하는 데 있어, 한 가지 단서가 될 수 있다.

(4) 자율주행차량 시스템의 개략도

ADAS와 매우 유사한 개략도를 작성할 수 있다. '비상(emergency)'부분은 매우 유사하다. 목적은 비상 상황을 감지하는 것이다. 복잡성 측면에서 가장 중요한 부분은 정상적인 주행 부문이다. 차량은 어떤 경우도 도로 법규를 준수해야 하고, 상황에 맞게 조정된 운전 규칙을 신중하게 준수해야 하기 때문이다.

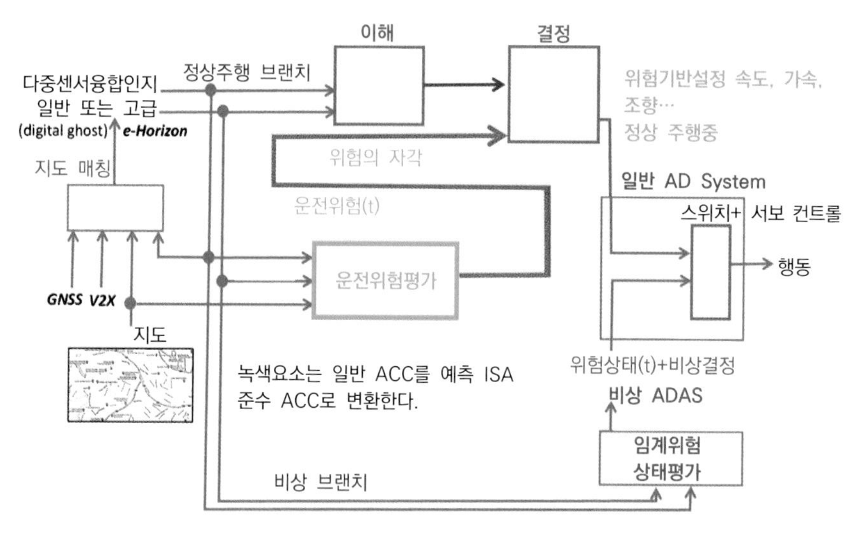

그림 1.2. ADAS의 전체적인 개략도

상황의 지각은 항상 거의 다중 센서(여러 카메라 및/또는 라이더, 레이더 등)에 의존한다. 예측 ACC와 비교하여 더 이상 안전한 주행속도를 정의하는 문제가 아니라, 차량의 전체 주행 동작(주행속도, 가속도, 방향 등)을 관리하는 것이 중요하다. '이해(understanding)'부분은 일반적으로 '상황 유지(situation holding)' 개념을 기반으로 한다. 해당 순간에 인프라, 감지된 모든 객체(특성, 상대 속도, 방향 등), 탐지의 신뢰성, 상황(낮, 밤, 안개 등) 등등. 우리는 이어지는 다음 순간에, 이 표현의 진화를 예측한다. 예측된 상황이 감지한 상황에 매우 가깝다면, 상황은 '잘 이해된(well understood)'것으로 간주한다. 감지되었다가 센서의 영역을 떠나, 볼 수 없는 상태로 사라지는 객체의 경우, 일반적으로 시간이 지남에 따라 표현의 세계에서 잠재적인 망각과 함께 유령으로 계속 진화한다. 예를 들어, 가능한 사각지대에 2개의 바퀴가 남아 있는 경우이다. 예측이 심각하게 잘못된 것으로 판명되면, 이는 표현의 세계가 잘못되었음을 의미하며(그러면 '가설 위반(hypothesis breaking)'이라고 함), 일반적으로 브랜치(branch)에 보고되고, 특정 모니터링을 촉발하는 사건에 직면하게 된다.

1.4.3. AI 기법을 활용한 지능형 차량의 기본 빌딩 블록 구축

이 장에서는 위에 제시된 다이어그램을 구축할 수 있도록 하는 기본 빌딩 블록에 AI 기술의 응용 사례를 제시하고자 한다. 제시가 완전하다고 주장하지 않으며, 오히려 예시적이라고 말하고 싶다. 사실 대부분의 엔지니어링 사례에는 고유한 해결책(solution)이 없다.

(1) 일반(normal) 운전 관리

❶ 일반 운전에서 인지 브릭(perception bricks)의 목적

정상적인 운전 조건에서 센서(카메라, 라이더, 레이더 등)는 긴급 상황을 감지하여 위험도(criticality)를 추정하는 것이 아니라, 장면으로부터 위험 요소를 추출하여 운전이 주의 규칙을 어떻게 준수하는지 추정한다. 좋은 예시는 앞 차량과의 거리 측정이다. 2대의 차량이 정확히 같은 속도로 130km/h로 주행하고, 2m 간격을 유지하면서 서로를 따라가는 경우(간격 = 2m), 그러면 추종자(차량)가 주의하지 않고 위험을 감수하고 있는 것으로 이해한다. 그러나 위험도는 낮아, 거의 0에 가깝다. 두 차량이 같은 속도로 주행하기 때문에 충돌 가능성은 0이고, 충돌까지의 소요시간은 무한하기 때문이다.

일반적으로 감지센서는 카메라, 레이더와 라이더이다. 이들 센서는 신호의 연속 흐름(streaming)과 실시간 이미지를 제공한다. 이 장의 초점은 AI 기술(센서가 감지를 수행한 후의 개입)의 사용이기 때문에, 여기에서는 센서에 초점을 맞추지 않을 것이다.

일반 주행모드에서의 인지(perception)는 장면에 대한 이해가 올바른지 확인하기 위해 '상황 유지(situation holding)' 브릭(brick)을 제공하는 목적도 있다.

이들 인지 브릭(perception brick)에 가장 많이 사용되는 AI 기술은 심층학습(deep learning)이다.

주요 응용 프로그램은 다음과 같다.

- 다른 차량의 감지
- 취약한 사람(보행자, 자전거 등)의 감지
- 기상 조건(비, 안개, 눈 등) 감지, 특히 이들이 가시성에 미치는 영향 [YAH 03].

카메라에서 얻은 이미지에서 특히, CNN(합성곱 신경망)의 실제 응용 프로그램, 그리고 다층 신경망을 사용하여 이미지 특징을 검색하는 알고리즘을 결합한, 하이브리드 시스템의 기타 응용 프로그램을 찾는다.

❷ 브릭(brick) 이해하기

위에서 설명한 것과 같은 이해와 상황 유지 브릭은, 다른 기술을 사용할 수 있다. 물론, 전체 '예측(prediction)' 부분은, 일관성을 달성하기 위해 가설을 전파, 검증하거나 무효로 하는 논리적 추론으로 수행할 수 있다. 이 부분은, 현재로서는, 통합된 센서들의 데이터를 하나의 클래스(class)로 분류하는 것으로 제한된, 많은 차량에서 아직 초기 단계이다. 클래스 번호는 도로의 일반적인 생활 상황에 따라 명명된다. 그러나 실제로 '이해(understanding)'라고 말하기 위해서는, 이 생활 상황의 공간적, 시간적 일관성을 확인하는 것이 중요하다.

❸ 의사 결정 브릭(Decision brick)

의사 결정에는 다음 사항이 포함될 수 있다.

- **논리적 추론**(logical reasoning): 장점은 시스템 운영의 투명성이다. 단점은, 다루기 쉽고 충분히 포괄적인 도로에서의 생활 상황을 나타내는 방법을, 찾기가 어렵다는 점이다.
- 신경망과 같은, 순수한 수치 계산 방법은 구현하기가 더 간단하지만, 의사 결정 프로세스의 투명성에 도움이 되지 않는다.

(상징적인 기호 또는 디지털) 의사결정 시스템을 훈련하기 위해서, 강화(reinforcement) 학습의 일반적인 경우를 고려한다. 의사 결정이 허용 가능한 도로 안전 상황으로 이끌어주면, 이 결정을 강화하고, 그렇지 않으면 페널티(penalty)를 부과한다. 학습 후, 의사 결정 시스템은 수용 가능한 의사 결정 사례에 대해 항상 구성(construction) 상태를 유지한다. 적어도, 이것은 검증되어야 하는 목표이다.

우리는 수용 가능성(acceptability)을 추정해야 한다. 앞서 설명한 것처럼 이를 위해 정확하게 설계된 '운전 위험 평가(driving risk assessment)'라는 브릭이 있다. 이 기능은 강화 학습 중, 제어에서와 같이 실시간으로 또는 검증 테스트 중에 사용할 수 있다.

❹ 운전 위험 추정(Driving risk estimation)

운전 위험은 운전 행동이 도로 상황(road context)에 적합하지 않은 정도(degree)이다. 우리는 이러한 불일치 정도를 Frank E. Bird와 H.W. Heinrich[HEI 31]가 제안한, 위험 삼각형(risk triangle)의 개념과 일치하는, 주의 부족으로 해석한다. 오늘날 이러한 브릭[BRU 19]의 구성(construction)이 있으며, 이 구성은 자율주행차량에 새로운 추진력(impetus)을 제공한다. 주로 지식 기반의 진보적 논리 시스템(도로 안전에 대한 깊은 지식을 실행)을 기반으로 하는 하이브리드 AI로, 무엇보다도 가능성 이론(theory of possibilities)을 사용하고, 이 외에도 딥 러닝을 통해 도로상의 생활 상황을 인식(recognition)한다.

❺ 잠재적 위험 경고(Potential danger alerts)

잠재적 위험 경고(또는 "예측은 되지만 피할 수 없는 위험 경고")에는 디지털 지리지도 및 통신(V2X)을 직접 적용한다. 여기에는 잠재적인 위험(안개, 사고 등)을 차량에 알리는 것이 포함된다. 이러한 경고는 운전 상황(context)을 특징짓기 때문에 운전 위험(risk)을 추정하기 위한, 항목으로 사용될 수 있다. 잠재적 위험(hazard)에 대한 차량의 접근은, 운전 행동에 따라 운전 위험으로 전환되거나 전환되지 않을 것이다.

(2) 비상 관리(Emergency management)

❶ 일반 운전(normal driving)**에서 인지 브릭**(perception brick)**의 목적**

위에 제시된 바와 같이, 비상 상황은 위험도(criticality)의 수준(궤적의 차단 가능성, 충돌까지의 시간 등)으로 특징지어진다. 비상(emergency)은 일반적으로 '아무 조치도 취하지 않은 경우, 충돌까지 1.4초 미만'으로 정의된다. 목표는 AEB(자동 비상 제동)와 같은 안전하고 자동적인 반사를 매우 빠르게 적용하는 것이다.

감지된 요소는 일반 주행 시와 같지만, 주행 위험 계산 대신에 위험도의 계산(예: '거리 간격' 대신에 '충돌까지의 시간')에 중점을 두고 있으므로, 이를 통해 이루어지는 정보 검색이 다르다.

❷ 의사 결정을 위한 짧은 사슬(chain): 반사(reflex)의 개념

반사(reflex)의 경우, 의사 결정은 인간과 마찬가지로 지각과 직접적으로 연결된다(예: 주변에서 빠르게 움직이는 경우, 눈을 빠르게 감음). 비상사태에는 즉각적인 조치가 필요하므로, 일반적으로 자세한 이해 단계는 없다. 대부분 시스템은 무엇을 해야 할지를 알려주는, 인지(perception) 데이터의 순위를 기반으로 한다. 이것은 신경망 및 심층학습에서 선호하는 분야이다.

chapter01 참고문헌

[AAM 94] AAMODT A., PLAZA E., "Case-based reasoning: foundational issues, methodological variations, and system approaches", Artificial Intelligence Communications, vol. 7, no. 1, pp. 39-52, 1994.

[AMA 00] AMAT J.L., YAHIAOUI G., Techniques avancées pour le traitement de l'information : réseaux de neurones, logique floue, et algorithmes génétiques, Cepaduès, 2000.

[AUB 11] AUBIN J.P., BAYEN A.M., SAINT-PIERRE P., Viability Theory: New Directions, Springer Science & Business Media, Berlin, Heidelberg, 2011.

[BEL 57] BELLMAN R., Dynamic Programming, Princeton University Press, Princeton, NJ, 1957.

[BLU 12] BLUM J.J., ESKANDARIAN A., ARHIN S.A., "Intelligent Speed Adaptation (ISA)", in ESKANDARIAN A. (ed.), Handbook of Intelligent Vehicles, Springer, London, 2012.

[BOZ 76] BOZINOVSKI S., FULGOSI A., "The influence of pattern similarity and transfer learning upon training of a base perceptron", Proceedings of Symposium Informatica, 3-121-5, Bled, 1976.

[BRU 19] BRUNET J., DA SILVA DIAS P., YAHIAOUI G., Real Time Driving Risk Assessment for Onboard Accident Prevention: Application to Vocal Driving Risk Assistant, ADAS, and Autonomous Driving, SIA CESA 2018 - Electric Components and Systems for Automotive Applications, Components and Systems for Automotive Applications, 2019.

[BUR 19] BURRUS C.S., Vector Space and Matrix in Signal and System Theory, Rice University Publishing, Houston, TX, 2019.

[BUT 05] BUTZ M.V., GOLDBERG D.E., LANZI P.L., "Gradient descent methods in learning classifier systems: Improving XCS performance in multistep problems", IEEE Transactions on Evolutionary Computation, vol. 9, no. 5, pp. 452-473, 2005.

[CHA 16] CHANDAR S., KHAPRA M.M., LAROCHELLE H. et al., Correlational Neural Networks, Neural Computation, MIT Press, Cambridge, MA, 2016.

[CRU 86] CRUTCHFIELD T., MORRISON J.D., FARMER P. et al., "Chaos", Scientific American, vol. 255, no. 6, pp. 38–49, 1986.

[DUB 88] DUBOIS D., PRADE H., Possibility Theory: An Approach to Computerized Processing of Uncertainty, Kluwer Academic/Plenum Publishers, New York/London, 1988.

[DUD 17] DUDZIAK M., LEWANDOWSKI A., ŚLEDZIŃSKI M., "Uncommon road safety hazards", Procedia Engineering, vol. 177, pp. 375–380, 2017.

[GAY 12] GAYKO J.E., "Lane departure and lane keeping", in ESKANDARIAN A. (ed.), Handbook of Intelligent Vehicles, Springer, London, 2012.

[GRÉ 16] GRÉGOIRE J., DA SILVA DIAS P., YAHIAOUI G., "Functional safety: On-board computing of accident risk", Advanced Microsystems for Automotive Applications, pp.175–180, 2016.

[GUN 19] GUNNING D., STEFIK M., CHOI J. et al., "XAI-Explainable artificial intelligence", Science Robotics, vol. 4, no. 37, 2019.

[GUP 82] GUPTA M., SANCHEZ E., Approximate Reasoning in Decision Analysis, North-Holland Publishing Company, Amsterdam, 1982.

[HEI 31] HEINRICH, H.W., Industrial Accident Prevention: A Scientific Approach, McGraw-Hill, New York, 1931.

[HEN 06] HENDERSON D., JACOBSON S.H., JOHNSON A.W., "The theory and practice of simulated annealing", in GLOVER F., KOCHENBERGER G.A. (eds), Handbook of Metaheuristics, vol. 57, Springer, Cham, 2006.

[HER 16] HERMANN WINNER H., HAKULI S., LOTZ F. et al. (eds), Handbook of Driver Assistance Systems, Basic Information, Components and Systems for Active Safety and Comfort, Springer, Cham, 2016.

[HOL 84] HOLLAND J.H., "Genetic algorithms and adaptation", in SELFRIDGE O.G., RISSLAND E.L., ARBIB M.A. (eds), Adaptive Control of Ill-Defined Systems. NATO Conference Series (II Systems Science), vol. 16, Springer, New York, 1984.

[HOR 89] HORNIK K., STINCHCOMBE M., WHITE H., "Multilayer feedforward networks are universal approximators", Neural Networks, vol. 2, no. 5, pp. 359–366, 1989.

[KAM 17] KAMIŃSKI B., JAKUBCZYK M., SZUFEL P., "A framework for sensitivity analysis of decision trees", Central European Journal of Operations Research, vol. 26, no. 1, pp.135–159, 2017.

[KOH 82] KOHONEN T., "Self-organized formation of topologically correct feature maps", Biological Cybernetics, vol. 43, no. 1, pp. 59–69, 1982.

[LLO 57] LLOYD, S.P., Least square quantization in PCM, Paper, Bell Telephone Laboratories, 1957.

[LOW 88] LOWE D., BROOMHEAD D.S., "Multivariable functional interpolation and adaptive networks", Complex Systems, vol. 2, pp. 321–355, 1988.

[LUC 19] LUC J., L'intelligence Artificielle n'existe pas, Éditions First, Paris, 2019.

[MAR 91] MARTINETZ T., SCHULTEN K., “A ‘neural gas’ network learns topologies”, Artificial Neural Networks, Elsevier, Amsterdam, 1991.

[MAT 15] MATIISEN T., Demystifying Deep Reinforcement Learning, Computational Neuroscience Lab, available at: neuro.cs.ut.ee, 2015.

[MET 49] METROPOLIS N., ULAM S., “The Monte Carlo method”, Journal of the American Statistical Association, vol. 44, no. 247, pp. 335–341, 1949.

[MIT 56] MASSACHUSSETS INSTITUTE OF TECHNOLOGY, Heuristic Aspects of the Artificial Intelligence Problem, MIT Lincoln Laboratory Report 34–55, ASTIA Doc. No. AS 236885, 1956.

[OCO 12] O’CONNOR T., WONG H.Y., “Emergent properties”, The Stanford Encyclopedia of Philosophy, Stanford University, Stanford, CA, 2012.

[OTT 12] VAN OTTERLO M., WIERING M., “Reinforcement learning and markov decision processes”, Reinforcement Learning, Springer, Cham, 2012.

[PAG 15] PAGÈS G., “Introduction to vector quantization and its applications for numerics”, Proceedings and Surveys, EDP Sciences, vol. 48, no. 1, pp. 29–79, 2015.

[PAU 18] PAULSEN C., BOYENS J., BARTOL N., Criticality analysis process model: Prioritizing systems and components, NIST report NISTIR 8179, 2018.

[PEA 88] PEARL J., Probabilistic Reasoning in Intelligent Systems: Networks of Plausible Inference, Morgan Kaufmann, San Francisco, CA, 1988.

[PRO 59] PROGRAMS WITH COMMON SENSE, “Programs with common sense”, in Proceedings of the Teddington Conference on the Mechanization of Thought Processes, Her Majesty’s Stationery Office, London, 1959.

[RAO 95] RAO M., GEORGEFF P., “BDI–agents: From theory to practice”, Proceedings of the First International Conference on Multiagent Systems (ICMAS’95), Australian Artificial Intelligence Institute, Melbourne, 1995.

[SAE 17] SAE INTERNATIONAL, Automatic Emergency Braking (AEB) System Performance Testing, SAE Recommended Practice for Automatic Emergency Braking (AEB) system performance testing, J3087_201710, 2017.

[SOW 00] SOWA, J.F., Knowledge Representation: Logical, Philosophical, and Computational Foundations, Brooks/Cole, Pacific Grove, CA, 2000.

[SUT 98] SUTTON R., BARTO A., Reinforcement Learning: An Introduction, MIT Press, Cambridge, MA, 1998.

[THE 19] THEOCHARIS E., PAPOUTSIDAKIS M., DROSOS C. et al., “Safety standards in industrial applications: A requirement for fail–safe systems”, International Journal of Computer Applications, vol. 178, no. 24, pp. 0975–8887, 2019.

[VAL 84] VALIANT L.G., “A theory of the learnable”, Communications of the ACM, vol. 2, no. 11, 1984.

[WEI 99] WEISS G., A Modern Approach to Distributed Artificial Intelligence, Multiagent Systems, MIT Press, Cambridge, MA, 1999.

[WIN 12] WINNER H., "Adaptive cruise control", in ESKANDARIAN A. (ed.), Handbook of Intelligent Vehicles, Springer, Cham, 2012.

[YAH 03] YAHIAOUI G., DA SILVA DIAS P., "On board visibility evaluation for car safety applications: A human vision modeling-based approach", ITS Conference, Madrid, 2003.

[ZAD 75] ZADEH L.A., "Fuzzy logic and approximate reasoning", Synthese, vol. 30, pp. 407-428, University of California, Berkeley, CA, 1975.

기존의 비전vision여부: 저급 알고리즘 선택

Conventional Vision or Not: A Selection of Low-level Algorithms

2.1. 개요

이 장에서, 채택된 관점은 시각(visual) 센서가 - 기존의 것이든 아니든- 풍부한 데이터와 낮은 비용 덕분에 절대적으로 우위에 있으며, 인지(perception)의 유형과 관련이 있다. 목표는 (기하학 및/또는 측광학의 관점에서) 특수성을 적절히 활용하여, 가능한 한 유사한 특성을 가진 '모델'을 기반으로 하는, 저급 알고리즘 설계를 가능하게 하는 방법을 제시하는 것이다. 따라서 센서의 장점을 최대한 활용하여 이익을 극대화할 수 있다. 첫 번째 절(section)에서는 자율주행차량 관련 문제에 적합한, 다양한 유형의 시각(visual) 센서를 소개하고, 다음 절(section)에서는 이들 센서의 직접 출력을 활용하는 알고리즘에 관해 설명한다. 이러한 알고리즘은 모두 이미지와 공간적 및 / 또는 시간적 대응 관계에서 검색된, 다소 조밀한, 관련 정보 세트에서 파생된다. 이러한 유형의 정보를 원시 데이터(primitives)라고 하며,

※ 제2장은 Fabien BONARDI, Samia BOUCHAFA, Hicham HADJ-ABDELKADER and Désiré SIDIBÉ가 집필하였다.

2.3.1절에 제시하였다. 다음 절에서는 저급 접근방식이 가능한 한, 빠르게 목표 개념을 통합하는 방법을 보여줄 수 있도록, 기술 선택의 소개에 전념할 것이다. 자율주행 시스템 분야에서 목표는 높은 성능 수준을 요구한다. 즉, 탐색 가능한 공간 감지, 장애물 감지(취약자, 이륜차, 자전거 타는 사람, 기타 차량 등) 또는 자기 차량 자체의 움직임을 추정하는 데 도움이 된다. 달성해야 할 이들 세 가지 목표의 예는 가장 저급 비전 알고리즘의 길잡이가 될 수 있다.

광학적 흐름을 정확하고 조밀하게 추정하는 방법에 의존하는 특이성(particularity)을 가진, 주행 가능한(navigable) 공간을 감지하는 기술을 소개한다. 이 방법은 대부분의 동작 추정 기술을 무력화하는, 균일한 도로 특징을 다시 정의한다. 이 기술이 도로 장면에 영향을 미칠 수 있는, 다양한 방해 요소에 대해 얼마나 강력한지, 그리고 원근법으로서 완벽한 시각적 주행거리 측정(visual odometry; 흔히 "비주얼 오도메트리"라고 함) 기술을 제안하는 3D 번역 추정치를 간결하게 제공하는 방법을 보여줄 것이다. 그런 다음에 자아 운동 보상(ego-movement compensation) 및 도로 장면 흐름의 추정을 통해, 정확한 장애물 감지를 구상하는 방법을 설명한다. 마지막으로 비전통적인 기하학을 사용한, 시각적 주행거리 측정(visual odometry)의 예를 제시할 것이다.

2.2. 비전 센서(Vision sensors)

ADAS(Advanced Driving Assistance Systems; 첨단 운전 지원 시스템)의 목적은 자기 감응에 자극하는, 자기수용성(proprioceptive) 센서 그리고 외부 수용성(exteroceptive) 센서를 기반으로, 내장된 지능을 최대한 활용하는 안전한 도구를 운전자에게 제공하는 것이다. 지난 10년 동안, 주어진 센서 세트와 적응된 소프트웨어 솔루션을 결합하는, 많은 시스템이 제안되었다. 자기수용성 센서의 사용에 관한 문제는 더 이상 발생하지 않으며, LiDAR 센서는 환경의 고해상도 3D 지도를 생성할 수 있어서 특히 널리 보급, 사용되고 있으며, 비전 센서는 종종 스테레오비전 모드에 통합된다(따라서 스케일 추정 문제를 피함). 기존 시스템에서 널리 선택되는, 이러한 구성은 불리하거나 열악한 환경 조건(비, 안개, 밤, 반사 표면, 눈부심 등)에서 센서 비용 및 작동과 관련하여 여전히 해결되지 않은 문제를 제기한다. 첫 번째 질문에 대한 대답은, 저렴하면서도 많은 정보를 제공하고, 더욱더 '운전자' 중심으로 접근하는 경향이 있는 환경에서, 인간이 이해할 수 있는 시스템의 데이터를 쉽게 표현하는, 비전 센서에 특별한 관심을 기울이는 것이다. 두 번째 질문에 대한 대답은 성능 저하 및 불리한 상황에서의 작동에 관한 것으로, 비전통적인 센서와 융합 접근방식에 흥미를 갖도록 하여, 더 확실하고 신뢰할 수 있는 강력한 대책을 마련하도록, 서로 다른 센서의 상보성 및/또는 중복성을 활용할 수 있게 하는 것이다.

비전(vision) 기반 센서는 일반적으로 차량을 계측할 때, 선호하는 센서이다. 가격이 저렴하여 많이 장착할 수 있으므로, 환경의 인지에 사용할 수 있는 많은 양의 정보를 얻을 수 있다. 그런데도, 이 무시할 수 없는 많은 양의 정보는 상당한 처리 용량을 확보해야 하며, 이는 차량과 같은 내장형 시스템의 크기를 결정할 때 중요할 수 있다. 이미지(image)에서 검색할 수 있는, 차량의 인지 및 탐색에 유용한 정보의 종류는 아주 많다. 장애물 감지, 탐색 가능한 공간의 추정, 표지판 또는 신호등과 같은 신호 요소의 인식, 수평 기본 요소 감지(도로 또는 인도상의 표시), 중속과 고속에서의 차선 유지, 또는 주차 지원 등등. 자율주행차량과 관련된 발전은 로봇공학 분야에서 사용되는 기술의 이전(transfer) 그리고 시각 센서의 적용이 필요하다. 전송해야 할 응용 프로그램은 시스템 드리프트(drift)의 수정과 함께 전체 궤적 재구성에 관한 것은 물론이고, 차량의 위치(location) 및 자세의 추정에 관한 것들이다.

2.2.1. 기존 카메라(Conventional camera)

소위, 재래식 카메라가 가장 일반적이며, 일반 대중이 사용하는 경우가 많다. 이들은 초기 카메라 옵스큐라(Camera Obscura), 즉 바늘구멍 사진기(pinhole camera)라고도 하는, 평면에 장면을 투영할 수 있는, 단순한 바늘구멍이 뚫린 '어두운 광학 상자'의 아이디어에서 파생되었다. 렌즈 또는 대물렌즈 시스템을 추가하여 상자 내부에 더 많은 빛을 집중시키거나, 관찰된 환경의 시야(FOV; Field of View)를 변조할 수 있다. 처음에 관찰 목적(원근감과 투영의 인지)으로 사용했던 시스템은 은염이 포함된 금속판과 같은 감광성 장치의 이미지를 은판사진(daguerreotype)의 경우처럼 고정하도록 발전했다. 사진과 디지털 센서의 등장으로 광화학 필름이 전자 감광성 표면, 즉 표면에 수신된 빛의 양에 따라 전기 신호를 생성하는 포토 사이트(즉, 디지털 이미지의 픽셀)로 구성된, 매트릭스(matrices)로 대체되었다.

(1) 기존 카메라의 광학 모델

기존 카메라에 적용된 투영 모델을 핀홀 모델 또는 핀홀이라고 하며 Hartley and Zisserman(2003)이 자세하게 설명하였다. 그림 2.1과 같이 3차원 유클리드 공간의 투시 카메라를 감광 센서에 해당하는 이미지 평면과 투영 중심(이하 'C'로 표기)으로 모델링한다. 이 모델은 또한 광축, 즉 이미지 평면에 직교하고, 투영 중심 **C**를 통과하는 직선을 정의한다. 이전에 정의된 광축과 이미지 평면 사이의 교차점으로서 주요 지점 **p**를 정의한다. 투영 중심 **C**와 주요 지점 **p** 사이의 거리는 초점 거리이며, 카메라에 장착된 광학장치(렌즈, 대물렌즈)에 따라 다르다.

따라서 핀홀 모델은 R_i 이미지 프레임(2차원 유클리드 공간)에서 카메라 프레임(차원 3의 투영 공간)의 R_c 지점 사이의 관계를 나타낸다. $(x, y, 1)^T$와$(X_c, Y_c, Z_c, 1)^T$를 각각 이미지 좌표계에 투영된 점의 좌표와 카메라 프레임에 투영된 점의 좌표라고 하자. 초점 거리 f와 다음과 같은 관계가 있다.

$$\begin{pmatrix} x \\ y \\ 1 \end{pmatrix} = \boldsymbol{P} = \begin{pmatrix} \boldsymbol{X_c} \\ \boldsymbol{Y_c} \\ \boldsymbol{Z_c} \\ 1 \end{pmatrix} = \begin{pmatrix} f & 0 & 0 & 0 \\ 0 & f & 0 & 0 \\ 0 & 0 & 1 & 0 \end{pmatrix} \begin{pmatrix} \boldsymbol{X_c} \\ \boldsymbol{Y_c} \\ \boldsymbol{Z_c} \\ 1 \end{pmatrix}$$

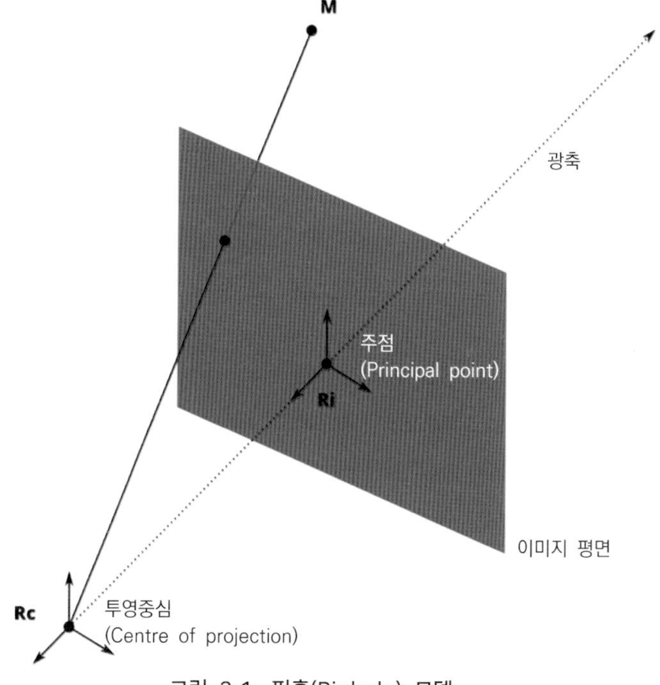

그림 2.1. 핀홀(Pinhole) 모델

그런 다음, 이미지 프레임의 좌표를 픽셀 좌표$(u, v, 1)^T$와 연결하는 아핀 변환(affine transformation)을 정의한다. 이는 해상도와 카메라의 이미지 평면상의 감광 센서의 배치에 따라 다르다.

$$\begin{pmatrix} u \\ v \\ 1 \end{pmatrix} = \boldsymbol{A} \begin{pmatrix} x \\ y \\ 1 \end{pmatrix} = \begin{pmatrix} k_u & -k_u/\cos\theta & u_0 \\ 0 & k_v/\sin\theta & v_0 \\ 0 & 0 & 1 \end{pmatrix} \begin{pmatrix} x \\ y \\ 1 \end{pmatrix}$$

여기서 k_u와 k_v는 두 축을 따라가는 길이의 단위당 화소의 수이고(화소가 정사각형인 경우, $k_u = k_v$), θ 는 화소의 연속 라인 사이의 각도이다. u_0와 v_0는 주 지점의 화소 좌표를 나타낸다. 일반적으로 편향되지 않은 감광성 행렬을 사용하여 단순화된 모델을 고려하며, 행렬 A는 다음과 같이 표현된다.

$$\boldsymbol{A} = \begin{pmatrix} k_u & 0 & u_0 \\ 0 & k_v & v_0 \\ 0 & 0 & 1 \end{pmatrix}$$

또한 행렬 $K = AP$를 정의하는 것이 일반적이며, 이를 카메라의 고유 매개변수라고 한다.

$$\boldsymbol{K} = \boldsymbol{AP} = \begin{pmatrix} f_u & 0 & u_0 & 0 \\ 0 & f_v & v_0 & 0 \\ 0 & 0 & 1 & 0 \end{pmatrix}$$

여기서 $f_u = fk_u$, 그리고 $f_v = fk_v$

기존 카메라의 광학 장치는 렌즈의 품질(예: 배치 및 재료의 광학적 특성)로 인해 다소 뚜렷한 결함이 있다. 따라서 구면수차(spherical aberration) 및 색수차(chromatic aberration), 그늘(vignetting) 효과 또는 왜곡(distortion)까지도 경험할 수 있다. 이미지에서 3D 정보를 검색할 때 핀홀 모델을 적용하기 전에, 센서의 이미지를 처리하기 위해 방사 왜곡 및 접선 왜곡을 모델링할 수 있다.

(2) 기존 카메라의 분광 감도

카메라의 분광 감도는 시스템마다 다르다. 기존 카메라의 가장 일반적인 기술은 가시광선과 적외선 스펙트럼 일부에 민감한 CCD(Charge-Coupled Device) 및 CMOS(Complementary Metal-Oxide-Semiconductor) 센서이다. 따라서 소비자용 카메라의 센서는 대부분 표면에 물리적 적외선 필터가 장착되어 있다.

사람의 눈으로 관찰한 색상을 기록하기 위해, 추가 필터가 각 포토사이트(photo site)를 녹색, 빨간색 또는 파란색과 같은 특정 색상과 연결한다. 다른 패턴이 존재하지만, 이러한 색상의 분포 패턴은 종종 이 행렬을 따른다.

3개의 색상 채널(RGB)로 구성된 최종 이미지를 얻기 위해서, 추가 디모자이싱(demosaicing) 또는 디베이어링(debayering) 단계(Bayer 행렬인 경우)를 통해, 서로 다른 색상의 인접한 포토사이트를 보간하여, 각 채널에 특정한 중첩 이미지를 추론할 수 있다.

2.2.2. 최신 센서 (Emerging sensors)

(1) 비관습적 기하학(Unconventional geometry)

투시(또는 기존) 카메라의 인지 영역을 확장하기 위해 다수의 최첨단 광학 장치가 제안되었다. 특히, 시야를 넓힐 수 있는 전방향(omnidirectional) 카메라 중, 세 가지 방식- 광각 어안(FishEye)형 앵글 렌즈(굴절 시스템), 기존 카메라와 반사 굴절 원추형 거울(cone mirror) 시스템의 조합, 그리고 서로 다른 관점(point of view)을 가진 여러 대의 카메라를 조립한 카메라(polydiopter 시스템)-가 많이 사용되고 있다. 소위 어안형(FishEye) 및 반사굴절(catadioptric) 카메라는 로봇 및 자율 항법 시스템에 널리 사용되고 있다. 실용직이고 이론적인 관점에서, 중앙 투영은 카메라의 투영 모델을 설정하는 데 바람직한 속성이다. 실제로, 투영이 단일 관점 제약 조건을 준수하는 경우, 즉 모든 광선이 단일점으로 수렴하는 경우를 투영이라고 한다. Baker 등(1999)은 다양한 단일 관점 반사 굴절 솔루션(중앙 투영)을 설명하고 있다. 중앙 반사굴절 시스템은 일반적으로 쌍곡면 거울과 투시 카메라 또는 포물면 거울과 직교 카메라의 조합의 결과물이다. 그러나 어안(FishEye) 시스템에는 단일 관점 속성이 없다. Courbon et al. (2007)에서, Geyer et al.(2000a)'의 처음 설명한, 하나로 통합된 중앙 투영모델을 보여주고 있으며, 그리고 아래에 소환된 것은 어안(FishEye) 렌즈의 강한 왜곡의 모델링에 사용할 수 있다.

통합 중앙 투영 모델 : 각 구성(configuration)에 적합한 투영 모델이 개발되어 문헌에 제시되었지만, 예를 들어, Geyer와 Daniilidis(2000a)가 제안한 통합 중앙 투영 모델을 사용하여, 모든 유형의 단일 관점 카메라를 설명하는 것이 가능하다.

실제로, 중앙 투영 시스템은 2개의 연속 투영, 즉 구면(spherical) 투영과 원근 투영으로 모델링할 수 있다. 이 모델링은 예를 들어, 투영 기하학(Geyer et al. 2003; Hadj-Abdelkader et al. 2005), 시각적 모니터링(Mei et al. 2008; Hadj-Abdelkader et al. 2012), 보정(Mei et al. 2007), 시각적 서보잉(servoing) (Barreto et al. 2003; Hadj-Abdelkader et al. 2008a)과 같은 비전(vision) 및 로봇공학 커뮤니티에서 널리 활용되었다.

구체적으로, 좌표 벡터에 의해 정의된 장면의 3차원 점 $\boldsymbol{P} = [X, Y, Z]^T$는, 좌표의 한 점에서 단위 구(unit sphere)에 투영된다.

$$\boldsymbol{P}_s = [X_s, Y_s, Z_s]^T = \frac{1}{\rho}[X, Y, Z]^T,$$

여기서 $\rho = \| \boldsymbol{P} \| = \sqrt{X^2 + Y^2 + Z^2}$.

그 다음에 구면 점($\boldsymbol{P}_s$)은 카메라의 투영 중심이 다음과 같이, 구의 중심으로부터 거리 ξ에 있는, 원근 투영을 통해 정규화된 이미지(image)의 점 $m = [x, y]^T$에서 이미지 평면에 투영된다(그림 2.2 참조).

$$\boldsymbol{m} = \begin{bmatrix} x \\ y \end{bmatrix} = \frac{1}{z + \xi\rho}\begin{bmatrix} x \\ y \end{bmatrix}$$

매개변수 ξ는 통합 모델이 나타내는 카메라 유형을 정의한다. 특히, $\xi = 0$일 때, 핀홀 모델이 얻어짐을 관찰할 수 있다.

결국, 픽셀 이미지 포인트는 $\boldsymbol{p} = \boldsymbol{Km}$으로 주어지며, 여기서 $\boldsymbol{K}$는 카메라의 고유 매개변수를 포함하는 보정 행렬이다. Mei et al.(2007)에서 설명한 방법을 사용하여, 예를 들어, 보정 후에 행렬 $\boldsymbol{K}$와 매개변수 ξ를 얻을 수 있다.

전방향 카메라가 보정될 때, 정규화된 이미지 포인트 $\boldsymbol{m}$에 대응하는, 구면 포인트 $\boldsymbol{P}_s$는, 앞에서 설명한 통합 투영 모델을 반전시켜 계산할 수 있다. 따라서 다음을 얻는다.

$$\boldsymbol{P}_s = \lambda[x\ y 1 - \xi/\lambda]^T$$

여기서 $\lambda = \dfrac{\xi + \sqrt{1 + (1 - \xi^2)(x^2 + y^2)}}{x^2 + y^2 + 1}$

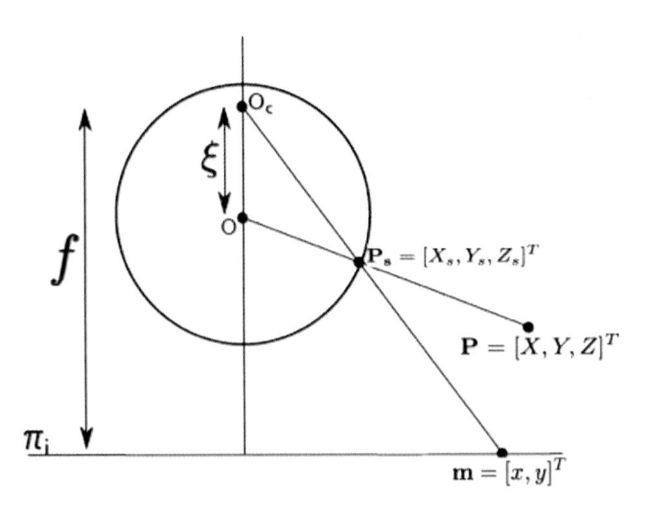

그림 2.2. 통합 투영 모델(Unified projection model)

(2) 비관습적 측광법 (Unconventional photometry)

❶ 다중 모드 및 스펙트럼 대역

실화상 카메라(회색의 음영 또는 색상)는 스펙트럼 응답이 인간의 눈과 똑같거나 가까운 비전(vision) 기반 센서이다. 그러나 항공 이미지(예: 기상학 또는 농업 경제학) 또는 의료 이미지에서도 성공적으로 응용된, 다양한 스펙트럼 감도의 매트릭스 센서가 있다. 차량 부문에서의 사용은 차선을 건너는 보행자나 동물을 감지하기 위해 적외선 이미지에 성공적으로 의존했지만, 위치 추정 작업(localization)에 이러한 유형의 센서 사용은 여전히 미미하다. 예를 들어, Magnabosco et al. (2013)은 SLAM(Simultaneous Localization And Mapping) 모드 범위 안에서 다중 모드 이미지 등록 방법을 사용한다. Maddern et al. (2012) 또한 가시광선 적외선 이미지와 열적외선 이미지를 연관시키는 방법을 제안하고, 주야간의 인식 결과를 모두 제시하고 있다.

그러나 이러한 접근방식은 각 유형의 센서를 독립적으로 사용한다. 다른 스펙트럼 방식의 데이터를 연결하고 비교하는 문제는 여전히 해결되지 않은 문제이다. 최근 수년 동안, 로봇공학의 다중 모드 문제 또는 적어도 자연 장면의 이미지 연관에 관한 연구가 수행되었다.

이 주제에 관한 일부 연구는 예를 들어, Ricaurte et al.(2014)에 의해 수행되었다. 다른 사람들(Firmenichy et al. 2011; Mouats et al. 2013)은 지역 특성 추출기(local characteristic extractor)를 수정, 양식 변경(modality changes)에 대응하여 그들이 변하지 않게 할 것을 제안하고 있다.

❷ 편광계(Polarimetry)

최근 차량 관련 연구에서는 관찰된 환경에서 정보를 검색 또는 처리하기 위해 편광계를 사용한다. 지난 10년 동안, 이 용도는 차량, 로봇 또는 드론에 장착할 수 있는, 작고, 저렴한 편광 카메라의 마케팅 결과로 더욱 발전하기 시작했다(Rastgoo et al. 2018; Blanchon et al. 2019). 다양한 편광 센서 기술이 있지만, DoFP(Division of Focal Plane) 기반 카메라도 빼놓을 수 없다. 이 카메라는 견고하면서도 실시간 데이터 획득이 가능한 장점이 있다. 이 카메라에는 전면에 기존의 센서가 포함되어 있으며, 일반적으로 0°, 45°, 90° 및 135° 각도의 미세 편광 필터가 배치되어 있다. 이 4개의 이미지를 통해 각 지점(point)에서 편광의 강도(intensity), 각도(degree) 및 앵글(angle)을 계산할 수 있다(Nordin et al. 1999; Guo and Brady 2000). 특히, 이들 카메라를 사용하면, 유리창과 같은 반사 또는 반반사 표면을 분할, 차량의 존재를 추론할 수 있으며(예: Fan et al. (2018); Blanchon et al. (2019)), 또는 반사(반사 벽 또는 젖은 도로)를 통해 관찰될 수 있는 관심 지점(interest points)을 제거하고, 따라서 환경의 3차원 재구성을 위한 삼각측량을 하는 동안, 오류의 근원이 된다.

❸ 이벤트 카메라(Event camera)

소위 이벤트 카메라 또는 뉴로모픽(neuromorphic) 카메라는 현재 과학계, 특히 로봇공학자들 사이에서 진정한 열정을 불러일으키고 있다. DVS(Dynamic Vision Sensor) (Lichtsteiner et al. 2008)와 같이 가장 잘 알려진 것은 기존 카메라의 잘 알려진 단점, 즉 장면의 변경/움직임(changes/movements)에 의존하지 않는, 임의의 획득 주파수로 인한 시간 중복성을 극복하는 것을 목표로 한다. 낮은 동적 범위(자연 장면의 경우 140dB에 대해 약 60~70dB); 그리고 장면의 조명에 크게 의존하는, 신호 대 잡음비.

이벤트 카메라는 기존 카메라와 근본적으로 다른 방식으로 최저 수준에서 작동하는, 생체에서 영감을 받은 센서이다. 고정된 획득 주파수로 이미지를 획득하는 대신에, 각 픽셀의 밝기 변화가 완전히 비동기식으로 계산된다. 결과적으로 각 이벤트에 대한 타임 스탬프의 x와 y 위치, 그리고 극성(polarity)이라고 하는 해당 지점의 밝기 변화를 나타내는 기호를 찾을 가능성이 있는, 이벤트의 흐름이 생성된다. 기존 카메라와 비교하여 매우 높은 동적 범위(140dB 대 60dB), 높은 시간 분해능(μs 정도) 및 매우 낮은 전력 소비와 같은 탁월한 특성을 갖추고 있다. 또한, 개체나 카메라의 움직임으로 인해 흐림(blur)이 발생하지 않는다. 이러한 장점으로 인해 특히 고속 및/또는 높은 동적 범위의 경우, 기존 카메라에 도전하는 시나리오에서 로봇 및 컴퓨터 비전에 대한 큰 잠재력을 가진 카메라를 만들 수 있다. 그러나 이들을 사용하려면 기존 알고리즘을 재설계하고 재조정해야 한다. 최근 몇 년 동안, 동작(motion) 추정, 스테레오비전, 시각적 주행거리 측정(odometry) 및 위치측정(localization) 분야에서 동적 비전(dynamic vision)에 많은 기여가 있었다(Gallego et al. 2019).

2.3. 비전 알고리즘(Vision algorithms)

이 절에서는 기존 센서(또는 그렇지 않은), 조밀하거나 조밀하지 않은 원시 데이터(primitives), 그리고 이미지 형성의 기하학적 또는 측광 모델 활용을 가능하게 하는 것을 기반으로 하는, 단안(monocular; 외눈) 또는 비-단안(non-monocular) 비전 알고리즘의 선택에 초점을 맞춘다. 제시된 알고리즘은 이미지에서 검색할 수 있는, 가장 기본적인 정보를 활용하여, 더 낮은 비용으로 매우 높은 수준의 목표에 도달할 수 있음을 보여준다. 이러한 '저급' 접근방식은 흥미로운 성능을 제공하는 동시에, 획득한 성능의 개선에만 기여할 수 있는, 높은 수준의 프로세스를 위한 공간과 가능한 개발 분야를 남겨두는 이점이 있다.

2.3.1. 이미지에서 검색할 정보의 유형 선택 (Choosing the type of information to be retrieved from the images)

다양한 유형의 정보(예: 색상, 형상, 대비 또는 질감)를 추출할 수 있으며, 이는 의도한 애플리케이션에 적합하거나 적합하지 않을 수 있다. 따라서 우리는 특징(features)이라고 하는 특별한 특성 또는 원시 정보(primitives)를 선택한다. 관찰된 객체/장면의 특성에 대한 선험적 특성 없이, 전체로 간주되는 이미지의 경우, 두 가지 접근이 가능하다. 첫 번째는 고정된 '격자(grid)'에 따라 특성을 추출하는 것이고, 두 번째는 관심 지점(interest points)을 감지하는 것이다.

고정 그리드에 따른 추출 : 이미지 전체에서 정보를 검색하는 간단한 방법은 이미지를 임의의 영역으로 나누는 것을 고려하는 것이다. 이러한 영역은 고정된 치수의 정사각형일 수 있지만(Sünderhauf et al. 2013; Naseer et al. 2014), 특별한 경우에는 다른 모양일 수도 있다(예: Fisheye 또는 무지향성(omnidirectional) 광학을 사용하는 경우).

관심 지점의 감지 : Moravec(1977)에 의해 도입된 관심 지점의 개념은, 정보가 풍부한 신호가 이미지 영역의 특성화를 가능하게 한다. 따라서 관심 지점(interest point)은 이미지에서 빛의 세기가 여러 방향(최소한 두 방향 동시에)에서 크게 달라지는 지점이다. 따라서 신호는 윤곽 포인트(point)와 같은 1차원 변화에 해당하는 포인트보다 이러한 포인트에 더 많은 정보를 포함하고 있다. 관심 지점의 탐지에 대해 많은 작업이 수행되었으며, 다른 많은 사람에게 영감을 준 기본적인 접근방식 중 하나는 Harris와 Stephen 검출기(detector)이다(Harris and Stephen 1988). 이 검출기는 신호의 자기 상관함수(autocorrelation)를 기반으로 하며, 아래에서 간략하게 설명한다.

변위 $\Delta \boldsymbol{x} = (\Delta x,\ \Delta y)$ 와 관련된 점 $\boldsymbol{x} = (x,y)^T$에서 이미지 I의 국부적 변화의 측정은, 점 $\boldsymbol{x}$에 중심을 둔 창 W에서 계산된, 자기상관 함수에 의해 얻어진다.

$$X(\boldsymbol{x}) = \Sigma_{x \in W}[I(\boldsymbol{x}) - I(\boldsymbol{x}+\boldsymbol{\Delta x})]^2$$

1차 근삿값은 다음과 같다. $(\boldsymbol{x}+\boldsymbol{\Delta x}) \simeq I(\boldsymbol{x}) + \left(\frac{\partial I(x)}{\partial x}\ \frac{\partial I(x)}{\partial y}\right). \boldsymbol{\Delta} x,$

그리고 자기상관 함수를 다음과 같이 나타낼 수 있다.

$$X(\boldsymbol{x}) = \Sigma_{x \in W}\left[\left(\frac{\partial I(x)}{\partial_x}\ \frac{\partial I(x)}{\partial_y}\right). \boldsymbol{\Delta x}\right]^2 = \Delta \boldsymbol{x}^T M(\boldsymbol{x}) \boldsymbol{\Delta x}$$

여기서 $M(\boldsymbol{x})$ 는 점 $\boldsymbol{x}$ 에서 이미지 I의 지역적 변화(local variations)를 나타내는, 자기상관 행렬이다.

점 $\boldsymbol{x} = (x,y)^T$는 변위 $\Delta\boldsymbol{x}$에 대해 양 $\chi(\boldsymbol{x})$이 크면, 관심 지점으로 간주한다. 다시 말해, 관심 지점은 자기상관 행렬 $M(\boldsymbol{x})$이 2개의 큰 고윳값을 허용하는 점 $\boldsymbol{x}$이다. 고윳값 계산을 피하고자, Harris와 Stephen(1988)은 다음 연산자를 제안하였다.

$$k_H = \det(M) - a\,trace(M^2)$$

이 연산자의 지역적(local) 극댓값을 취하여, 관심 지점을 구한다. α는 경험적으로 결정한 상수이다. Harris와 Stephen은 값 α = 0,04를 제안하고 있음에 주목하자.

관심 지점을 감지하는 알고리즘은, 이미지에서 특징(feature)의 위치를 파악한다(또한 고급 얼룩(blob) 검출기의 경우 크기, 방향 또는 모양까지 결정할 수 있음). 추출 방법에는 특징(feature)을 설명하는 단계도 포함된다(즉, 벡터를 사용하여 특징 주변에서 지역적으로 추출된, 특징의 표현).

지역 특징 설명(local description): 애플리케이션 대부분은 이후에 여러 이미지에서 검색된 서로 다른 관심 지점의 비교 및 연결해야 한다. 따라서 설명자(descriptor)를 계산하는, 감지된 지점 주변의 관심 영역을 고려한다. 또한 회전(rotation)과 아핀(affine) 또는 투영(projective) 변환과 같은, 특정 기하학적 변환에 대한 불변 설명을 얻기 위해, 이 관심 영역은 설명자(descriptor)를 계산하는, 하위 픽셀 보간 단계가 필요할 수 있다. 지역 특징(local feature)이라는 용어는, 가까운 이웃에서 선택한, 관심 영역이 수반되고, 설명이 계산되는 관심 지점을 지정한다. 지역 특징은 가까운 이웃과 다른, 하나 또는 다수 픽셀의 패턴을 나타낸다.

정량화된 차이는 알고리즘에 따라 픽셀 강도, 색상 또는 픽셀 집합의 질감과 같은 여러 가지 속성을 고려한다. 지역 특징에 대한 검색은 그레이 레벨(gray level)의 원시 이미지에, 또는 업스트림(upstream)에 적용된 에지

(edge) 감지 방법으로 인한, 이진(binary) 이미지에 적용할 수 있다.

설명(description)은 일반적으로 지역 특성에 중점을 둔, 지역에 따라 추출된다. 일부 응용 프로그램의 경우, 의미(semantic) 정보를 검색된 특성과 직접 일치시키는 것이 가능하다. 다른 접근방식은 의미를 지역 특징(local feature)과 연관시키지 않되, 위치추정/측정(localization)의 정확성 및 이미지의 다른 특징과의 차별성(distinctiveness)을 고려한다. 시간이 지남에 따라 감지(detection)가 안정적이라면, 이러한 국부적 특성을 통해 상대적인 자세(poses)를 계산하고, 사용된 카메라를 보정하고, 관찰된 객체를 추적하거나, 환경의 희소(sparse) 3차원 재구성을 수행할 수 있다. 이러한 자세(pose) 추정 및 추적 방법을 사용하면, 특히 가까운 시야에서 작업하는 동안, 이미지를 정렬하고 구성할 수 있다. 이 작업에 전념한 최초의 탐지기 중 하나는 추적기(tracker) KLT이다(Lucas and Kanade 1981). 로컬특징(local feature) 세트도, 이미지 전체를 견고하고 간결하게 표현하는데 사용할 수 있다. 이를 통해 객체의 클래스를 인식하거나, 동일한 장소를 나타내는 이미지를 연관시킬 수 있다(이제 '시각적 위치측정/추정(visual localization)'에 대해 설명할 것이다).

(1) 이상적인 특성의 속성(Properties of an ideal characteristic)

좋은 품질의 특징(feature)에는 다음과 같은 속성이 필요하다(Tuytelaars et al. 2008).

- **반복성**(repeatability): 한 이미지에서 감지된 특징은, 장면 보기 조건(예: 조명)의 변화에도 불구하고, 다른 이미지에서 감지할 수 있어야 한다.
- **판별 특성**(discriminant character): 두 가지 다른 패턴 간의 혼동을 제한하기 위해, 특징으로 설명되는 영역이 충분히 구별되어야 한다.

- **지역성**(locality): 특징은 가능한 한 '지역적(local)'이어야 한다. 즉, 오클루전(occlusion; 폐쇄) 위험을 줄이고, 두 이미지 간의 기하학적 변환을 추정할 때의 어려움을 완화하기 위해 제한된 픽셀 집합을 나타내야 한다.
- **수량**(quantity): 추출된 특징의 수가 많을수록, 이미지에서 작은 물체를 설명할 가능성이 커진다. 그러나 많은 특징이 검색된 정보의 중복으로 이어질 수도 있다.
- **정확도**(accuracy): 나중에 사용하기 위해, 이미지에서 정확한 위치를 파악하여 지점(point)을 감지해야 한다(주로 환경의 보정 및 3D 재구성에서 가능한 한 정확하게 하는 데 필요함).
- **성능**(performance): 특히 임베디드 구현의 경우, 특징 검색에 필요한 처리 시간이 결정적일 수 있다.

(2) 설명 방법(Description methods)

전역 설명자(Global descriptors): 전역 설명자는 전체 이미지에서(Chapoulie et al. 2011; Neubert et al. 2013; Naseer et al. 2014) 또는 중간 크기의 패치(Lategahn et al. 2013)에서 추출된다. 따라서 자기 유사성 또는 상호 정보와 같은 가능성 함수를 계산한다. 다른 가능한 접근방식으로는, GIST(Global Information System Techniques: 전역 정보시스템 기술)(Oliva et al. 2001), Gabor 필터의 적용 또는 이미지 공간 정보의 주파수 표현 형태인 웨이블릿(wavelet) 표현도 있다.

관심 지점 설명자(interest point descriptors): 특징(feature) 감지 단계는 정보 소스 포인트(돌출점, 강한 대비 등)에 해당하는 이미지에서 좌표를 검색한다. 어떤 검출기(detector)는 감지된 지점 주변의 관련 관심 영역 크기 및 방향(특히 SIFT 검출기의 경우)과 같은, 추가 정보도 검색한다. 선택된 검출기에 따라, 이미지를 처리한 후, 다양한 크기와 방향의 패치를 얻는다. 설명자(descriptor)는, 스칼라 벡터 또는 비트 문자열(2진 설명자; binary descriptor)의 형태로, 관심 지점 및 해당 영역의 정보를 나타낸다. 동일한 해상도를 처리하기 위해, 동일한 차원/방향이 아닌 경우, 설명할 영역의 보간을 수행해야 한다. 스칼라 설명자는 예를 들면, 기울기(gradient) 또는 공간 주파수 표현에 해당하는 실젯값 세트이다. 나중에, 동일한 지점(point)을 나타내는지 아닌지를 결정하기 위해, 이들 벡터는 일반적인 수학 거리 연산자를 사용하여 비교한다. 가장 일반적인 스칼라 설명자 중 하나는, 효율성으로 유명한 SIFT(Lowe 2004)이다. 스칼라 벡터로 설명되는 여러 지점(point)을 비교하는 것은, 컴퓨팅 자원 측면에서 매우 까다롭다. 이 문제를 해결하기 위해 2진 설명자(binary descriptor)가 제안되었다. 출력은, 해밍 거리(Hamming distance)를 사용하여 비교할 수 있는, 비트 문자열이다. 따라서 페어링(pairing) 계산이 훨씬 빠르다. 그러나 이러한 설명자들은 더 적은 정보를 인코딩하므로, 2개의 서로 다른 관심 지점 사이의 혼동에 더 도움이 된다.

중간 수준 특징 및 풀링(Mid-level features and pooling): 일반적인 검출기는, 일반적으로 이미지 크기에 따라 수백에서 수천까지, 많은 관심 지점을 검색한다. 중간 수준 특징의 목적은, 관찰된 개체 또는 장면에 해당하는 설명자 집합을, 압축된 형태로 변환하는 것이다. 많은 방법이 클러스터링(clustering) 접근방식을 사용하여, 사전(dictionary)을 계산한다. 추출된 설명자 모두는 이 사전의 요소(예: 특성 공간에서 설명자와 가장 가까운 요소)와 연결된다. Chatfield et al.(2011)은 중간 수준 특징의 개념에 속하는 여러 기술의 비교를 설정한다.

아래 그림은 사전을 사용하는 접근방식의 표현을 나타낸다. BoW(Bag-of-Words) 접근방식은 이러한 기술 중의 하나로 분류할 수 있다.

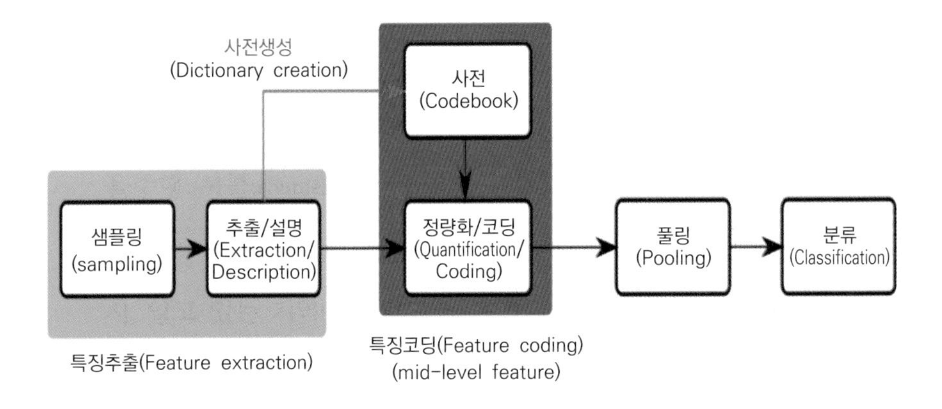

그림 2.3. 사전을 사용하는 접근방식의 일반 블록선도

합성곱 신경망(CNN) 방법으로 대체: 그림 2.4에 제안된 표현을 이용하여, 두 이미지(질의와 참조)를 비교하는 연속 단계를 요약할 수 있다. 작업과정(workflow)의 일부 작업은 학습 방법으로 대체할 수 있다. 예를 들어, Weyand et al. (2016)은, 전체 처리 사슬을 CNN 방법으로 대체한다.

다른 저자들은 더 제한된 대체를 위해 신경망을 사용한다. 특히 Aguilera et al. (2016)은, 서로 다른 교차 스펙트럼 영역에서 추출한 패치(patches)를 연결하는 어려움에 대해 논의했다. 이러한 새로운 방법은, 더 전통적인 접근방식을 능가한다. 그런데도 학습은 실행시간(runtime) 측면에서 매우 비용이 많이 들고, 대규모 학습 데이터 세트에 대해서만 효율적이다.

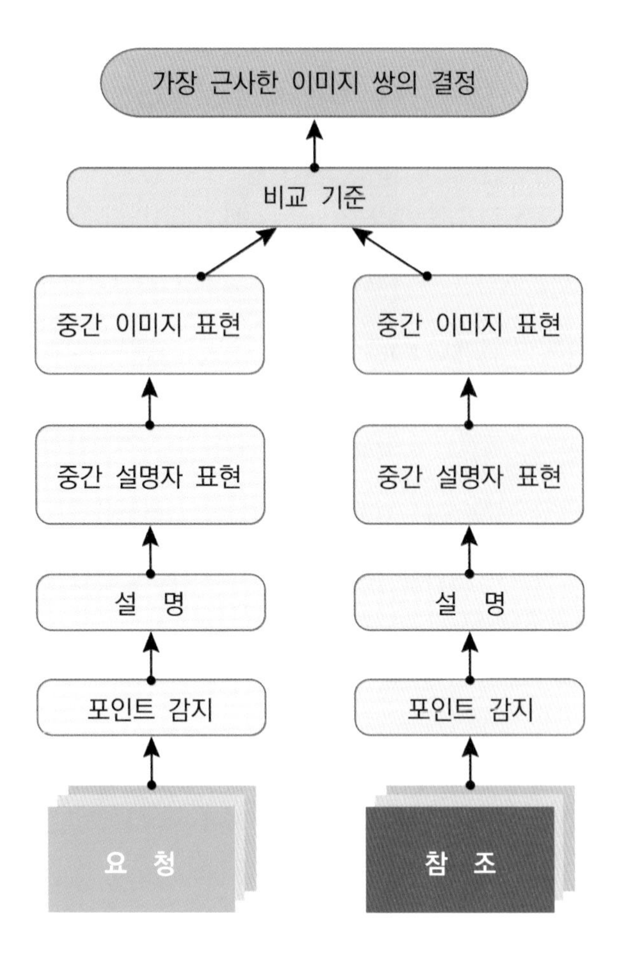

그림 2.4. 관심 지점 기반 매칭 접근법의 처리 단계

(3) **관심 지점 매칭 프로세스**(Interest-point matching process)

매칭 프로세스는 둘 이상의 '대응하는' 이미지에서 원시정보(primitives) 또는 특징(feature)의 식별(identifying; 동시 위치 추정 및 지도 작성)을 포함한다(예: 관찰된 장면의 동일한 3D 포인트의 투영인, 2D 프리미티브). 조밀한 매칭 전략과 희박한 매칭 전략의 두 가지 접근방식이 있다. 첫 번째

접근방식에서는, 두 이미지의 모든 가시적 픽셀(가려지지 않은 픽셀)이 일치해야 하지만, 두 번째 접근방식에서는 관심 지점과 같이 이미지에서 감지된, 특정 프리미티브(primitives)의 수와 관련하여 일치해야 한다.

유사성(Similarity) **측정**: 프리미티브가 특징 벡터에 의해 감지되고 설명되면, 매칭 프로세스는 설명자 벡터를 비교하는 것이다. 따라서 유사성 측정의 선택이 중요하다. Mahalanobis 거리 또는 Bhattacharyya 거리와 같은, 상관 측정 및 통계적 거리가 일반적으로 사용된다.

잘못된 일치 제거(Elimination of false matches): 부정확한 페어링을 제거하려면, 확인(verification) 단계가 필요하다. 효율적인 접근방식은, 대칭적인 관심 지점 쌍을 제공하는, 교차 검사(또는 교차 매칭)이다. 두 개의 이미지가 주어졌을 때 I_1과 I_2의 관심 지점을 일치시키는 것으로 시작하여, 이미지 I_1과 I_2의 역할을 맞바꾼다. 최종적으로 유지되는 대응 쌍은 그림 2.5와 같이, 상호 선택된 점(point)에 의해, 형성된다. 널리 사용되는 또 다른 접근방식은, 가능할 때마다, 두 이미지 간의 기하학적 변환을 추정하는 것이다. 예를 들어, RANSAC(Fischler and Bolles 1981)와 같은 강력한 방법을 사용하여, 호모그라피(homography) 또는 에피폴라(epipolar) 기하학을 추정하는 것이 가능하다.

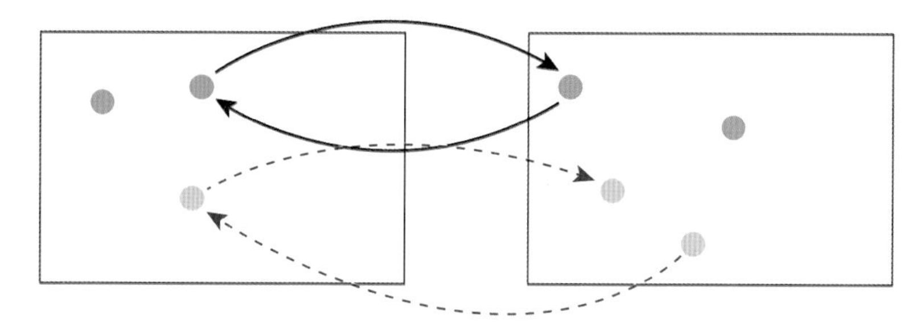

그림 2.5. 교차 확인의 원칙; 실선은 올바른 대응, 점선은 잘못된 대응을 나타낸다.

2.3.2. 자아 동작 및 위치측정의 추정
(Estimation of ego-movement and localization)

차량에 내장된 비전 시스템으로부터 획득한 이미지로부터, 장애물 감지, 장애물과의 거리 추정, 객체 범주 인식, 주어진 지도에서 차량 위치 파악, 또는 SLAM(Simultaneous Localization and Mapping)과 같은, 다양한 임무를 수행하도록 여러 가지 알고리즘을 개발할 수 있다.

이들 각 작업 및 관련 알고리즘에 대한 설명은, 전체 장에서 필요하므로, 이 절에서는 동작(motion) 및 자아-동작(ego-motion) 추정 알고리즘만 설명한다. 이들은 광학 흐름 및 시각적 주행거리 측정(visual odometry)이다. 이들 방법은 다음 절에서 설명하는, 두 가지 응용 프로그램에서 사용할 것이다.

(1) **광학 흐름의 추정**(Estimation of the optical flow)

이미지에 3D-운동을 실제 투영하는 2D-운동과 혼동하지 말아야 하는 광학 흐름은, 차량의 자아 운동, 그리고 운동하는 객체의 변위로 인해 생성되는 겉보기 운동이다. 광학 흐름은 일련의 이미지에서 직접 추정할 수 있다. 이 문제는 운동하는 객체의 감지 및 추적, 로봇과 차량의 자율주행, 시각적 주행거리 측정(visual odometry)과 같은, 많은 응용 분야로 인해 문헌에서 널리 연구되었다.

소위 미분 방법은 강도(intensity)함수의 시공간 도함수 계산을 기반으로 한다. 이들은 변위하는 동안에 밝기 불변의 가설을 가정한다. 즉, 벡터 u를 따라 움직이는 점(point)이 t 와 $t+dt$ 순간에 2개의 연속 이미지 사이에서 일정한 밝기를 유지한다고 가정한다.

$$I(\mathbf{p}, t) = I(\mathbf{p} + \mathbf{u}, t + dt)$$

접근방식은 이 방정식이 전개되는 방식과 각 지점에서 속도 벡터를 추정하는 데 사용되는 추가 제약 조건의 특성에 따라 다르다. 1차 Taylor 근사는 소위, 1차 미분 방법의 부류(class)를 생성하였다. 그런 다음 '운동 구속(motion constraint) 방정식'으로 알려진 방정식을 얻는다.

$$\frac{\partial I}{\partial x}u+\frac{\partial I}{\partial y}v+\frac{\partial I}{\partial t}=I_x u+I_y v+I_t=0$$

각 지점(point)에서 벡터 u를 추정하기 위한 모션 제약 방정식의 불충분성은 기존 접근방식이 추가적인 가설 및/또는 제약을 제안하도록 하였다. 전문 문헌에서는 방법을 두 가지 범주로 분류하고 있다. 즉, 광학 흐름이 작은 이웃을 따라 일정하다는 가설에 기반한 지역 추정치를 제공하는 방법(Lucas and Kanade 1981), 그리고 정규화 및 전파 과정을 통해 조밀한 추정을 제공할 수 있도록 하는, 추가 제약 조건을 기반으로 하는 전역(global) 방법이다(Horn and Schunk 1981).

- **전역 방법**(global methods): 이들 접근방식은, 변위 중 밝기의 불변성을 반영하는 데이터 충실도 항, 그리고 인접 지점 간의 느린 속도 변화를 나타내는 정규화 항(평활 제약)으로 구성된, 에너지 함수를 최소화한다.

$$\arg\min E = \int_{\Omega} [Ix(\mathbf{p})u(\mathbf{p}) + Iy(\mathbf{p})v(\mathbf{p}) + It]^2 + \lambda(||\nabla u(\mathbf{p})||^2 + ||\nabla v(\mathbf{p})||^2)d\mathbf{p}$$

  해를 구하는 방법은 무수히 많으며 시공간 기울기의 사전 추정을 통해, 오류 수렴으로 이어지는, 반복 프로세스로 이어진다.

- **지역적 방법**(local methods): 이들 접근방식은 벡터 u가, 주어진 이웃 N에서 일정하다는 초기 가설을 가정한다.

$$\arg\min E = \sum_{k \in N \in (p)} (I_t(\mathbf{k}) + \nabla I^{\mathsf{T}}(\mathbf{k})\mathrm{u}(\mathbf{p}))^2$$

선형 시스템 A**u**=b를 풀어 최적 해를 얻는다.

여기서 A는 다음과 같다.

$$\mathbf{A} = \sum_{k \in N \in (p)} \nabla I^T(\mathrm{k})\nabla I(\mathrm{k}) \text{ and } \mathbf{b} = -\sum_{k \in N \in (p)} I_t(\mathrm{k})\nabla I(\mathrm{k})$$

(2) 시각적 주행거리 측정 및 SLAM(Visual odometry and SLAM)

'오도메트리(odometry; 주행거리 측정)'라는 용어는 상대 위치 추정치 세트에서 궤적을 추정하는 데 사용된다. 따라서 시각적 주행거리 측정은, 변위하는 동안에 획득한 이미지에서 움직이는 차량의 궤적을 점진적으로 추정하는 것을 포함한다(Scaramuzza and Fraundorfer 2011). 그러나 이 기술은 시간이 지남에 따라 필연적으로 오류가 누적되어, 차량의 예상 궤적과 실제 궤적 간의 편차가 발생한다.

따라서 주행거리 측정(odometry)은 단기간에는 적합하지만, 장기간 위치 추적(localization)의 경우에는 궤적 추정치의 편차를 피하려면, 환경 지도를 사용하는 것이 좋다. 위치추적과 매핑(mapping) 문제를 동시에 해결하는 것을 SLAM이라고 하며 이는 'Simultaneous Localization And Mapping(동시 위치추적 및 매핑)'을 의미한다(Durrant-Whyte and Bailey 2006). 이 문제는 많은 도전 과제를 포함하고 있다.

- **초기화**(initialization): 프로세스의 시작 시에는 차량을 찾을 수 있는 지도가 없다. 초기화 단계는 스테레오스코픽(stereoscopic) 시스템을 사용하여 쉽게 할 수 있지만, 하나의 카메라만 사용하는 경우는 더 어려울 수 있다.

- **루프 폐쇄**(Loop closing): 차량이 이미 대응된(mapped) 장소로 복귀할 때, 변위 동안에 누적된 이동을 추정하기 위해, SLAM 알고리즘에 의해 얻은 지도를 사용한다. 이를 위해서는 알려진(매핑된) 기본 요소와 인지된(실시간 인식) 기본 요소를, 식별하고 쌍을 이루는 기능이 필요하다. 이 페어링(pairing)의 품질은 사용 가능한, 풍부한 시각적 정보와 직접적인 관련이 있다.
- **위치추정 반복**(Relocalization): 차량의 현재 위치의 추정치는 이전 위치와 시각 센서 데이터와 환경 지도 사이에 설정된 대응 관계를 기반으로 한다. 차량의 움직임에 대한 가설이 검증되지 않았거나, 예를 들어 막힘으로 인해 매핑을 설정할 수 없는 경우에는, 지도에서 차량을 재배치하는, 절차를 개발할 필요가 있다. 이 절차는 차량의 초기 위치를 설정하는 데에도 사용할 수 있다.
- **견고성**(Robustness): 센서 데이터와 지도 간의 매칭(matching) 프로세스는, 특히 동적 환경(움직이는 객체, 가변 환경 등)에서 필연적으로 오류를 발생시킨다. 따라서 알고리즘은 잘못된 매칭(matching)의 영향을 감지하고 줄이는 데, 도움이 될 수 있는, 절차를 통합해야 한다.
- **실시간**(Realtime): 알고리즘은 분명히 지도상의 위치에 대한 실시간 정보를 차량에 제공할 수 있어야 한다. 또한 장기 및 대규모 사용을 위해 확장이 가능해야 한다.

주행거리측정(오도메트리)과 SLAM의 비교(Odometry versus SLAM): 오도메트리(Odometry)와 SLAM의 근본적인 차이점은 추구하는 목표에 있다. SLAM의 목적은 기본 정보, 그리고 선택적이고 대표적인 정보를 포함하는, 이전에 구성된 지도를 다시 보정하여, 차량의 위치를 추정하는 것이다.

위치추정/측정(localization)은 내장된 인지(perception)로 인한 원시정보(primitives)와 이미 지도에 존재하는 원시정보를 일치시켜 수행한다. 인지된 원시정보와 알고 있는 원시정보 간의 오차를 이용하여, 차량의 현재 위치를 수정할 수 있다. 원시정보가 GSP 좌표로 배치된 경우, 지도는 전역적(global)이다. 반면에 시각적 주행 거리 측정(visual odometry)은 차량의 궤적을 층별로, 점진적으로 추정하는 것을 목표로 한다. 추정된 궤적의 일관성을 보장하기 위해, 환경의 지역지도(local map)를 사용하지만, SLAM의 경우와 달리, 환경의 매핑 자체가 목표는 아니다. 따라서 시각적 주행 거리 측정(visual odometry)은 완전한 시각적 SLAM 알고리즘 안에서 빌딩 블록으로 간주할 수 있지만, 독립적으로 사용할 수도 있다(Scaramuzza 및 Fraundorfer 2011). 이 절에서는 시각적 주행 거리 측정(visual odometry)에도 적용된다는 점을 염두에 두고 시각적 SLAM 알고리즘의 원리에 대한 설명에 중점을 둘 것이다. 마지막으로 SLAM에 단일 카메라를 사용할 때는, 축척 비율까지 환경지도와 궤적만을 추정할 수 있다는 점을 기억하는 것이 중요하다. 이 축척(scaling) 문제를 해결하려면, 관성 장치 또는 지도로부터의 특정 거리에 대한 지식과 같은, 다른 정보 소스를 사용해야 한다.

시각적 SLAM의 문제를 해결하는 방법에는 특징(feature) 기반 방법 그리고 직접(direct) 방법의 두 가지 주요 방법이 있다.

특징 기반(feature-based) **방법**: 이들 방법은 이미지에서 감지된 관심 지점(Mur-Artal et al. 2015) 또는 선(Eade and Drummond 2009; Lemaire and Lacroix 2007)과 같은 기본 요소의 감지 및 매핑(mapping)을 기반으로 한다. 이들 모든 방법은 기하학적 척도이며 수렴 특성이 좋은, 재투영 오차의 최소화에 기반을 두고 있다. 보다 구체적으로, 좌표계의 3차원 좌표점 X_W와 좌표 x_c가 있는 2차원 관심점을 고려하면, 재투영 오차는 다음과 같이 작성된다.

$$e_{proj} = \boldsymbol{x}_C - \pi_m(\boldsymbol{R}_{CW}\boldsymbol{X}_W + \boldsymbol{p}_W)$$

여기서 회전 $\boldsymbol{R}_{CW} \in SO(3)$과 트랜슬레이션 $\boldsymbol{p}_W$은 장면의 3D점 $\boldsymbol{X}_W$을 원근 투영 모델 π_m을 통해 이미지의 2D 점(point)으로 변환한다.

재투영 오류(reprojection error)를 최소화하여, 점의 집합 $\mathscr{P}$과 카메라 집합 $\mathscr{C}$의 위치를 최적화하는 것을 빔(beam) 또는 번들(bundle) 조정(Triggs et al.2000)이라고 하며, 가장 효율적인 SLAM 및 주행 거리 측정(odometry) 알고리즘의 기초이다. 빔(beam) 조정은 아래와 같은 식이 된다.

$$\{\boldsymbol{X}_W^j, \boldsymbol{R}_{CW}^i, \boldsymbol{p}_W^i | \forall j \in \mathcal{P}, \forall i \in \mathcal{C}\}$$

$$= \operatorname{argmin}_{\boldsymbol{X}_W^j, \boldsymbol{R}_{CW}^i, \boldsymbol{p}_W^i} \sum_{i,j} \rho\left(\left\|\boldsymbol{x}_i^j - \pi_m(\boldsymbol{R}_{CW}^i \boldsymbol{X}_W^j + \boldsymbol{p}_W^i)\right\|_{\Sigma_i^j}^2\right),$$

여기서 x_i^j 는 카메라 i 에서 3D 점 X_W^j와 관련된 관심점이며, Σ_i^j는 카메라 이미지 i에서 관심점 x_i^j의 위치의 공분산 행렬이며, $\|.\|_\Sigma$는 마할라노비스(Mahalanobis) 거리이고, $\rho(.)$는 부정확한 대응의 영향을 줄이기 위한, Huber 함수와 같은 강력한 가중치 함수이다.

이 최적화 문제의 해는 전체 카메라 세트 $\mathscr{C}$의 자세(회전 및 이동)와 $\mathscr{P}$에 있는 모든 점(point)의 위치를 제공한다.

이들 방법의 장점은 기하학적 원시정보(primitives)를 추출하고 조작하기 쉽다는 점이다. 그러나 주요 제한 사항은 이러한 원시정보의 사용과 정확히 관련이 있다. 그 이유는 특징적인 원시정보(primitives)(예: 텍스처(texture) 부족, 또는 환경의 수직 원시정보 부족)가 없거나, 동작 흐림(motion blur)이 잘못된 추정으로 이어지기 때문이다. 또한 이들 방법은 환경에 대해 흩어져 있는 지도를 생성하므로, 위치측정(localization) 이외의 작업에는 그다지 유용하지 않다.

직접 방법(Direct methods): 직접 방법은 기하학적 원시정보(primitives)를 감지하지 않고, 이미지 픽셀에서 직접 가져온 정보를 활용한다. 이는 질감이 약한 도로 장면이나 동작흐림(motion blur)이 있는 경우에 더욱 강력해진다. 이미지의 모든 픽셀을 사용하는 조밀한 방법(Newcombe et al. 2011), 높은 그래디언트 값을 가진 픽셀로 제한되는 반-조밀한(semi-dense) 방법(Engel et al. 2014), 이미지 픽셀의 하위 집합을 사용하는 희소(sparse) 방법(Engel et al. 2018) 사이에는 구별이 있다.

직접 방법은 측광 오차를 사용하여, 카메라 세트의 각 픽셀과 관련된 깊이의 추정을 기반으로 한다. 더욱 정확하게는, 카메라 i에서 추정된 깊이 d를 가진 점 $\boldsymbol{x}$의 2D 좌표가 주어질 때, 이 픽셀이 카메라 j에서 관찰될 때의 측광 오차 e_{photo}는 다음과 같이 정의된다.

$$\boldsymbol{e}_{photo} = I_i(\boldsymbol{x}) - I_j(\pi_m(\boldsymbol{R}_{CW}^j(\boldsymbol{R}_{WC}^i \pi_m^{-1}(x, d) + \boldsymbol{p}_c^i) + \boldsymbol{p}_W^i))$$

여기서 π^{-1}는, 깊이 d와 카메라의 고유 매개변수에 따라 2D 점 $\boldsymbol{x}$의 3D 위치 $\boldsymbol{X}_C$를 계산하는 역투영(inverse projection) 모델이다.

$$\boldsymbol{X}_c = \pi_m^{-1}(\boldsymbol{x}, d) = \begin{bmatrix} d\dfrac{u - c_x}{f_x} \\ d\dfrac{v - c_y}{f_y} \\ d \end{bmatrix}$$

측광 오차는 Lambertian 표면을 가정하므로, 직접 방법은 반사 표면이 있는 경우에 실패한다는 것을 주목하자. 그런데도 Engel et al.(2018)에서 수행된 것처럼, 측광 보정을 수행하는 것이 가능하다.

Dense 및 Semi-dense 방법의 주요 제한 사항은, 복잡성과 긴 실행시간으로 번들 조정과 같은, 조인트 최적화를 가능하게 하지 않는다.

비선형 최적화(Nonlinear optimization): 시각적 주행 거리 측정(visual odometry)과 SLAM에 사용되는 최적화 방법은, 최소화해야 할 오류(재투영 오류 또는 측광 오류)가 비선형 함수이기 때문에, 비선형 방법이다. Gauss-Newton 그리고, 특히 Levenberg-Marquadt 알고리즘과 같은 최적화 알고리즘이 가장 널리 사용된다(Nocedal and Wright 2006).

2.3.3. 조밀한 접근으로 탐색 가능한 공간의 탐지 (Detection of the navigable space by a dense approach)

시각 센서로부터 얻은 2D 이미지는 그 자체로, 인지된 환경에 대한 일정량의 정보를 담고 있다. 목적이 시각적으로 구별되는 장애물을 피하는 것(환경의 다른 '객체'와 구별되는 시각적 서명/속성이 있다는 의미에서)인 경우, 이들을 탐지하기 위한 빌드모델(buildmodel)이 가능하다. 대칭, 질감 또는 색상을 활용하는, 몇 가지 접근방식이 제안되었다. '차량' 모양의 장애물에 관한, 이들 상당히 효과적인 접근방식은, 모양의 가변성과 변형으로 인해, 작업이 더 복잡해지므로, 보행자를 탐지(detect)하거나 '인식(recognize)' 하기가 어렵다. 그래서 패턴 인식 및 분류에 기반한 기술을 자연스럽게 채택하게 되었다. 제안된 접근방식 중에서 다음을 인용할 것이다. 일반적으로 선형 분류기를 사용하는 이진 계단식 분류 기술; 지원 벡터 머신의 사용 또는 심층 신경망의 사용. 이들 방법의 장점은 넓은 공간에서 작업할 수 있다는 점이다. 몇 개의 약한 분류기(classifier)를 하나의 강력한 분류기로 만드는, 부스팅 기술에 대해서도 언급하겠다. 강한 분류기에서 얻은 결과는 각각의 약한 분류기에서 얻은 결과보다 더 크다. 일반적으로 사용되는 방법은 AdaBoost 방법에서 파생된다. 이 분류기의 사용은, 훈련 및 탐지 작업이 수행될 이미지를 투영하는, 표현 기준의 정의를 기반으로 한다. 보행자 탐지용으로, 매우 인기 있는 솔루션은, HOG(Histograms of Oriented Gradients)이다. Joint Ranking of Granules, HAAR 웨이블릿 분해 또는 PCA(Principal Component Analysis)와 같은, 다른 설명자(descriptor)도 제안되었다. 이들 탐지 방법도 오프라인 학습 단계를 기반으로 한다. 이 학습은 분류기에 긍정 및 부정의 예제 세트(example set)를 표시하여 수행한다. 이러한 훈련 예제의 대표성은, 분류기의 성능에 큰 영향을 미친다.

외관(appearance) 기반 접근 방식과 함께, 잠재적 장애물에 대한 구조적 정보 추정에 기반한 접근 방식은 제2의 카메라에 의존한다. 제2의 카메라는 입체 비전 프로세스에 의존하고, 인지된 객체의 깊이 z를 추정하는 데 도움이 된다. 특정 작업에서, 특히 입체 비전 시스템이 완벽하게 보정되고 수정될 때, 장애물은 쉽게 탐지할 수 있는 전면 평행 평면으로 간주된다. Labayrade et al. (2002)은, 정면 평행 평면이 선으로 변환되는, V-시차(V-disparity)라고 하는 공간을 정의했다. 본 연구 이후 U-Velocity 공간에서 직선으로 표현되는 수평면을 고려하여, 동일한 원리를 따를 것을 제안하였다(Labayrade et al. 2002; Wang et al. 2014). 그런 다음 Hough 변환을 사용하여 추출한다. 우리는 이 절에서 제시된 작업에 영감을 준, 이 기술로 다시 돌아올 것이다. 정면 평행 또는 수평 평면의 단순한 탐지를 넘어서, 지도의 구성, 더 정확하게는 점유 격자의 구성이 상당히 성공적이었다(Vu et al. 2008; Nedevschi et al. 2009). 이 접근 방식의 주요 장점 중 하나는, 여러 센서 간의 협업이 즉각적이고 '칠판(blackboard)' 유형이라는 점이다(즉, 공유를 위해 자연 축적에 의존). 실제로, LiDAR, RADAR 또는 스테레오비전 포인트를 사용하여, 동일한 점유 지도를 공평하게 채울 수 있다. 일반적으로 가장 많이 고려되는 것은 LiDAR와 스테레오비전의 협업이다. 다른 한편으로, LiDAR는 나중에 비전으로 확인될, 탐지 가설을 제공할 것이다(Labayrade et al.2005; Labayrade et al. 2007; Rodriguez et al. 2010). 장애물 위치 파악의 문제는 차량 앞의 여유 공간 식별이라는 두 가지 방법으로도 해결할 수 있다. 이 경우, 문제는 더 이상 잠재적인 위협을 피하는 것이 아니라, 자기 차량이 움직일 수 있는 공간을 정의하는 것이다(Soquet et al. 2007).

'구조(structure)' 기반 접근 방식과 함께, 동작(motion) 추정과 구조적 추정을 결합한다는, 아이디어는 흥미롭다. 이 두 가지 접근방식을 적극적으로 포함하는 작업은 2000년대 초반부터 계속되었다. 즉, 사용 가능한 컴퓨팅 성능 덕분에, 이 두 가지 프로세스를 동시에 수행할 수 있었기 때문이다. 가장 중요한 작업 중, Heinrich(2002)에서 설명된 이미지 불변(이 경우 센서까지의 거리에 대한 광학흐름 수준(norm)의 비율)의 전시(exhibition)를 중심으로 설명된 것을 인용하고자 한다. 또한 Franke et al.(2005)에서 제시한 6D-Vision의 원리 또한, 흥미로운 접근 방식을 구성한다. 이는 장면의 개체를 애니메이션 할 가능성이 있는, 움직임에 맞춰 조정된 칼만 필터를 사용하여, 관심 지점을 감시하는 것을 기반으로 한다. 위에서 보았듯이 점유 격자의 형식주의(확률적, 신뢰성, 퍼지 및 믿음 플롯(plot))는, 서로 다른 센서들의 쉬운 통합을 선호한다. 따라서 인공 비전(artificial vision) 방법 간의 협력을 장려하기 위해, 여기에서 당연히 응용 프로그램을 찾아야 한다. 이 형식주의는 관찰된 장면의 표현을 구성하기 위해 이용되거나(Dornaika et al. 2000), 단순히 시간 정보로 풍부해질 수 있다(Braillon et al. 2008; Leibe et al. 2007). 커뮤니티에서 가장 큰 관심을 받는 접근 방식은, 장면 흐름의 평가(Bak et al. 2010), 또는 광학 흐름을 3차원 공간으로 확장하는 데 중점을 둔 접근 방식이다. 이를 달성하기 위해 관심 지점을 따르거나(Lenz et al. 2011), Horn & Schunk 모델(Pons et al. 2007; Wedel et al. 2008)을 따라 광학흐름의 계산 방법에 스테레오를 통합하는 것이 가능하다. 이 대응 분야에서, 고전적인 분할 기술을 사용하여, 물체의 겉보기 움직임의 함수로 장면의 표현을 얻을 수 있다.

다음 두 하위 절에서, 누적 단안 접근법에 대해 자세히 설명할 것이다. 이 접근 방식을 사용하면, 탐색 가능한 공간을 감지하기 위해 추정된 광학 흐름을 가능한 한, 정확하게 사용할 수 있다. 이것은 3D 준-수평 평면에 비유되는데, 그 속성은 2D 모션 필드와 관련되어 있으며, 즉시 탐지할 수 있어, 충분히 구별된다.

다음 하위 절에서는 첫 번째 단계에 초점을 맞춘다. 가능한 한, 정확하게 일련의 이미지에서 광학 흐름을 추정하는, 새로운 방법을 제안한다. 이 접근 방식은 색상 유사성 또는 근접성의 기준에 따라, 반복적인 프로세스를 통해 추정치를 개선하기 위한, 품질 지도(quality map) 생성을 기반으로 한다. 이렇게 얻은 동작 지도(motion map)는, 주요 3D 평면의 빠른 탐지에 사용된다. 이를 위해 UV-속도(UV-velocity)라고 하는, 누적 접근 방식이 개발되었다. 이 접근 방식은 2D 속도 벡터 필드의 기하학적 속성을 활용한다. 자아 운동의 특성과 관련된 가설을 시작점으로 사용하여, 평면 표면을 탐지하는 것이 가능하다. 제안된 방법은 다양한 자아 운동 모델과 표면을 고려하는, 점진적 투표 전략을 가능하게 한다. 검출된 각 면에 대한 모션 모델은, 광학흐름 추정 방법에 재적분 되어, 평면 모델의 유효성 제약 아래서, 최적화 방법이 되어 광학흐름의 정확도를 향상시킨다. 또한 시각적 주행 거리 측정(visual odometry) 프로세스가 평면 표면 감지 방법으로부터 이익을 얻는 방법을 보여준다. 광학흐름 추정 접근 방식은 Middlebury[1] 데이터베이스에서 정확도와 실행시간 측면에서 평가된다. UV-속도와 관련하여, 검증은 시뮬레이션 된 흐름에서, 그리고 KITTI[2] 데이터베이스의 이미지에서 수행된다.

(1) 광학 흐름 추정, 신뢰수준 및 신뢰도 (Optical flow estimation, confidence and reliability)

사용된 방법의 특성(로컬 또는 글로벌)과 관계없이, 광학 흐름의 추정에 의존하여, 탐색 가능한 도로 공간을 탐지하는 것은 위험한 내기와 같다. 탐색 가능한 영역은 종종 동질적(homogeneous)이다. 이것은 주로 개방의 고전적인 문제로 인해, 추정된 속도 벡터의 필드가 잘못된 방향을 갖도록 한다. 탐색 가능한 영역의 위치를 조밀하게 추정하기 위해, 벡터의 필드 속성을 활용할 때, 광학 흐름의 정확도가 중요해진다. 벡터 분석이 자아 움직임의 즉시 추정을 허용할 때 중요하다.

이 절의 목표는 선험적 신뢰수준(confidence) 측정, 그리고 신뢰도(reliability)를 나타내게 될 사후 자체 평가 측정을 고려하여, 추정의 정확성을 개선하는 관점에서, 광학 흐름에 대한 국부적 고전적 접근 방식을 적용할 수 있는 방법을 보여주는 것이다. 우리는 어떻게 신뢰수준과 신뢰도를 단일 품질 점수로 결합할 수 있는지 보여줄 것이다. 이 점수는 전파 프로세스의

[1] http://vision.middlebury.edu/flow/data/에서 이용 가능
[2] http://www.cvlibs.net/datasets/kitti/에서 이용 가능

기반이 될 것이며, 그 결과는 더 정확하고 밀도가 높은 광학 흐름이 될 것이다. 이어서 소개할, KLT(Kanade–Lucas–Tomasi)와 같은, 고전적인 광학 흐름 추정 방법에서 시작하자.

- KLT 방법에서 파생된 접근 방식의 프레임워크 내에서, 조건이 좋지 않은 매트릭스를 제공할 가능성이 있는 추정치를 필터링할 수 있도록 하는, 코너니스(cornerness)라고 하는 고전적인 신뢰수준(confidence) 측정
- KLT가 수렴하는 동안, 잔차의 시간적 변화를 포착하는 신뢰도(reliability) 지수
- 이웃에서 광학흐름 벡터의 국부적 일관성을 반영하는 신뢰도(reliability) 지수.

신뢰수준과 신뢰도를 평가하는 이 세 가지 측정으로부터, 전체 품질 지도를 구축할 수 있다. 광학 흐름은 최고의 품질 점수를 가진 포인트에서 선택한, 선험적 시작 씨앗(starting seeds) 세트에 대한 품질지도를 사용하여, 첫 번째 원시 추정치(first raw estimate)로부터 정제된다. 그런 다음, 인접 벡터는 2단계로 수정된다. 씨앗의 희소(sparse) 수정, 그리고 이어서 전체 지도에 대한 밀집(dense) 수정이 이루어진다(Mai et al. 2017a; Mai et al. 2020).

❶ 신뢰수준 측정(Confidence measure)

문헌에는 광학 흐름 추정치의 신뢰수준을 측정하는, 기존 접근 방식이 거의 없다. 있어도, 추정치를 개선하는 데 거의 활용되지 않는다. 이미지에서 가장 질감이 있는 영역은, 높은 정보 콘텐츠를 보유하고 있으므로 최상의 추정치를 제공하는 영역인 경우가 많다. 가장 일반적인 기준은 Shi and Tomasi(1994)가 제안한 KLT 방법에서 사용되는, 소위 코너니스(cornerness) 측정이다. 높은 신뢰수준을 제공하는 이미지 영역은, Hessian 행렬에서 두

고윳값이 높은 영역이다.

$$J = \begin{bmatrix} \Sigma I_x^2 & \Sigma I_x I_y \\ \Sigma I_x I_y & \Sigma I_y^2 \end{bmatrix} \rightarrow w_{corner} = \min(\lambda_1, \lambda_2)$$

이 측정은 그라디언트(gradient)를 기반으로 하는 단순한 인디케이터(indicator)이기보다, 더 관련성이 있는 것으로 판명되었다. 이유는 고려되는 영역에서 강도함수의 국부적 형태와 구조를 포착할 수 있기 때문이다.

❷ **신뢰도 측정**(reliability measures)

\- **지역별 동일 움직임에 관한 기준**(Criterion for local uniformity of movement)

공간(u, v)의 속도 벡터 분포에 대한 자세한 분석을 통해, 구속선(constraint line)과 관련하여, 분포와 거리를 연구할 수 있다.

$I_x u + I_y v + I_t = 0$, 여기서 $\nabla I = (I_x, I_y, I_t)^T$이다. 밝기 불변 방정식에서 추론하기 때문에, 검증해야 한다. 서로 다른 움직임의 가장자리(edge)에서, 벡터가 분산되고 구속선에서 멀어지므로, 잘못된 추정이 발생한다. 추정치의 신뢰도를 측정하는 한 가지 방법은, 주어진 이웃에 대한 벡터의 분산을 측정하는 것이다. 이것은 점 $\boldsymbol{p}$ 주변의 추정된 흐름의 집합인 S로 지정된다. 추정된 벡터의 신뢰도 S_{var}는 분산을 기반으로 계산된다.

$$\sigma_S^2(\boldsymbol{p}) : S_{var}(\boldsymbol{p}) = \frac{1}{\sigma_S^2(\boldsymbol{p}) + \varepsilon}$$

[0,1] 사이에서 S_{var}를 정규화함으로써, 움직임movement) 기준의 지역별 균일성에 기반한, 신뢰도 측정값을 얻는다.

$$w_{var}(\boldsymbol{p}) = \frac{S_{var}(\boldsymbol{p})}{\max(S_{var})}$$

- **잔차의 시간적 진화에 대한 기준**

(Criterion for the temporal evolution of residuals)

KLT 방법은 반복적 최소화 방법을 기반으로 하므로, 이론적으로, 최소화할 잔차가 반복을 되풀이함에 따라 감소하고, 점진적으로 값 0(zero)에 접근할 때 수렴이 보장된다.

$$w_{\Delta\epsilon} = max\left(0, \frac{\varepsilon_k - \varepsilon_{k+s}}{\varepsilon_k}\right).$$

실제로, 수렴은 발생하지 않을 수 있으며, 0(zero) 부근의 진동은 불안정한 행동(behavior)을 유발할 수 있다. 잔차의 안정성은 두 가지 기준으로 평가할 수 있다.

첫 번째는 감소를 확인하기 위해, 하나의 반복에서 다른 반복으로 진행할 때, 잔차의 진화를 비교한다. 두 번째는 잔차 값을 정규화하기 위해 이미지 전체에서 수집된 잔차 값의 최댓값을 계산한다.

$$w_{S_\varepsilon(x,y)} = \frac{max_{(x,y)}\left(S_{k,k+s}(x,y)\right) - S_{k,k+s}(x,y)}{max_{(x,y)}\left(S_{k,k+s}(x,y)\right)}$$

최종 시간적 진화 기준은, 앞의 두 가지 기준에 따라 계산된, 가중 합이다. $w_{res}(\mathbf{p}) = 0{,}5w_{\Delta\epsilon}(\mathbf{p}) + 0{,}5w_{S_\varepsilon}(\mathbf{p})$

❸ 최종 품질 점수(Final quality score)

최종 품질 점수는 신뢰수준 측정(질감 영역에 대한 더 나은 신뢰수준을 허용함), 이동 기준의 국소 균일성(추정의 더 나은 일관성을 제공함) 및 잔차의 시간적 진화 기준(이는 추정치의 안정성을 선호함) 사이의 최솟값이다.

$$w_{mix} = min\,(w_{corner}, w_{res}, w_{var})$$

❹ 전파 과정(Propagation process)

품질 점수는 이제 희소(sparse) 수준과 밀집(dense) 수준의 두 가지 수준 전파 프로세스에서 사용된다. 희소 수준에서, 최대 품질 점수를 수집한 지점(point)은, 자체 추정치 상의 전파를 기반으로 하기에, 충분히 신뢰할 수 있는 것으로 간주한다. 이것을 '씨앗(seed)'이라고 한다. 그러나 첫 번째 수정 단계는 이들 지점(point)에 대해 수행된다.

- 희소 광학 흐름 보정(Sparse optical flow correction)

선택된 각 씨앗(seed)에 대해, 주어진 창에서 이웃하는 씨앗을 고려하여, 미세 조정이 이루어진다. 흐름은 현재 씨앗과 이웃 씨앗 사이의 유사성(있는 경우, 특히 색상 속성)의 정도를 고려하여 수정된다.

$$\hat{\boldsymbol{u}}(\mathbf{p}) = \frac{\sum_{\boldsymbol{i} \in N(\boldsymbol{x}), \boldsymbol{i} \neq \boldsymbol{x}} e_{simi}(\mathbf{p}, \boldsymbol{i}) \boldsymbol{u}(\boldsymbol{i})}{\sum_{\boldsymbol{i} \in N(\boldsymbol{x}), \boldsymbol{i} \neq \boldsymbol{x}} e_{simi}(\mathbf{p}, \boldsymbol{i})}$$

신뢰도 점수는 동시에 다음과 같이 갱신된다.

$$\hat{w}(\mathbf{p}) = \frac{\sum_{\boldsymbol{i} \in N(\boldsymbol{x}), \boldsymbol{i} \neq \boldsymbol{x}} e_{simi}(\mathbf{p}, \boldsymbol{i}) w(\boldsymbol{i})}{\sum_{\boldsymbol{i} \in N(\boldsymbol{x}), \boldsymbol{i} \neq \boldsymbol{x}} e_{simi}(\mathbf{p}, \boldsymbol{i})}$$

그리고 $e_{simi}(\mathbf{p}, \boldsymbol{i}) = e^{-\frac{d_{color}(\mathrm{p}, \boldsymbol{i})}{\sigma_C} - \frac{d_S(\mathrm{p}, \boldsymbol{i})}{\sigma_S}}$

여기서 $d_{color}(\boldsymbol{p}, \boldsymbol{i})$, $d_s(\boldsymbol{p}, \boldsymbol{i})$는 각각 색상 사이의 유클리드 RGB 거리, 그리고 점 $\boldsymbol{p}$와 $\boldsymbol{i}$ 사이의 거리이며, $\sigma_{c,}$ σ_s는 각각 색상과 공간 거리의 감쇠율이다. 광학 흐름의 신뢰도(reliability)가 계산된 점수보다 더 높은 경우, 광학 흐름은 변경되지 않고 유지된다.

$\hat{w}(\mathbf{p}) > w(\boldsymbol{x})$이면 $u(\mathbf{p}) = \hat{\boldsymbol{u}}(\mathbf{p})$, $w(\mathbf{p}) = \hat{w}(\mathbf{p})$

- **조밀한 광학 흐름 보정**

선택된 씨앗(seed)에 작용하는, 위에서 설명한 수정 방법은 모든 점(point)에 일반화된다. 따라서, 이는 신뢰도 점수에 따라 조밀한 전파를 제공한다.

❺ 결과(Result)

우리의 접근 방식은 2018년에 86.9/158의 점수로 MiddleBury 순위에 비교 및 통합되었다. MiddleBury에서 제공하는 지상실측정보(ground turth)를 염두에 두고, 평균 각도 정확도 측면에서(여기서, AE는 각도 오차), 그리고 벡터 끝점의 평균 정확도(여기서, EP는 끝점 오차를 나타냄) 측면에서, 여러 접근 방식과 비교하기로 했다.

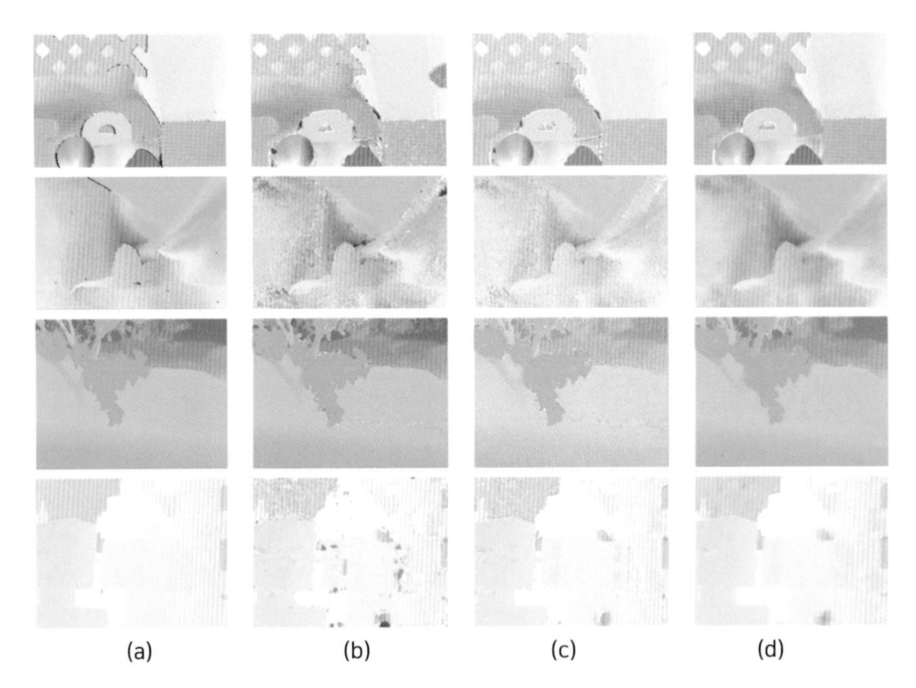

그림 2.6. Middlebury의 시퀀스에 대한 정성적 결과 (a) 지상 실측 정보 흐름(ground truth flow) (b) KLT 방법의 결과, (c) 전파 전, 우리의 접근 방식의 결과 (d) 전파 후, 우리의 접근 방식으로 얻은 결과.

Layer++는 (Sun et al. 2010; Brox et al. 2004), LDOF(Brox et al. 2011) 및 FOLKI(Plyer et al. 2016)와 관련이 있다.

정확도 측면에서 얻은 결과는, 신뢰수준(confidence) 및 품질 지표를 기반으로 한, 정규화의 관련성을 나타내고, 확인한다(Mai et al. 2020).

(2) 3D 평면 탐지를 위한 광학 흐름의 활용

(Exploitation of the optical flow for the detection of 3D planes)

이 하위 절에서 우리는, 광학 흐름이 이미지의 2D 속도장의 근사치라고 생각한다. 후자는 고전적인 핀홀 유형 투영 모델에 따라, 이미지 평면에 3D 속도를 투영하는 것이다. 우리의 출발점은 이전 하위 절에서 제시된 것처럼, 광학 흐름의 정확한 추정이며, 그리고 이미지에서 벡터 필드의 기하학적 속성의 분석을 통해, 장면의 주요 평면(도로 포함) 및 내장된 카메라의 병진 운동, 둘 모두에 대해 출력을 제공하는, 투표 전략을 정의할 수 있음을 보여주고자 한다.

카메라의 투영 중심에 고정된 좌표계 $OXYZ$를 고려하자.

센서의 강체 운동(rigid movement)을 고려하면, OZ 축은 광축과 일치한다. 센서의 강체운동은 순간 병진속도 $\boldsymbol{T}=(T_{X,}\ T_{Y,}\ T_{Z})$와 순간 회전속도 $\Omega=(\Omega_X, \Omega_Y, \Omega_Z)$가 특징이다.

정적 장면에 속하는 각 점 $\boldsymbol{P}=(X, Y, Z)$은 상대적인 운동 $V=-T-\Omega\times\boldsymbol{P}$를 한다. 이미지 평면의 핀홀 모델에 따라, 점 $\boldsymbol{P}=(\boldsymbol{X}, Y, Z)$의 투영을 고려하면, $\boldsymbol{p}=(x, y, z)$이고, 초점 거리가 f 이면, 이미지의 각 지점에서 2D 속도(u, v)는 다음과 같다.

$$u = \frac{xy}{f}\Omega_X - \left(\frac{x^2}{f} + f\right)\Omega_Y + y\Omega_Z + \frac{xT_Z - fT_X}{Z}$$

$$\left. v = -\frac{xy}{f}\Omega_Y + \left(\frac{y^2}{f} + f\right)\Omega_X + x\Omega_Z + \frac{yT_Z - fT_Y}{Z} \right\}$$

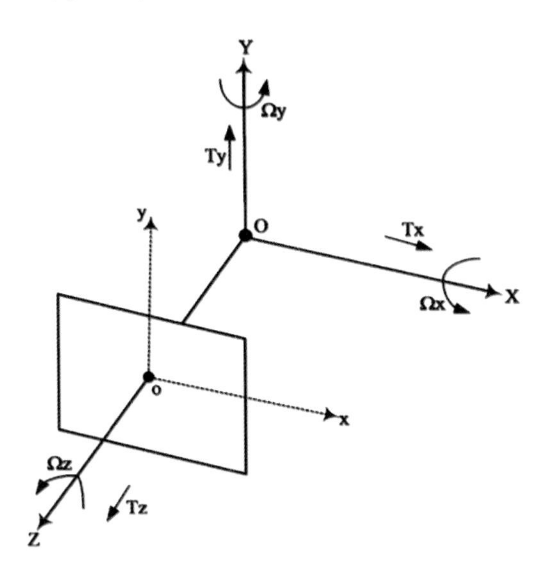

그림 2.7. 고려한 시스템 및 기준

이들 방정식을 검토하면, 다음과 같은 몇 가지 사항을 알 수 있다.

- 2D 운동(movement)은 깊이에 따라 다르다.
- 운동의 병진 구성 요소만이 깊이에 따라 다르다.
- 모든 2D 운동 불연속성은, 깊이의 변화로 인한 것일 수 있다.

  동작(motion)은 척도인자(scale factor)까지만 결정할 수 있다. 따라서 거리 Z에 있는 개체가 T에서 병진운동하면, kT에서 병진운동하는 거리 kZ에 있는 개체로서, 동일한 2D 모션(motion)을 생성할 것이다.

깊이에 대한 앞의 방정식의 의존성은, 후자가 업스트림(upstream)에 알려져 있거나, 시각 센서가 스테레오비전 모드에서 사용된다고 가정한다. 연구의 일환으로, 단안(monocular) 시력의 가능성을 최대한 활용하고자 한다. 각 지점(point)의 깊이에 대한 지식에서 벗어나는 한 가지 방법은 x, y 및 Z 사이의 관계를 소개하기 위해, 장면이 평면 세트('맨해튼 세계: Manhattan world' 모델을 따르는 장면)로 구성되어 있다고 가정하는 것이다, 따라서 Z를 제거하는 것이 가능해진다. 카메라가 방정식의 평면 표면을 관찰한다고 가정해 보자. $\mathbf{n}^T\mathbf{P}=d$, 여기서 $\mathbf{n}=(n_{X,}\, n_{Y,}\, n_Z)$는, 표면에 대한 법선(normal) 단위벡터이고, d는 '평면/원점' 거리이고, **P**는 좌표점(X, Y, Z)이다.

방정식 [2.17]과 [2.18], 그리고 $\frac{1}{fd}|n_X x+n_Y y+n_Z f|=\frac{1}{z}$,에서 시작하여, 2D 속도는 순수한 병진 운동의 맥락에서 우리 자신을 먼저 배치한다면(Longuet-Higgins and Prazdny 1980; Verri Poggio 1989), f는 픽셀/mm 스케일 변경을 통합하는, 시스템의 초점 거리이다.

$$u=\frac{xT_Z-fT_X}{f_d}|n_X x+n_Y y+n_Z f|$$

$$v=\frac{yT_Z-fT_Y}{f_d}|n_X x+n_Y y+n_Z f|$$

먼저, 차량의 내비게이션이 도로 상황에 대한 대략적인 라벨링(labeling)이 필요하다는, 가설을 고려해 보자. 객체는 그 성질과 구조(수평면 = 도로, 수직면 = 건물, 정면 = 장애물)에 따라, 그리고 그들의 움직임(차량의 자아 운동에 따른 움직임 = 정적 객체: 차량의 자아 운동에 일치하지 않은 움직임 = 독립적으로 움직이는 객체)에 따라 라벨링 된다. 각 표면 모델과 관련, 표 2.1은 연관된 u 및 v 벡터의 표현을 나타내고 있다. 이 표를 분석하면 수평면의 경우 u는 x와 y의 함수이고, 반면에 v는 y의 2차 함수라는 결론을 내릴 수 있다. 측면 평면의 경우 u는 x의 2차 함수이고 v는 x와 y의 함수이다. 마지막으로, 정면 평면의 경우, u는 x의 선형 함수이고, v는 y의 선형 함수이다.

표 2.1 소위 맨해튼 세계 모델에서의 표면 운동

	U	V
수평 평면 (Horizontal)	$u=\frac{T_Z}{fd}x\vert y\vert-\frac{T_X}{d}\vert y\vert$	$v=\frac{T_Z}{fd}y\vert y\vert-\frac{T_Y}{fd}\vert y\vert$
측면 평면 (Lateral)	$u=\frac{T_Z}{fd}x\vert x\vert-\frac{T_X}{d}\vert x\vert$	$v=\frac{T_Z}{fd}\vert x\vert y-\frac{T_X}{d}\vert x\vert$
정면 평면 (Frontal)	$v=\frac{T_Z}{fd}x-\frac{T_X}{d}$	$v=\frac{T_Z}{fd}y-\frac{T_Y}{d}$

2D 속도 그리고 x와 y에만 의존하는 이미지에 정의된 곡선 간의 관계를 이용하는 것은, ADAS 응용 프로그램의 맥락에서 탐색 가능한 표면을 탐지하는데, 거의 활용되지 않은, 오래된 아이디어이다. 전문 문헌에 대한 두 가지 기존 연구가 우리의 관심을 끌고 있다.

- 첫 번째 연구(Fermuller and Aloimonos 1995)에서, 주어진 진폭과 방향의 속도 벡터는, 매개변수가 센서의 3D 모션 매개변수에 따라 달라지는, 이미지 내의 곡선에 속하도록 제한된다. 특히, 고려된 벡터가 광학 흐름 또는 시차(視差; disparity) 필드의 결과인 경우, 이들 벡터가 이러한 벡터가 결정될 수 있는, 원뿔 부분(conic section)에 속하도록 제한되어 있음을 보여줄 수 있다. 곡선의 속성을 연구하여, 자아 운동의 추정치를 도출할 수 있다.

- 두 번째 경우인 스테레오비전 연구(Labayrade et al. 2002)에서, 저자

는 v-시차(v-disparity)의 개념에 기반한, 매우 효과적인 기술을 제안하고 있다. 이미지의 모든 라인의 시차 히스토그램에서 계산된, 새로운 누적 투영 공간(v-disparity space)은 수평면의 특정한 경우에, 시차와 모든 이미지 라인 사이의 비례 비율을 강조하여 나타낼 수 있다.

이 두 연구는 흥미로운 방식으로, 병렬로 접근할 수 있다. 둘 다 등가(iso-value) 곡선을 이용한다. 하나는 속도이고 다른 하나는 시차(視差; disparity)이다. 우리의 관점은 한편으로는 등가곡선의 정의, 그리고 다른 한편으로는 이 곡선에 따른 통계에 기반한, 이 프로세스가 더 활용될 수 있다는 점이다. 그래서 우리는 자연스럽게 단안 시력(monocular vision)의 경우로 일반화를 제안했다. 우리가 개발한 접근 방식에서 고밀도 광학 흐름 방법에 따른 속도 벡터 추정은, 상당한 규모의 유권자 모집단을 생성하여, 누적 결정 프로세스를 대표하고, 통계적으로 적절하게 만든다. 주어진 모션 모델과 자연 구조(카메라 프레임의 원점으로부터 지정된 거리에 있는 방향 평면)에 대해 '원시체(primitives)'는 속도와 관련이 있다. 이것은 추측된 움직임과 구조의 가설을 강화하는 등속 곡선상에 있다.

표 2.1을 분석한 다음, 제기되는 질문은 원하는 구조가 전시될 수 있도록 하는 적절한 투표 공간의 설계이다. 방정식은 2개의 공간 $\boldsymbol{U}(u,\ x)$와 $\boldsymbol{V}(v,\ y)$로 이어진다. 광학 흐름(u, v)에 동화된 2D 모션 벡터와 관련된, 이미지의 각 점(x, y)은 2개의 누적 공간 $\boldsymbol{U}$와 $\boldsymbol{V}$에서, 각각 $(u,\ x)$와 $(v,\ y)$의 로컬라이제이션(localization)에 투표한다. 표 2.1에 제시된 비율을 고려할 때, 수평 평면(도로)에 속하는 점은 $\boldsymbol{V}$에서 포물선으로 나타나고; 측면 평면에 속하는 점(도시 장면의 건물)은 $\boldsymbol{U}$에서 포물선으로: 정면 평면(장애물)에 속하는 점(point)은 동시에 $\boldsymbol{U}$와 $\boldsymbol{V}$에서 직선으로 나타난다. 나중에

고려할 절댓값을 무시하면, 공간 U와 V에서 형성된 곡선(이를 'uv - 속도 벡터 계수(Bouchafa et al. 2012a, 2012b)를 사용하는, 알고리즘 버전인 v - 시차 및 v - 속도에 관해 유추한 uv - 속도 공간'이라고 한다)은 선형이며 다음의 패턴을 따른다.

$u = Ax + B$ 또는 $v = Ay + B$ (전면 평면), 또는 포물선

$v = Ay^2 + By$ (수평 평면) 또는 $u = Ax^2 + Bx$ (측면).

v와 y의 관계가 포물선인 수평 평면에 초점을 맞추고, 이 포물선이 효과적으로 나타나게 하려고 이 공간을 분석한다. 이 특정한 경우를 기억하자.

$$v = \frac{T_Z}{fd} y|y| - \frac{T_Y}{d}|y| = \frac{T_Z}{fd}(y|y| - |y| y_{FOE})$$

이 지점(point)에 이미지 좌표계를 중앙에 맞추기 위해, FoE(Focus of Expansion; 확장초점) 좌표($x_{FoE,}$ y_{FoE})를 소개한다. 좌표는 다음과 같다.

$x_{FoE} = f\, T_X / T_Z$, 그리고 $y_{FoE} = f\, T_Y / T_Z$

그러므로 모든 방정식은 이 참조와 관련하여 표현된다. 주어진 이전의 방정식 $K = |T_Z| / fd$는 절댓값을 제거하여, 다시 작성할 수 있다.

$v = K(y^2 - y y_{FOE}) \operatorname{sign}(y T_Z)$

이 방정식은 다음과 같은 형식으로 표현할 수 있다.

$v = K v' \operatorname{sign}(y T_Z)$

여기서 $v' = (y^2 - y y_{FOE})$

v'는 이미지의 포물선 방정식으로, Focus of Expansion이 알려진 경우, 완전하게 정의됨에 주목하자. 그러면 광학 흐름의 성분 v는 v'에 따라 선형적으로 변하고, K는 이 선형 관계와 관련된 상수이다. 주어진 광류 추정 방법을 통해 v를 알고, 확장초점(Focus of Expansion)의 위치에 대한 지식으로부터 v'를 계산하면, 간단한 투표로 상수 K를 결정할 수 있으므로 v와 v' 사이의 선형 관계를 증명할 수 있다. 그리고 상수 K는 즉시, 내장된 카메라의 3D 변환 매개변수를 추정하게 될 것이다. 동일한 논리를 측면 평면에도 적용할 수 있다. 장애물과 관련된 정면 평면에 관한 한, 관계는 이미 선형이기 때문에 처리하기가 더 쉽다.

$$v = \frac{T_Z}{fd}(y - y_{FOE}) = Ky', \text{ 그리고 } u = \frac{T_Z}{fd}(x = x_{FOE}) = Kx'$$

간단한 Hough 변환으로 U 및 V 투표 공간에서 서로 다른 곡선이 탐지되면, 이미지에 재투영하여, 최대 표를 얻은 수평, 측면 및 정면 평면을 강조하는 것이 가능하다.

단순 모션(motion) 모델에 대한 유망한 접근 방식은, 0이 아닌 방향을 갖는 평면에, 어려움 없이 일반화할 수 있다.

이들은 $\mathbf{n} = (0, \sin(\theta), \cos(\theta))^T$의 경우는 ex-horizontal로, 이들의 방향이 $\mathbf{n} = (\sin(\varnothing), 0, \cos(\varnothing))^T$인 경우는 ex-vertical로 분류될 수 있다. 마찬가지로, 3D 회전의 점진적인 도입은 운동을 일반화하고, 누적 접근은 강력하고, 공간 $\mathbf{U}$와 $\mathbf{V}$는 일반적이고, 경사면 탐지에 사용할 수 있음을 보여줄 수 있다.

표 2.2 도시 장면에서 각 평면 모델과 관련된 등속도 곡선
(수평 = 도로, 측면 = 건물, 정면 = 장애물)

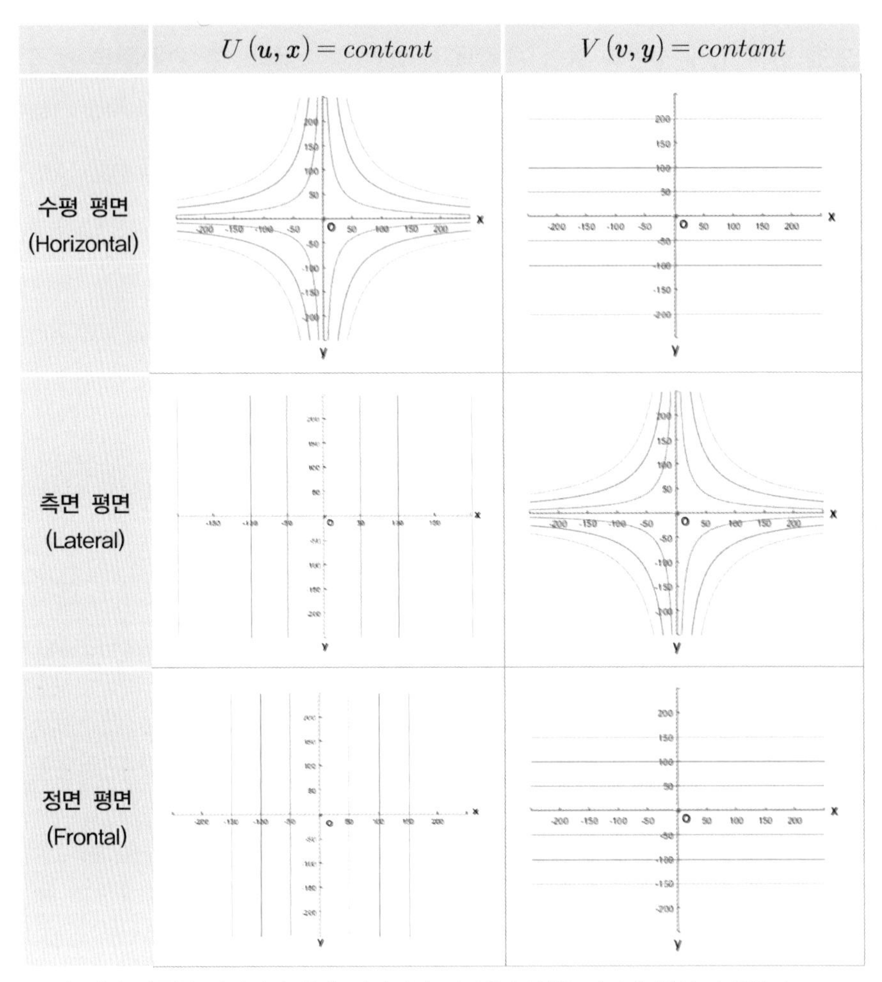

※ 각 평면 범주를 탐지하기 위해 이미지의 이러한 곡선을 따라 누적이 수행된다.

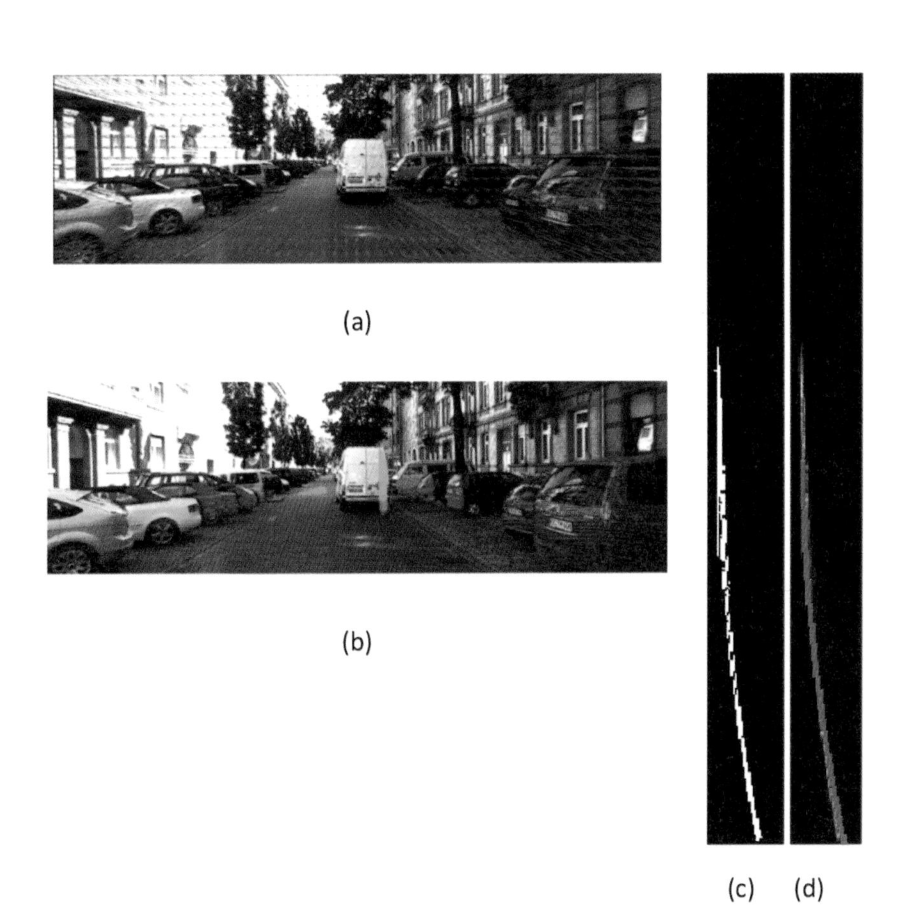

그림 2.8. (a) 추정된 광학 흐름. (b) uv-속도를 이용한 분할 결과. (c) 누적 공간 V(v, y). (d) Hough 변환 후 포물선 탐지됨.

위에 제시된 결과는, SLAM(Simultaneous Localization and Mapping) 기술의 일반화로 이어진 'Structure From Motion' 접근 방식에서와 같이, 시간적인 통합 없이, 기존의 단안 비전이 장면의 3D 평면도를 자체적으로 얻을 수 있음을 보여준다. 구조와 움직임 사이의 관계는 구조를 아는 것이, 이미 3D 움직임을 추정하는 단계로 나아가는 것을 의미하므로, 일반적으로 시각적 주행 거리 측정(visual odometry)이라고 한다. 따라서 시각적 주행 거리 측정은 SLAM 기술의 첫 번째 단계이며, 탐지 및 루프 닫기(loop closing) 프로세스의 추가, 그리고 증분 매핑 덕분에 차별화된다. 다음 절에서는, 일부 3D 병진 운동 매개변수가 작동하는 동안, 이전에 도입된 평면 감지 기술이 대략적인 추정치를 얻는 데 어떻게 도움이 되는지 보여준다. 이 추정 데이터는 시각적 주행 거리 측정 구성에 사용할 수 있다.

그림 2.9. 공간적 또는 시간적 필터링 없이 원시 도로(수평평면)의 탐지를 나타내는 이미지

표 2.3 그림 2.9의 세 가지 시퀀스에 관한 호모그래피를 사용하여, uv-속도와 기존 검출 방법에 대한 분할 정확도의 비교

시퀀스	uv-속도	Homography를 사용한 도로 평면 감지
1	0.95	0.86
2	0.88	0.66
3	0.78	0.77

표 2.4 경사 평면 및 3D 회전의 도입에 의한 표면 운동

동작	$(T_X; T_Y\ ; T_Z) \neq (0;\ 0;\ 0)$ $(\Omega_X;\ \Omega_Z) = (0;\ 0);\ \Omega_Y \neq 0$	$(T_X; T_Y\ ; T_Z) \neq (0;\ 0;\ 0)$ $(\Omega_Y;\ \Omega_Z) = (0;\ 0);\ \Omega_X \neq 0$
방정식	$u = -\left(\frac{x^2}{f} + f\right)\Omega_Y + \frac{xT_Z - fT_X}{Z}$ $v = -\frac{xy}{f}\Omega_Y + \frac{yT_Z - fT_Y}{Z}$	$u = \frac{xy}{f}\Omega_X + \frac{xT_Z - fT_X}{Z}$ $v = \left(\frac{y^2}{f} + f\right)\Omega_X + \frac{yT_Z - fT_Y}{Z}$
Ex－수평	$u = -\left(\frac{x^2}{f} + f\right)\Omega_Y + \frac{xT_Z - fT_X}{fd} \times$ $\lvert ysin(\theta) + fcos(\theta)\rvert = F(x,y)$ $v = -\frac{xy}{f} + \frac{yT_Z - fT_Y}{fd} \times$ $\lvert ysin(\theta) + fcos(\theta)\rvert = F(x,y)$	$u = \frac{xy}{f}\Omega_X + \frac{xT_Z - fT_X}{fd} \times$ $\lvert ysin(\theta) + fcos(\theta)\rvert = F(x,y)$ $v = Ay^2 + By + C = \boldsymbol{F}(y)$
Ex － 측면	$u = Ax^2 + Bx + C = \boldsymbol{F}(\boldsymbol{x})$ $v = -\frac{xy}{f}\Omega_Y + \frac{yT_Z - fT_Y}{fd} \times$ $\lvert xsin(\phi) + fcos(\phi)\rvert = F(x,y)$	$u = \frac{xy}{f}\Omega_X + \frac{xT_Z - fT_X}{fd} \times$ $\lvert xsin(\phi) + fcos(\phi)\rvert = F(x,y)$ $v = \left(\frac{y^2}{f} + f\right)\Omega_X + \frac{yT_Z - fT_Y}{fd} \times$ $\lvert xsin(\phi) + fcos(\phi)\rvert = F(x,y)$

그림 2.10. 왼쪽: 추정된 광학 흐름. 시퀀스는 회전(회전)을 포함한 3D 움직임과 결합된다. 오른쪽: 탐지된 ex-horizontal 및 ex-lateral 평면.

2.3.4. 3D 평면의 탐지부터 시각적 오도메트리까지
(From the detection of 3D plans to visual odometry)

앞 절에서 우리는 FoE(Focus of Expansion; 확장초점)를 알면, 장면의 3D 평면이 누적 공간에서 어떻게 표현될 수 있는지를, 포물선을 사용하여 제시하였다. 이미지에서 FoE의 위치는 센서의 3D 병진 운동의 매개변수와 연관되어 있음을 기억하자. 또한 FoE 추정치의 오류가 낮을수록, 얻은 포물선이 더 정교하며, 적절한 투표 공간에 존재할 것이다.

그 다음, 우리는 이 편향을 활용하여 실제 FoE 위치를 추정하고, 따라서 그 자체로 완전한 시각적 주행거리 측정(visual odometry)을 향한 단계를 구성하는, 병진 운동 매개변수를 추정하는 것이 흥미롭다는 것을 발견하였다. 이 하위 절에서는 평면을 아는 것이, 역으로 FoE(확장초점) 탐지를 가능하게 하는 방법임을 제시한다. 이를 위해서는 이미지로부터 서로 다른 평면을 분리할 수 있을 뿐만 아니라, 추정된 FoE(확장 초점)와 실제 FoE를 분리하는, 거리를 반영하는 메트릭(metric)을 정의하여, 이들 평면 표현의 포물선 측면을 정량화할 수 있어야 한다. 아래에서 그 프로세스를 자세히 살펴보자.

FoE의 로컬라이제이션에 적합한 메트릭 정의 (Definition of a suitable metric for the localization of the FoE): 먼저 이미지에 하나 이상의 평면이 포함되어 있다고 가정해 보자. 예를 들어, 수직 평면으로 간주되는 이 평면을 π로 쓰자. 앞 절에서 정의한, 투표 공간에서 평면 표현의 분산은 π를 나타내는 곡선의 기본 너비의 합으로 공식화할 수 있다. 이들 너비는 로컬 평균 편차의 제곱으로 간주한다. 그러므로 이 분산을 실제 FoE에서 가정된 FoE를 분리하는 거리와 함께, 단조로운 미터법으로 사용하는 것이 흥미로워 보인다. 또한 이것은 볼록하며, FoE의 위치를 찾기 위해 기존의 최적화 기술을 사용할 수 있다. 이 측정에서 시작하여, FoE 로컬라이제이션 문제를 최소 제곱 문제로 공식화하는 것이 가능하며, 이는 예를 들어 고전적인 최적화 방식 덕분에 해결할 수 있다(Bak et al. 2011a; Bouchafa et al. 2012a, 2012b). 경사 하강법을 사용하는 것이 적절해 보인다. 첫 번째 버전의 접근 방식은 수직 및 수평 평면의 예비 추출이 필요하다. 첫 번째 실험에서 우리는 수평, 수직 및 정면 평면의 추출을 선택했다.

합성 이미지 결과(Synthetic image results) : 먼저, 합성 이미지에서 접근 방식을 테스트하였다. 또한, 광학 흐름에 대한 노이즈(noise), 센서 회전의 영향, 사용되는 평면 수의 변화와 같은, 여러 요인에 관한 민감도 연구를 수행하였다. 이들 첫 번째 테스트의 결론은 다음과 같다. (1) 합성 광학 흐름에서 노이즈가 없는 경우, 위치와 관계없이, FoE 위치의 정확한 추출을 올바르게 수행할 수 있다. (2) 합성 흐름에 다양한 유형의 노이즈를 추가한 후, FoE의 위치는 이러한 교란과 관련하여 매우 견고한 것으로 보인다. (3) 큰 회전율 (0.05 radian/frame 이상)은, 상당히 큰 오류를 발생시킨다. 더 약한 회전의 경우의 오류는, 궤적을 도는 동안 '직선(straight line)'으로 나타날 수 있는 정도의 크기로서, 훨씬 더 제한적이다. (4) 사용된 평면의 수와 관련해서는, 현저한 영향을 관찰하지 않았다. 평면의 성격(도로, 건물, 장애물)이 중요한 역할을 하는지는 여전히 확인이 필요하다.

가상 사실적 이미지 결과 (Pseudo-realistic image results): 이 방법은 IFSTTAR (현재 Gustave Eiffel University) 및 LIVIC에서 개발한 Pro-SIVIC 시뮬레이터로 생성한, 가상 사실적 이미지로 테스트하였다. 이 플랫폼은 현재 ESI 그룹에서 판매하고 있다. 시뮬레이터는 교통량이 보통인 도시 환경에서

250쌍의 스테레오 이미지 시퀀스를 합성하였다. 이 시퀀스에서 차량의 움직임은 주로 병진 운동이다. 그림 2.11은 FoE 추출의 예를 보여주고 있다. 추출된 FoE가 수평선에 놓여 있는 것을 관찰할 수 있다. 이는 모바일의 알려진 움직임과 일치한다. 이 이미지의 경우, 추출된 FoE와 실제 FoE – 움직임의 구성 요소에서 다시 계산됨 – 사이의 오류는 2.2픽셀이다. 전체 시퀀스를 고려할 때, 평균 오류는 5.2픽셀이며, 최대 오류는 15.6픽셀이다. 이 오류는 다음과 같이 보일 수 있다.

그림 2.11. 시뮬레이션 된 시퀀스에서 가져온 이미지, 광학 흐름은 FOLKI 방법으로 계산하고, FoE는 역 c-속도를 사용하여 계산하였다.

절대적인 측면에서 중요하지만, 그런데도 원근법에 넣어야 한다. 픽셀로 표현되지만, FoE는 무엇보다도, 차량의 다양한 병진 운동의 측정을 나타내기 때문에, 단순한 관심 지점과 같은 방식으로 취급해서는 안 된다. 실제로, 시뮬레이션 된 광학 시스템(초점 거리 10mm, 픽셀 크기 10μ m)을

고려하면, FoE 위치에서 1픽셀의 오류가 보고서에서 10^{-3}의 오류가 된다. $\frac{\| T\|}{T_Z}$, 여기서 **T**는 이동(translation) 벡터이다. 50km/h로 주행하는 차량의 경우, 이는 0.6mm의 측면 병진 운동을 나타낸다. 따라서 우리의 경우, FoE 위치 오류는 이전 보고서의 0.8% 추정 오류에 해당한다. 비교 목적을 위해, Suhr et al.(2008)에서 볼 수 있는, 누적 투표 로컬라이제이션 방법도 사용하였다. 이 마지막 방법은, 평균 FoE 로켈라이제이션 오류 10.6픽셀, 즉, 비율 추정치 $\frac{\| T\|}{T_Z}$에서 1.6%의 오류를 생성한다.

실제 이미지에 관한 결과 (Results on real images): 접근 방식은 ANR LOVe 프로젝트의 일부로 생성된, 데이터베이스에서 가져온 이미지에 대해 테스트하였다. 사용된 광학 흐름은 FOLKI 방법(Le Besnerais et al 2005)을 사용하여 계산하였다. 비교를 위한 기반으로 활용 가능한 실제 정보를 제공할 만큼, 정확한 센서를 사용하는 것은 불가능했다. 기껏해야 University of Karlsruhe의 데이터를 사용하여, FoE의 정확한 위치를 약 13픽셀로 예상할 수 있었다. 이는 확실한 비교 기반을 형성하기에는 충분하지 않다. 따라서 우리의 접근 방식에 의한 FoE 추출 품질 평가는, 실제 이미지에서 정성적으로 수행되었다.

그림 2.12의 이미지는 여러 실제 이미지에 대해, 우리의 방법을 사용하여 검색된 확장 초점(FoE)을 보여준다. 어쨌든, 이 FoE는 우리가 자동차의 대략적인 움직임에 대해 알고 있는 지식에 해당한다. 또한, 추출된 FoE 품질의 시각적 지표로서, 광학 흐름의 필드 라인을 고려하는 것이 흥미로울 수 있다.

그림 2.12. 실제 이미지에서 얻은 결과의 예

추출된 FoE의 품질에 대한 또 다른 정성적 지표는, 초기 투표 공간(이미지 중앙에 가정된 FoE로 계산됨)과 최종 투표 공간(추출된 FoE와 관련하여 계산됨) 간의 비교일 수 있다. 이러한 비교는 그림 2.13에 제시되어 있다. 두 경우, 모두 최적화를 수행한 후 투표 공간에서 관찰된 평면의 표현이, 예상 포물선 모델과 훨씬 더 일치하여, FoE의 추정 위치가 최적화 후에 전에 보다, 실제 FoE에 더 가깝다는 신호를 보내고 있다.

결론적으로, 우리는 가장 낮은 수준에서 광학 흐름을 추정하는, 동일한 기술을 사용하여, 3D 평면(따라서 탐색 가능한 공간)을 단계별로 감지하고, 자기 차량의 3D 움직임의 병진 매개변수의 대략적인 추정치를 얻을 방법을 제시하였다. 여기에서는 논의되지 않을, 장애물에 동화된 평행 정면 평면(parallel frontal planes)의 결정은, 누적 투표 기술의 이점을 얻을 수 있으며, 평행 정면 평면의 공간과 연관시킬 수 있다. 이를 통해 도로 탐지, 장애물 탐지 또는 주행거리 측정과 같은 표적 목표에 적용할 수 있는, 단안(monocular) 비전 통합 방법을 제안할 수 있다. 낮은 수준의 인지(perception) 운영자를 제한하는 것은, 임베디드 비전 시스템의 효율성에만 기여할 수 있다.

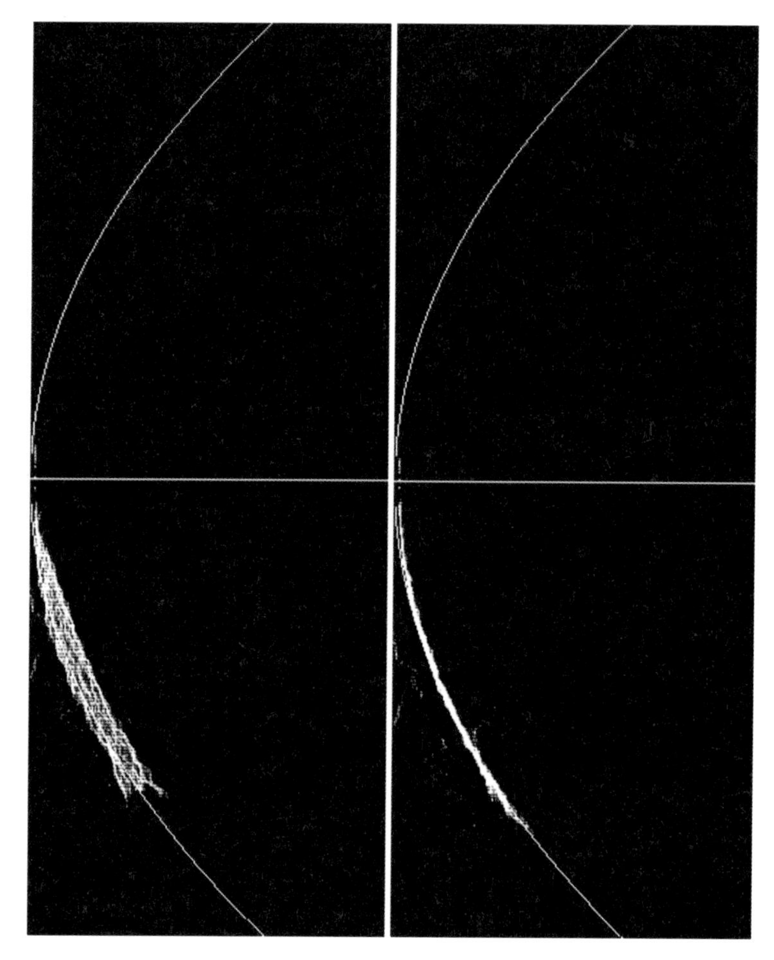

그림 2.13. FoE 검색 (a) 전 및 (b) 후의 투표 공간 비교. 분산이 많이 감소하므로, 3D 평면의 더 정확한 추정 프로세스가 가능하다. 이유는 후자가 FoE(병진 속도)에 대한 더 나은 추정을 제공하기 때문이다.

2.3.5. 자아 운동 보상을 통한 장애물 탐지 (Detection of obstacles through the compensation of ego-movement)

이 절에서는 움직이는 스테레오비전 센서를 사용하여, 동적 객체에 대한 정밀하고 정확한 감지 방법을 제시한다(Bak et al. 2010; Bak et al.

2011b). 접근 방식은 상당히 고전적이다. 자기 차량의 적절한 움직임을 추정하고, 가장 낮은 수준에서 이미지에서 양립할 수 없는 움직임을 보여주는 영역을, 연역적으로 추론하는 것이다. 이 방식의 두드러진 특징은, 광학 흐름의 미세 추정을 이 기존 단계에 추가하여, 차량의 움직임과 일치하지 않는 동적 객체를, 매우 정확한 방식으로, 추출할 수 있다는 점이다. 따라서 접근 방식은 탐지에서 높은 정확도를 얻기 위해, 원시정보의 희소 매칭(sparse matching)과 더 국부적인 밀집 추정을 결합한다. 자아 운동의 추출은, 2개의 연속적인 시차 지도(disparity map) 그리고 센서 중 하나로부터의 2개의 이미지를 사용하여 수행한다. 이것은 한 쌍의 스테레오 이미지뿐만 아니라, 2대의 카메라 중 하나에 대한 2개의 연속 이미지를 고려하는 것과 같다. 두 이미지 각각에서 강력한(SURF 유형) 관심 지점(interest points) 집합이 추출된다. 관심 지점을 사용하면, 2개의 연속 이미지 사이에 상당한 차이를 예상할 수 있다. 이 점 집합 그리고 RANSAC 유형(RANdom SAMmple Consensus) 결정 프로세스 덕분에, 동작의 투영으로 인한, 방정식 시스템이 해결된다. RANSAC을 사용하면, 잘못된 쌍의 존재 또는 사소한 움직임에 대해 어느 정도 둔감해질 수 있다. 이 기술의 특이성은 3D 공간에서 점의 좌표 없이 수행한다는 점이다. 실제로, 이미지 공간의 노이즈는 완전히 등방성일 수 있지만, 객체 공간에서는 그렇지 않다. 이 방법을 사용하면, 2개의 연속적인 자세(pose) 사이에서, 스테레오 센서의 6가지 운동 매개변수를 추정할 수 있다.

(1) 자아 운동의 추정(Estimation of the ego-movement)

제안된 시스템은, 한 쌍의 정렬 및 동기화된 스테레오 카메라(광축이 평행한 경우)를 기반으로 한다. 도로 장면은 2개의 카테시안(Cartesian) 기준

(reference) 프레임 세트로 표현된다. 첫 번째 R_a는 절댓값이고, 두 번째 R_r은 상댓값이다. $t = t_0$에서 2개의 기준(reference) 표시가 일치한다. 원점은 시스템 오른쪽의 주요 지점(main point)과 일치한다.

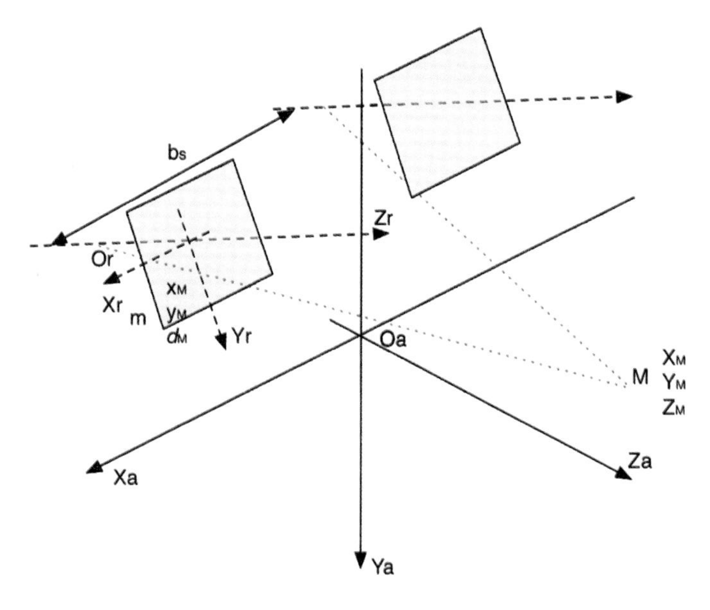

그림 2.14. 스테레오 시스템 및 사용된 큐(cue)

$$M = \begin{vmatrix} X_M \\ Y_M \\ Z_M \end{vmatrix} \text{은 도로 장면의 3D점,} \quad m = \begin{vmatrix} x_m = f\dfrac{X_M}{Z_M} \\ y_m = f\dfrac{Y_M}{Z_M} \\ \delta_m = f\dfrac{b_s}{Z_M} \end{vmatrix} \text{은 이미지의 투영}$$

이라고 가정하자. f는 초점 거리, b_s는 베이스, δ_m은 시차(disparity; 오른쪽 랜드마크)이다. 시차(disparity) s는 OpenCV 라이브러리에서 사용할 수 있는, semi-global matching(Hirschmuller(2005)에 설명됨)이라는, 고전적인 방법을 사용하여 추정한다.

t_0와 t_1 사이에서 양안(binocular) 시스템은, 제한되지 않은 움직임 $(\overrightarrow{T}, \overrightarrow{\Omega})$을 갖는다.

여기서 $\overrightarrow{T} = \begin{vmatrix} T_X \\ T_Y \\ T_Z \end{vmatrix}$ (resp. $\overrightarrow{\Omega} = \begin{vmatrix} \omega_X \\ \omega_Y \\ \omega_Z \end{vmatrix}$) 는 3D 모션의 병진(각각 회전) 구성 요소다. $\overrightarrow{\Omega}$의 성분은, 삼각 선의 선형화를 가능하게 할 만큼, 매우 작다고 가정한다. 이러한 조건에서 점 m의 이미지에서 겉보기 움직임은 다음과 같다.

$$\begin{cases} \mu = \dfrac{xy}{f}\omega_X - \left(f + \dfrac{x^2}{f}\right)\omega_Y + y\omega_Z - \dfrac{\delta f T_X}{b_s} + \dfrac{x\delta T_Z}{b_s} \\ v = \left(f + \dfrac{y^2}{f}\right)\omega_X - \dfrac{xy}{f}\omega_Y - x\omega_Z - \dfrac{\delta f T_Y}{b_s} + \dfrac{y\delta T_Z}{b_s} \\ \xi = \delta \dfrac{y\omega_X - x\omega_Y + \dfrac{T_Z}{b_S}}{x\omega_Y - y\omega_X - \dfrac{T_Z}{b_S} + 1} \end{cases}$$

m' 이미지는 다음과 같다. $m' = \begin{cases} x_m + \mu \\ y_m + v \\ \delta_m + \xi \end{cases} = P_{(\overrightarrow{T}, \overrightarrow{\Omega})}(m)$

2D 운동 방정식은 $(\overrightarrow{T}, \overrightarrow{\Omega})$의 선형 시스템을 정의한다. 이 시스템을 풀기 위해서는, 두 스테레오 이미지 사이에 매핑(mapping)된 S개의 점 집합을 추출해야 한다. 그다음에 SURF 포인트의 일치 프로세스를 통해, $(\overrightarrow{T}, \overrightarrow{\Omega})$ 총합의 추정이 에너지 함수를 최소화하는 것과 같은, 과결정(overdeterminded) 시스템을 정의할 수 있다. 에너지 함수는 다음과 같다.

$\varepsilon = \sum_{(m.m') \in S} dist\left(m', P_{(\overrightarrow{T}, \overrightarrow{\Omega})}(m)\right)$, 여기서 dist는 컨벡스 메트릭(convex metric)이다. 자아 운동의 추정은 최소 제곱 최적화 문제로 귀결되며,

이 문제는 특잇값 분해(SVD; Singular Value Decomposition)와 같은, 고전적인 접근 방식을 사용하여 풀 수 있다.

움직이는 장면은 정적 개체(추정된 자아 운동과 동일한 운동)와 동적 개체를 모두 포함할 수 있으므로, 특정한 잘못된 일치는 아웃라이너(outliner)로 간주하여, 추정의 일관성에 부정적인 영향을 미칠 수 있다. 이것이 RANSAC 접근 방식을 기반으로 한, 해상도를 선호하는 이유이다.

이 알고리즘은 특히 Pro-SiVIC 시뮬레이터(ESI 그룹 및 Gustave Eiffel University(COSYS-LIVIC))를 사용하여 테스트하였다. 도시의 250m 코스를 나타내는 600개의 이미지 시퀀스에 관해, 제안된 시스템에 의해 생긴 최종 위치 오류는 2m 미만이었고, 순간 평균 오류는 2% 미만이었다.

(2) 동적 개체 탐지(Dynamic objects detection)

장면에서 동적 물체를 탐지하기 위해, 이미지의 각 지점을 추정된 운동 모델과 비교한다. 추출 알고리즘에 의해 생성된 평균 오류를 알면, 다음 순간에 해당 대응을 찾아야 하는, 각 점 주변의 이웃을 추정할 수 있다. 이 점은 정적(static) 개체에 해당하므로, 정적 개체와 동적(dynamic) 개체를 구분할 수 있다. 그러나 2개의 서로 다른 동작 개체(motion objects)를 구별할 수 있도록, 이 이웃을 확대하기로 선택했다. 그러므로, 이미지의 각 점에 대해, 이어지는 이미지에 대한 이웃이 알려져 있다. 차원(dimension)은 우리가 그 대응을 찾을, 자아 운동 추출 알고리즘의 정확성에 의해 정의된다. 이 검색은 소스 포인트와 모든 후보 포인트 간의 상관관계 계산을 사용하여 수행한다. 방법의 견고성을 향상하기 위해, 이중 선택을 적용한다. 높은 점수를 가진, 모든 후보자 중 최고 점수를 유지하면서 기준점 정적 가설을 검증한다. 이 짝짓기(paring) 단계를 통해, 도로 장면의 다양한 동적(dynamic) 개체를 추출할 수 있는, 벡터 필드를 구성할 수 있다. 그림 2.15의 결과 이미지에서 거짓 색상으로 표시되는 것이, 이 벡터 필드이다. 따라서, 시스템은 자아 운동에 대한 보상, 그리고 이미지에 있는 물체의 3D 잔여(residual) 운동 측정을 기반으로 한다. 결과를 세분화하면, 높은 수준의 정보를 제공할 수 있으며, 시간적 통합은 시간적 일관성을 보장한다. 이 시간적 통합을 통해 많은 오탐지(false positives)를 제거하는 동시에, 느리거나 멀리 있는 개체의 탐지를 개선할 수 있다.

그림 2.15. 독립적인 움직임 감지의 예

2.3.6. 시각적 주행 거리 측정(Visual odometry; 비주얼 오도메트리)

(1) 전방향 이미지 처리(Omnidirectional image processing)

반사 굴절(catadioptric) 시스템에 의해 유도된 특정 기하학으로 인해, 기존의 이미지 처리 방법은 이미지 왜곡을 설명하도록 조정되어야 한다. 그들 대부분은 전방향 이미지의 강한 왜곡을 극복하기 위해, 구면(spherical) 표현을 사용한다(Geyer et al. 2002b; Bülow 2002). 전방향 이미지에서 시각적 프리미티브(primitives)를 감지하는, 몇 가지 방법이 문헌에서 제안되어 있다. Hansen et al. (2007)은 비전통적인 이미지에 대한 SIFT 검출기/설명자(detector/descriptor)의 적응을 제안하고, 센서의 기하학적 구조에 적응된 이미지 처리가 검출 및 매칭 성능을 크게 개선할 수 있음을 제시하였다. Hadj-Abdelkader et al. (2008b)와 Demonceaux et al.(2011)은 비전통적인 카메라의 기하학에 대한 Harris 검출기의 적응에 관한 연구를 제안하였다. 시각 센서의 기하학을 고려하여, 시각 모니터링 또는 광학 흐름 추정을 위한 다른 방법이 제안되었다(Rameau et al. 2011; Radgui et al. 2011).

(2) 스펙트럼 영역에서 구면 이미지 처리
(Processing of spherical images in the spectral domain)

이 절에서는 구면 조화 분해를 사용하여, 구면 이미지 처리 기술을 제시한다. 이미지 처리 및 시각적 기본 요소 추출의 핵심 기능 중 하나는, 가우시안(Gausian) 필터를 사용한, 컨볼루션(convolution) 기반 필터링이다. 무지향성 이미지를 다루는 첫 번째 연구는, 원근 이미지용으로 설계된 필터를 순진하게 사용했다. 그러나 평면 이미지에서 기존 필터의 불변성은, 구면 이미지에서는 더는 유효하지 않다. Bülow(2004)는 구에 대한 열확산 방정식의 표현에 대한 솔루션으로 구면 가우시안 필터를 제안했다. 구면 가우시안의 예는 그림 2.16에 제시되어 있다.

점(point) 또는 에지(edge) 탐지와 같은 시각적 원시(primitive) 추출 방법은 이미지의 파생물을 기반으로 한다. 후자는 일반적으로 가우스 도함수와의 컨볼루션 덕분에 얻어진다. 이미지가 구(sphere)의 공간에서 정의될 때는, 구면 가우스의 도함수를 사용해야 한다. 위도 $\in [0, \pi]$ 및 경도 $\varphi \in [0, 2\pi]$ 각도를 통한, 구면 이미지 $I(\theta, \varphi)$의 표현을 고려하면, 구면 이미지의 도함수는 다음과 같이 주어진다.

$$\frac{\partial I(\theta,\varphi)}{\partial\theta} \approx \frac{\partial G}{\partial\theta} * I(\theta,\varphi)$$

$$\frac{\partial I(\theta,\varphi)}{\partial\varphi} \approx \frac{\partial G}{\partial\varphi} * I(\theta,\varphi)$$

여기서 G는 구의 북극에서 정의된 구면 가우시안이다. 구면 가우시안 G는 경도 φ에 불변이므로, 이러한 도함수는 계산하기 쉽지 않다. 그러므로 $\frac{\partial G}{\partial\varphi} = 0$.

Bülow (2002)는 그림 2.17에서와 같이, 3단계로 설명된 경도 φ에 대한 구면 가우스의 도함수를 계산하는, 솔루션을 제안했다. 구면 가우시안 G는 처음에 $\pi/2$ 회전하여, 구의 적도에 배치된다. 그런 다음, 각도와 관련된 가우시안 도함수를 계산한다. 마지막으로, 계산된 도함수는 구의 북극에서 앞서 회전의 역수로 대체된다. 2개의 미분 필터는 SO(3)에 통합, 적용되며, 그런데도 필터의 방향은 첫 번째 회전 중에 변경되고 나머지 두 회전을 통해 구에 필터를 배치한다. 이것은 구면 이미지의 미분이 올바르게 수행되지 않았음을 의미한다. 또한, Bülow(2002)에서 제안한 연구에서는, 각도

θ에 따른 구면 이미지의 미분을 고려하지 않았다.

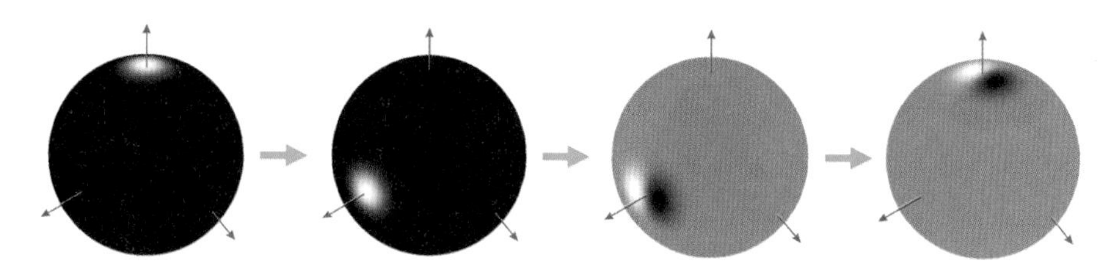

그림 2.16. 경도 φ에 따른 구면 가우스 및 그 미분

(3) 스펙트럼 공간에서 구면 이미지의 도함수

(Derivative of a spherical image in the spectral space)

구면 이미지의 도함수를 계산하기 위해, 위도와 경도의 각도에 따라 먼저 Bülow(2002)에서 제안한 방법을 사용하여, 각도 φ와 관련된, 구면 가우시안의 방향 도함수를 계산한다. 그런 다음, 위도에 따른 도함수는 $\pi/2$에서 구의 방위각 축을 따라 회전을 적용하여, 얻는다. 모든 회전 작업은 구면 조화함수(spherical harmonics)를 사용하여 스펙트럼 공간에 적용된다는 점에 주목하자.

따라서, 컨볼루션은 구의 방위각을 따라 첫 번째 회전을 무시하고 수행된다. 그림 2.17은 각도 $\varphi et \theta$에 따른 2개의 가우시안 기울기와 그 컨볼루션을 나타내고 있다. 제안된 접근 방식을 사용하여 전방향 이미지의 도함수의 예는 그림 2.18에 제시되어 있다. 이 컨볼루션은 구의 공간(S^2)에서 통합함으로써 달성될 수 있다는 점에 주목하자. 그러나, 컨볼루션의 결과는 SO(3)에 정의되어 있다.

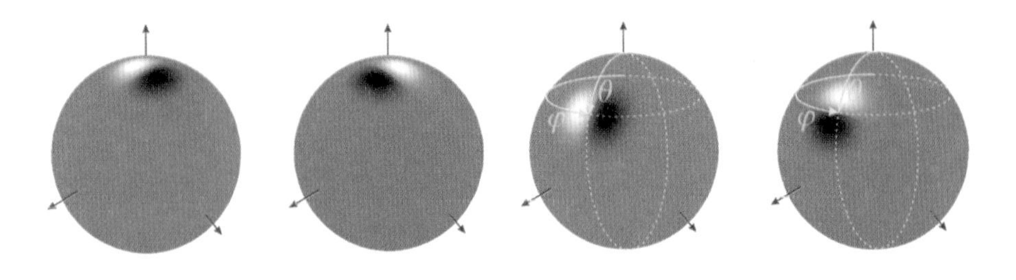

그림 2.17. 각도 φ및 θ에 따른 가우스 기울기를 사용한 컨볼루션

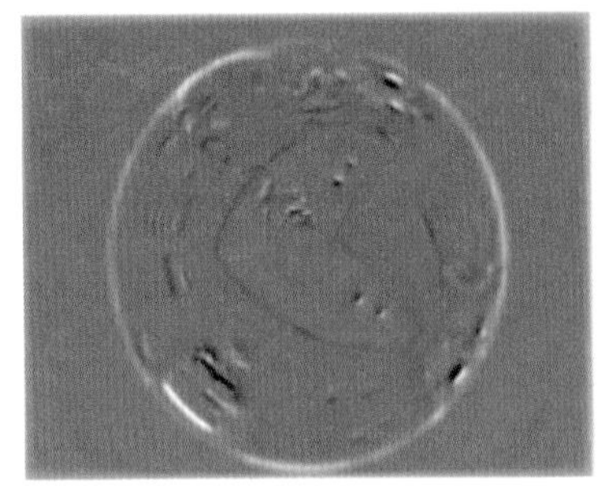

(a) 위도로

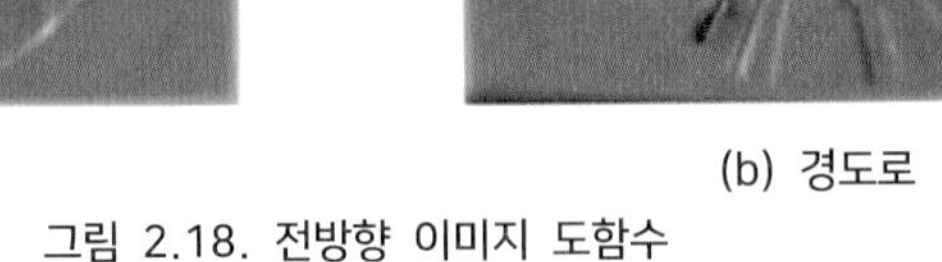

(b) 경도로

그림 2.18. 전방향 이미지 도함수

(4) 실험적 평가 (Experimental evaluation)

구면 이미지의 기울기 계산은 Harris 포인트의 탐지 및 매칭을 통해 평가한다. 이 계산은 이미지의 기울기(gradient)를 기반으로 한다. 카메라의 지오메트리(geometry) 전용 공간에서 이미지 처리의 기여도는 두 샷(shot) 사이의 필수 매트릭스 계산을 기반으로 하는, 희박 시각적 주행거리 측정(sparse visual odometry)을 통해 평가할 수 있다. 시각적 주행거리 측정은 이를 지상 실측과 비교하기 위해 얻을 수 있으며, 다른 한편으로는 기존 사례(투시 이미지용으로 설계된)에 적합한, 이미지 처리 방법을 통해 얻은 것과 비교할 수 있다. 아래에 설명된 실험 결과(그림 2.19, 2.20 및 2.21)는 실내

환경에서 움직이는 모바일 로봇에 내장된(catadioptric) 카메라로 획득한 일련의 전방향 이미지에 대해 얻은 것이다.

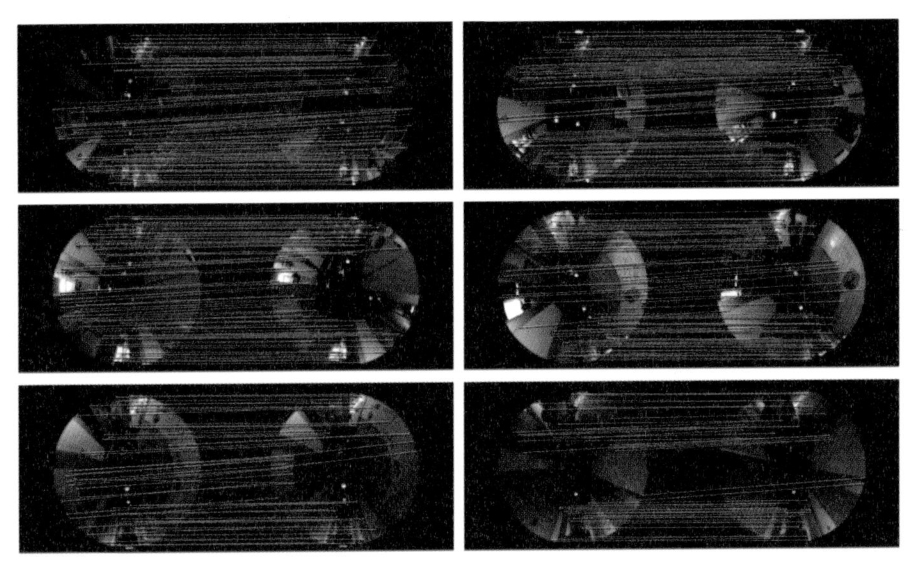

그림 2.19. 제안된 방법을 사용한 Harris 포인트 매칭의 예

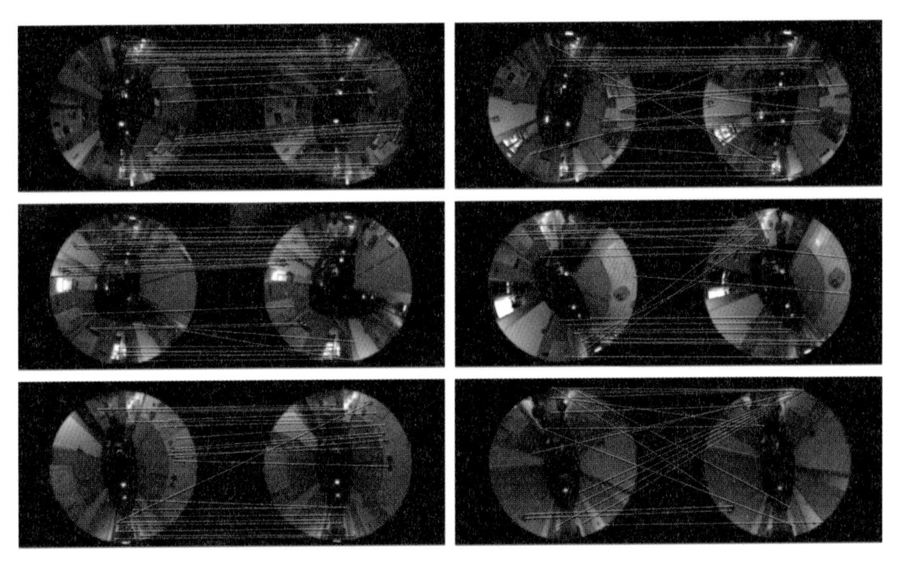

그림 2.20. 제안된 방법을 사용한 Harris 포인트 매칭의 예

시퀀스는 1027×768픽셀 해상도의 600개 이미지로 구성된다. 이 평가에 사용된 실측값은, 모바일 로봇의 고유 감각 센서(센서가 아주 정확하다고 간주함)에서 가져온 주행거리 측정값을 통합하여 얻은 것이다. 초기 위치(기준 자세)에 대한 카메라 자세의 추정은 증분이며, 20개의 이미지마다 확인된다. 이 기준선(baseline)은 충분한 양의 Harris 포인트가 일치할 때, 증가할 수 있음을 관찰하자. 그러나 기존의 이미지 처리를 사용한 자세 계산은 종종 성공하지 못한다. 이유는 카메라의 방대한 변위에 따른, 이미지의 강한 왜곡 때문이다.

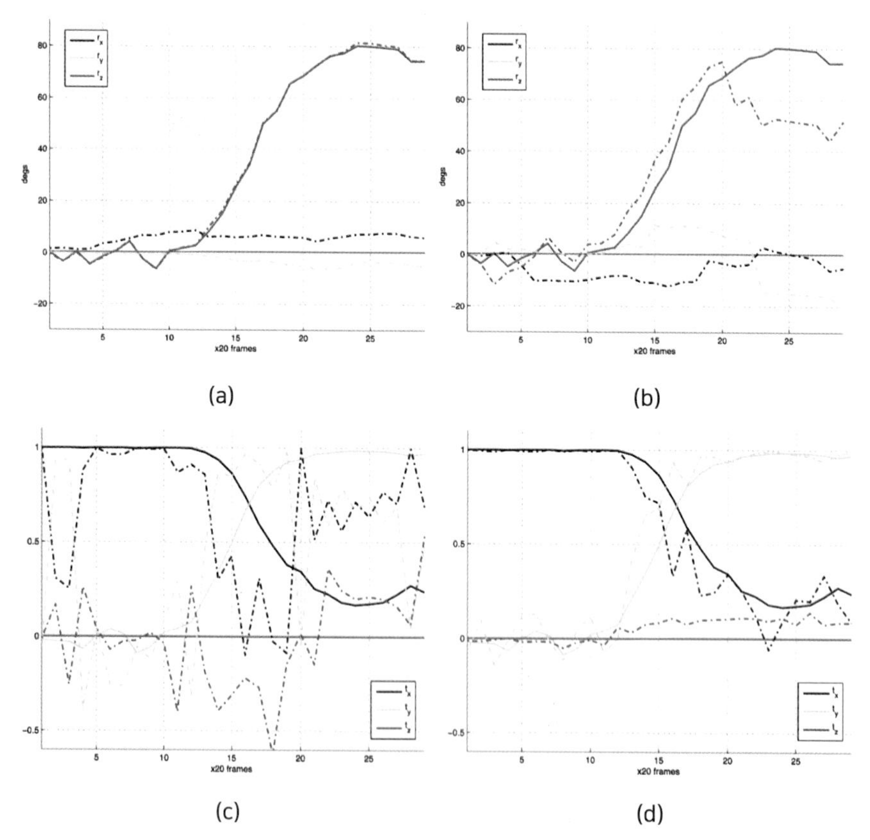

그림 2.21. 변위 추정: 적응된 접근을 사용한 (a) 회전방향 및 (c) 병진 방향, 고전적 접근을 사용한 (b) 회전 및 (d) 병진 방향

2.4. 결론 (Conclusion)

자율주행차량이 잠재적인 장애물과 동시에 자신이 진화하면서, 주행 가능한 공간을 탐지하면서, 동시에 자신의 자아 운동을 추정할 수 있도록 하는 것은, 지금까지 제공된 솔루션이 풍부하면서도, 결합할 수 있는 복잡한 작업이다. 이유는 종종 서로 보완적이기 때문이다. 가장 큰 과제는 제한된 수의 비전 오퍼레이터를 사용할 수 있는, 아주 유연하고 재구성 가능한 시스템을 제안하는 것이다. 이 시스템은 사용된 시각 센서의 기하학적 특성 및 측광 특성을 최대한 활용하면서도, 계산 시간 측면에서 저렴하다.

이 장에서는 다음을 통해 이 접근 방식을 설명하였다. 탐색 가능한 공간 탐지, 움직이는 개체 탐지 및 시각적 주행거리 측정과 관련된 작업 선택. 완전하지는 않지만, 이 선택은 이러한 유형의 접근 방식이 시각 센서, 특히 '낮은 수준' 데이터에서 얻은 정보를 최대한 활용할 수 있음을 보여주고 있다. 이러한 방법은 또한 심층학습을 기반으로 하는 새로운 기술, 접근 방식 및 방법에서 활용하고 사용할 수 있는, 충분히 일반적인 방법론적 틀(framework)을 제공하며, 이는 가능하면, 모델 사용에서 벗어나려고 시도할 것이다.

chapter 02 **참고문헌**

Aguilera, C.A., Aguilera, F.J., Sappa, A.D., Aguilera, C., Toledo, R. (2016). Learning cross-spectral similarity measures with deep convolutional neural networks. Proceedings of the IEEE Conference on Computer Vision and Pattern Recognition Workshops, 1-9.

Bak, A., Bouchafa, S., Aubert, D. (2010). Detection of independently moving objects through stereo vision and ego-motion extraction. IEEE Intelligent Vehicles Symposium, San Diego, CA, 863-870.

Bak, A., Bouchafa, S., Aubert, D. (2011a). Focus of expansion localization through inverse C-Velocity. ICIAP, (1), 484-493.

Bak, A., Bouchafa, S., Aubert, D. (2011b). Dynamic objects detection through visual odometry and stereo-vision: A study of inaccuracy and improvement sources. Machine Vision and Applications. Springer Verlag, Berlin.

Baker, S. and Nayar, S.K. (1999). A theory of single-viewpoint catadioptric image formation. International Journal of Computer Vision, 35(2), 175-196.

Barreto, J., Martin, F., Horaud, R. (2003). Visual servoing/tracking using central catadioptric images. In Experimental Robotics VIII, Siciliano, B. and and Dario, P. (eds). Springer Tracts in Advanced Robotics, Springer Verlag, Berlin.

Blanchon, M., Morel, O., Zhang, Y., Seulin, R., Crombez, N., Sidibé, D. (2019). Outdoor scenes pixel-wise semantic segmentation using polarimetry and fully convolutional network. Proceedings of International Joint Conference on Computer Vision, Imaging and Computer Graphics Theory and Applications, 328-335.

Bouchafa, S. and Zavidovique, B. (2012a). c-Velocity: A flow-cumulating uncalibrated approach for 3D plane detection. International Journal of Computer Vision, 97(2), 148-166.

Bouchafa, S. and Zavidovique, B. (2012b). Error sources and their impact on C-Velocity methods. Pattern Recognition and Image Analysis, 22(1), 168-179.

Braillon, C., Pradalier, C., Usher, K., Crowley, J., Laugier, C. (2008). Occupancy grids from stereo and optical flow data. Experimental Robotics, 39, 367-376.

Brox, T. and Malik, J. (2011). Large displacement optical flow: Descriptor matching in variational motion estimation. IEEE Transactions on Pattern Analysis and Machine Intelligence, 33(3), 500-513.

Brox, T., Bruhn, A., Papenberg, N., Weickert, J. (2004). High accuracy optical flow estimation based on a theory for warping. Computer Vision - ECCV. Springer, Berlin Heidelberg.

Bülow, T. (2002). Multiscale image processing on the sphere. DAGM: Joint Pattern Recognition Symposium. Springer, September 16-18, 609-617.

Bülow, T. (2004). Spherical diffusion for 3D surface smoothing. IEEE Transactions on Pattern Analysis and Machine Intelligence, 26(12), 1650-1654.

Chapoulie, A., Rives, P., Filliat, D. (2011). A spherical representation for efficient visual loop closing. Proceedings of the IEEE International Conference on Computer Vision (ICCV) Workshops, 335-342.

Chatfield, K., Lempitsky, V., Vedaldi, A., Zisserman, A. (2011). The devil is in the details: An evaluation of recent feature encoding methods. Proceedings of the British Machine Vision Conference (BMVC), 76.1-76.2.

Courbon, J., Mezouar, Y., Eckt, L., Martinet, P. (2007). A generic fisheye camera model for robotic applications. IEEE International Conference on Intelligent Robots and Systems, 1683-1688.

Demonceaux, C., Vasseur, P., Fougerolle, Y.D. (2011). Central catadioptric image processing with geodesic metric. Image and Vision Computing, 29(12), 840-849.

Dornaika, F. and Chung, R. (2000). Cooperative stereo-motion: Matching and reconstruction. Computer Vision and Image Understanding, 79(3), 408-427.

Durrant-Whyte, H. and Bailey, T. (2006). Simultaneous localization and mapping: Part I. IEEE Robotics and Automation Magazine, 13(2), 99-110.

Eade, E. and Drummond, T. (2009). Edge landmarks in monocular SLAM. Image and Vision Computing, 588-596.

Engel, J., Schöps, T., Cremers, D. (2014). LSD-SLAM: Large-scale direct monocular SLAM. Proceedings of European Conference on Computer Vision (ECCV), 834-849.

Engel, J., Koltun, V., Cremers, D. (2018), Direct sparse odometry. IEEE Transaction on Pattern Analysis and Machine Intelligence, 40(3), 611-625.

Fan, W., Ainouz, S., Mériaudeau, F. (2018). Polarization-based car detection. Proceedings of IEEE International Conference on Image Processing, 3069-3073.

Fermuller, C. and Aloimonos, Y. (1995). Qualitative egomotion. International Journal of Computer Vision, 15, 7-29.

Firmenichy, D., Brown, M., Susstrunk, S. (2011). Multispectral interest points for RGB-NIR image registration. Proceedings of the 18th IEEE International Conference on Image Processing (ICIP), 181-184.

Fischler, M.A. and Bolles, R.C. (1981). Random sample consensus: A paradigm for model fitting with applications to image analysis and automated cartography. Communication of ACM, 24(6), 381-395.

Franke, U., Rabe, C., Badino, H., Gehrig, S. (2005). 6d vision: Fusion of stereo and motion for robust environment perception. Lecture Notes in Computer Science, 3663, 216-223.

Gallego, G., Tobi Delbruck, T., Orchard, G., Bartolozzi, C., Taba, B., Censi, A., Leutenegger, S., Davison, A., Conradt, J., Daniilidis, K., Scaramuzza, D. (2019). Event-based vision: A survey. IEEE Transactions on Pattern Analysis and Machine Intelligence, arXiv:1904. 08405.

Geyer, C. and Daniilidis, K. (2000). A unifying theory for central panoramic systems and practical implications. European Conference on Computer Vision, 445-461.

Geyer, C. and Daniilidis, K. (2002a). Catadioptric projective geometry. International Journal of Computer Vision, 45, 223-243.

Geyer, C. and Daniilidis, K. (2002b). Properties of the catadioptric fundamental matrix. Lecture Notes in Computer Science, Proceedings of the 7th European Conference on Computer Vision (ECCV), Part II, 140-154.

Geyer, C. and Daniilidis, K. (2003). Mirrors in motion: Epipolar geometry and motion estimation. International Conference on Computer Vision, 766-773.

Guo, J. and Brady, D. (2000). Fabrication of thin-film micropolarizer arrays for visible imaging polarimetry. Applied Optics, 39(10), 1486-1492.

Hadj-Abdelkader, H., Mezouar, Y., Andreff, A., Martinet, P. (2005). 2 1/2 D visual servoing with central catadioptric cameras. International Conference on Intelligent Robots

and Systems, 3572-3577.
Hadj-Abdelkader, H., Mezouar, Y., Martinet, P., Chaumette, F. (2008a). Catadioptric visual servoing from 3-D straight lines. IEEE Transactions on Robotics, 24(3), 652-665.
Hadj-Abdelkader, H., Malis, E., Rives, P. (2008b). Spherical image processing for accurate visual odometry with omnidirectional cameras. The 8th Workshop on Omnidirectional Vision, Camera Networks and Non-classical Cameras - OMNIVIS, 25.
Hadj-Abdelkader, H., Mezouar, Y., Chateau, T. (2012). Generic realtime kernel-based tracking. IEEE International Conference on Robotics and Automation, 3069-3074.
Hansen, P., Corke, P., Boles, W., Daniilidis, K. (2007). Scale invariant feature matching with wide angle images. International Conference on Intelligent Robots and Systems, 1689-1694.
Harris, C. and Stephen, M. (1988). A combined corner and edge detector. Proceedings of the 4th Alvey Vision Conference, 147-151.
Heinrich, S. (2002). Fast obstacle detection using flow/depth constraint. Proceedings of IEEE Intelligent Vehicle Symposium, 658-665.
Hirschmuller, H. (2005). Accurate and efficient stereo-processing by semi-global matching and mutual information. IEEE Computer Society Conference on Computer Vision and Pattern Recognition, 2, 807-814.75
Horn, B.K.P. and Schunck, B.G. (1981). Determining optical flow. Artificial Intelligence, 17(1-3), 185-203.
Labayrade, R., Aubert, D., Tarel, J.P. (2002), Real time obstacle detection in stereovision on non flat road geometry through "v-disparity" representation. IEEE Intelligent Vehicle Symposium, 2, 646-665.
Labayrade, R., Royere, C., Gruyer, D., Aubert, D. (2005). Cooperative fusion for multi-obstacles detection with the use of stereovision and laser scanner. Autonomous Robots, 19(2), 117-140 [Online]. Available at: DOI: 10.1007/s10514-005-0611-7.
Labayrade, R., Gruyer, D., Royere, C., Perrolaz, M. (2007). Obstacle detection in outdoor environments based on fusion between stereovision and laser scanner. Mobile Robots: Perception & Navigation. InTech, 91-110.
Lategahn, H., Beck, J., Kitt, B., Stiller, C. (2013). How to learn an illumination robust image feature for place recognition. Proceedings of the IEEE Intelligent Vehicles Symposium (IV), 285-291.
Le Besnerais, G. and Champagnat, F. (2005). Dense optical flow by iterative local window registration. IEEE International Conference on Image Processing, 137-140.
Leibe, B., Cornelis, N., Cornelis, K., Van Gool, L. (2007). Dynamic 3d scene analysis from a moving vehicle. IEEE Conference on Computer Vision and Pattern Recognition, 1-8.
Lemaire, T. and Lacroix, S. (2007). Monocular-vision based SLAM using line segments. Proceedings of ICRA, 2791-2796.

Lenz, P., Ziegler, J., Geiger, A., Roser, M. (2011). Sparse scene flow segmentation for moving object detection in urban environments. IEEE Intelligent Vehicles Symposium, 926-932.

Longuet-Higgins, H.C. and Prazdny, K. (1980). The interpretation of a moving retinal image. Proceedings of the Royal Society of London. Series B, Biological Sciences, 208(1173), 385-397.

Lowe, D.G. (2004), Distinctive image features from scale-invariant keypoints. International Journal of Computer Vision, 60(2), 91-110.

Lucas, B.D. and Kanade, T. (1981). An iterative image registration technique with an application to stereo vision. Proceedings of the 7th International Joint Conference on Artificial Intelligence, 674-679.

Maddern, W. and Vidas, S. (2012). Towards robust night and day place recognition using visible and thermal imaging. RSS 2012: Beyond Laser and Vision: Alternative Sensing Techniques for Robotic Perception, University of Sydney.

Magnabosco, M. and Breckon, T.P. (2013). Cross-spectral visual Simultaneous Localization And Mapping (SLAM) with sensor handover, Robotics and Autonomous Systems, 61(2), 195-208.

Mai, T.K., Gouiffès, M., Bouchafa, S. (2017a). Exploiting optical flow field properties for 3D structure identification. ICINCO, (2), 459-464.

Mai, T.K., Gouiffès, M., Bouchafa, S. (2017b). Optical flow refinement using reliable flow propagation. VISIGRAPP (6: VISAPP), 451-458.

Mai, T.K., Gouiffès, M., Bouchafa, S. (2020). Optical flow refinement using iterative propagation under colour, proximity and flow reliability constraints. IET Image Process, 14(8), 1509-1519.

Mei, C. and Rives, P. (2008). Single view point omnidirectional camera calibration from planar grids. IEEE International Conference on Robotics and Automation, 3945-3950.

Mei, C., Benhimane, S., Malis, E., Rives, P. (2008). Efficient homography-based tracking and 3D reconstruction for single-viewpoint sensors. IEEE Transactions on Robotics, 24(6), 1352-1364.

Mouats, T. and Aouf, N. (2013). Multimodal stereo correspondence based on phase congruency and edge histogram descriptor. Proceedings of the 16th International Conference on Information Fusion (FUSION), 1981-1987.

Mur-Artal, R., Montiel, J.M.M., Tardos, J.D. (2015). RB-SLAM: A versatile and accurate monocular SLAM system. IEEE Transaction on Robotics, 31(5), 1147-1163.

Naseer, T., Spinello, L., Burgard, W., Stachniss, C. (2014). Robust visual robot localization across seasons using network flows. Proceedings of the 28th AAAI Conference on Artificial Intelligence, 2564-2570.

Nedevschi, S., Bota, S., Tomiuc, C. (2009). Stereo-based pedestrian detection for collision-avoidance applications. IEEE Intelligent Transportation Systems, 10(3), 380-391.

Neubert, P., Sunderhauf, N., Protzel, P. (2013). Appearance change prediction for long-term navigation across seasons. Proceedings of the European Conference on Mobile Robots (ECMR), 198-203.

Newcombe, R.A., Lovegrove, S.J., Davison, A.J. (2011). DTAM: Dense tracking and mapping in real-time. Proceedings of IEEE International Conference on Computer Vision (ICCV), 2320-2327.

Nocedal, J. and Wright, S.J. (2006). Numerical Optimization, 2nd edition. Springer, New York.

Nordin, G.P., Meier, J.T., Deguzman, P.C., Jones, M.W. (1999). Micropolarizer array for infrared imaging polarimetry. Journal of the Optical Society of America A, 16(5), 1168-1174.

Oliva, A. and Torralba, A. (2001). Modeling the shape of the scene: A holistic representation of the spatial envelope. International Journal of Computer Vision, 42(3), 145-175.

Plyer, A., Le Besnerais, G., Champagnat, F. (2016). Massively parallel Lucas Kanade optical flow for real-time video processing applications. Journal of Real-Time Image Processing, 11(4), 713-730.

Pons, J., Keriven, R., Faugeras, O. (2007). Multi-view stereo reconstruction and scene flow estimation with a global image-based matching score. International Journal of Computer Vision, 72(2), 179-193.

Radgui, A., Demonceaux, C., Moaddib, M., Rziza, M., Aboutajdine, D. (2011). Optical flow estimation from multichannel spherical image decomposition. Computer Vision and Image Understanding, 115(9), 1263-1272.

Rameau, F., Sidibé, D., Demonceaux, C., Fofi, D. (2011). Tracking moving objects with a catadioptric sensor using particle filters. Proceedings of ICCV Workshops, 328-334.

Rastgoo, M., Demonceaux, C., Seulin, R., Morel, O. (2018). Attitude estimation from polarimetric cameras. Proceedings of IEEE International Conference on Intelligent Robots and Systems, 8397-8403.

Ricaurte, P., Chilán, C., Aguilera-Carrasco, C.A., Vintimilla, B.X, Sappa, A.D. (2014).Feature point descriptors: Infrared and visible spectra. Sensors, 14(2), 3690-3701.

Rodriguez, F., Frémont, V., Bonnifait, P., Cherfaoui, V. (2010). Visual confirmation of mobile objects tracked by a multi-layer lidar. IEEE International Conference on Intelligent Transportation Systems, 849-854.

Scaramuzza, D. and Fraundorfer, F. (2011). Visual odometry (tutorial). IEEE Robotics and Automation Magazine, 18(4), 80-92.

Shi, J. and Tomasi, C. (1994). Good features to track. Proceedings of IEEE Conference on Computer Vision and Pattern Recognition, 593-600.

Soquet, N., Perrollaz, M., Aubert, D. (2007). Free space estimation for autonomous navigation. 5th International Conference on Computer Vision Systems, 1-6.

Suhr, J., Jung, H., Bae, K., Kim, J. (2008). Outlier rejection for cameras on intelligent vehicles. Pattern Recognition Letters, 29, 828-840.

Sun, D., Roth, S., Black, M.J. (2010). Secrets of optical flow estimation and their principles. Computer Vision and Pattern Recognition, 2432-2439.

Sünderhauf, N., Neubert, P., Protzel, P. (2013). Are we there yet? Challenging SeqSLAM on a 3000 km journey across all four seasons. Proceedings of the IEEE International Conference on Robotics and Automation (ICRA) Workshop on Long-Term Autonomy, 2013.

Triggs, B., McLauchlan, P.F., Hartley, R., Fitzgibbon, A.W. (1999). Bundle adjustment: A modern synthesis. International Workshop on Vision Algorithms, 298-372.

Tuytelaars, T. and Mikolajczyk, K. (2008). Local invariant feature detectors: A survey. Foundations and Trends in Computer Graphics and Vision, 3(3), 177-280.

Verri, A. and Poggio, T. (1989). Motion field and optical flow: Qualitative properties. IEEE Transactions on Pattern Analysis and Machine Intelligence, 11(5), 490-498

Vu, T., Burlet, J., Aycard, O. (2008). Grid-based localization and online mapping with moving objects detection and tracking: New results. Information Fusion, Elsevier, 12(1), 58-69.

Wang, B., Florez, S.A., Frémont, V. (2014). Multiple obstacle detection and tracking using stereo vision: Application and analysis. 13th International Conference on Control Automation Robotics & Vision (ICARCV), 1074-1079.

Wedel, A., Rabe, C., Vaudrey, T., Brox, T., Franke, U. (2008). Efficient dense scene flow from sparse or dense stereo data. European Conference on Computer Vision, 739-751.

Weyand, T., Kostrikov, I., Philbin, J. (2016). - plaNet - photo geolocation with convolutional neural networks. European Conference on Computer Vision, 37-55.

자율주행, 궤적 계획의 문제

Automated Driving, a Question of Trajectory Planning

3.1. 계획의 정의(Definition of planning)

로봇에서 널리 사용되지만 '계획(planning)'이라는 용어는 훨씬 더 오래 전부터 사용해오고 있다. 경제, 생산 및 신경 과학에서 널리 사용되고 있다. 흥미롭게도, 이 장의 나머지 부분에서 제시되는 작업에 영감을 준 것은 후자이다. 신경과학자 Adrian M. Owen(1997)은 계획을 목표/목표가 달성되어야 하는 특정 상황에서 공간과 시간에 자기 행동을 조직화하는 것으로 정의하였다. 이것은 Jouandet(1979)의 정의에 가까운 정의를 기반으로 한다. 일정을 채우고, 작업 공간을 구성하거나, 프로세스를 정리하는 것은 계획 응용 프로그램의 세 가지 매우 다른 예이다. 인간이 이미 특정 구성(configuration)에 따라 특정 방식으로 최적의 계획을 수행하지만, 로봇 공학은 이 정의에 최적성(optimality) 문제를 추가하였다. 그러나 과학 분야의 학문 분야 및 주제 교파가 폭발적으로 증가하면서, 이들 주제 사이에 강력한 중복이 나타났다. 따라서 연속적인 방식(연속적인 공간, 연속적인 역학 등)

※ 이 장은 Olivier ORFILA, Dominique GRUYER and Rémi SAINCT가 집필하였다.

으로 처리되는 동적(dynamic) 시스템의 궤적에 대한 최적(optimal) 계획은, 어느 시점에서든 최적의 제어(control)와 유사할 수 있다. 그의 저서인 Planning Algorithms에서 Steven M. LaValle(2006)는 많은 저자들이, 두 용어 사이에 계층적 수준 차이가 있다는 점에 동의하지만, 계획과 제어(planning and control)를 구분하지 않는다. 실제로 계획은 일반적으로 제어 전에 수행된다. 자동차 분야 및 자율주행 차량 분야에서 계획은 부분적으로 제어를 포함하는, 일반적인 방식으로 사용되는 용어로 간주할 수 있지만, 궤적 계획 및 경로 계획(경로 계획이라고도 함)도 포함된다. 따라서 계획은 그림 3.1(Michon 1985)에서와 같이 Michon이 정의한 세 가지 계층 수준에 해당하는, 세 가지 계층 수준으로 분류할 수 있다.

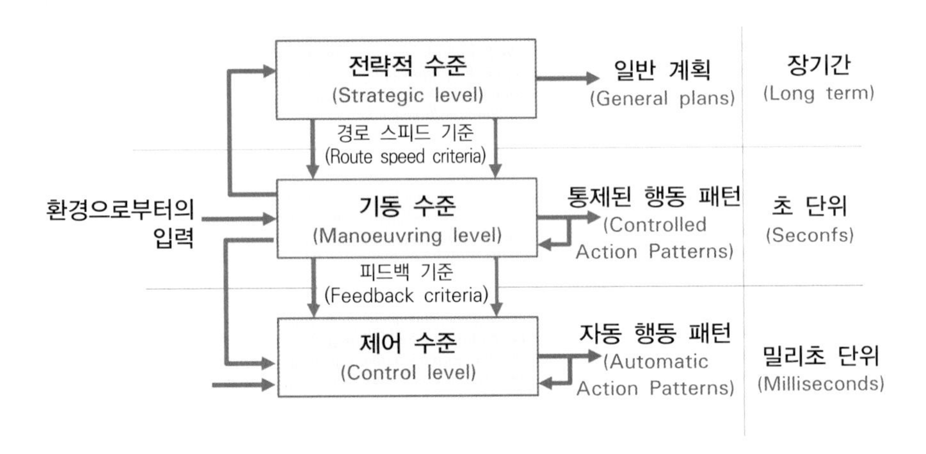

그림 3.1. 운전 작업의 계층적 구조(Michon, (Janssen 1979)의 저술에 근거함)

- **경로 계획**(Route planning): 전략적(strategic) 수준에 해당한다. 이 수준에는 출발지에서 출발하여 목적지까지 경로의 모든 교차로에서 여정(itinerary) 선택 및 기동(maneuvers)을 정의하는 것을 포함한다. 이 매개변수가 시내에서는 더 짧을 수도 있고, 고속도로에서는 더 길 수도

있지만, 두 필수 기동 사이의 거리의 크기 순서는 200m에서 1000m 이다. 이 문제는 커뮤니티에서 광범위하게 탐구되었지만, 여행 중인 판매원, 배달 에이전트 또는 차량(택시 또는 전문 차량단과 같은)의 감독하의 관리와 관련된 특정 문제와 관련하여, 대답해야 할 복잡한 질문이 여전히 남아 있다.

- **궤적 계획**(Trajectory planning): 전술적(tactical) 수준에 해당한다. 이 수준에서 도전 과제는 무엇보다도 차선 위치, 목표 속도, 가속도, 차선 또는 변속비를 고려하는 경로(path)('여정(itinerary)' 계획 수준에서 결정됨)를 정의하는 것이다. 이 수준은 단순한 경로 계획보다 더 높은 빈도에 대응해야 한다. 행동의 공간적 범위는 20~100m로 추정되며, 긴급 충돌 회피의 경우와 같이, 더 빠른 반응이 필요한 이벤트의 경우에는 이보다 더 짧다.

- **제어 계획**(Control planning): 운영(operational) 수준에 해당한다. 제어 계획의 역할은 궤적 계획에 의해 결정된 궤적을 따르기 위해 차량의 액추에이터에 적용할 제어를 결정하는 것이다. 이것은 따라야 할 궤적과 실제로 완료된 궤적 사이의 오차를 줄이는 동시에, 동적(dynamic) 시스템(차량)의 안정성 보장을 포함한다.

3.2. 궤적 계획: 일반적인 특성
(Trajectory planning: general characteristics)

앞서 제시한 바와 같이, 궤적 계획은 출발지에서 목적지로 가는 경로 계획과 주어진 궤적을 따를 수 있게 하는 액추에이터 제어 설정을 포함하는 제어 계획 사이의, 중간 규모를 구성한다. 궤적 계획에는 자율주행 차량에 대한 일련의 외부 제약(도로 인프라, 기타 도로 사용자, 장애물, 취약한 사용자, 교통 법규, 기상 조건)에 따라 공간과 시간에서 자율주행 차량의 경로를 결정하는 것이 포함된다. 제약 조건(예: 차량 동역학, 인지(perception) 능력 및 액추에이터, 운전자/승객의 상태). 일반적으로, 궤적 계획의 간단한 문제는 '실행 가능한(feasible)' 또는 '적용 가능한(applicable)' 궤적, 즉 일련의 제약 조건을 준수하고 주어진 시간 범위 안에 목표를 달성할, 궤적을 찾는 것으로 귀결된다. 추론의 목적을 위해 솔루션 공간이 존재하고, 목표가 물리적으로 달성 가능하다고 가정한다. 그러나, 현재 작업의 대부분은 비용 함수를 최소화하려는 의도로, 최적의 궤적 계획에 전념하고 있다. 이러한 다양한 유형의 계획과 관련하여, 현재 관찰되고 연구자들이 집중하고 있는, 장애물은 다음과 같다.

- **실시간으로 여러 궤적을 계산하기 위한 계산 시간**(시스템 동역학 및 이러한 궤적을 생성하는 데이터 처리와 호환 가능). 현재로서는 실시간으로 단일 궤적을 계산하는 것이, 이미 어려울 수 있다는 것을 알고 있으므로, 이는 실제 도전 과제가 된다. 이는 필요한 비상 기동(maneuver)을 계획하는 경우와 같이, 시스템의 신속한 대응(중요한 이벤트에 대한 반응)이 필요한 단일 경우에 특히 어렵다.

- **계획된 궤적에 관계없이 달성하고 유지해야 하는 시스템 안정성**(높은 견고성을 의미함). 차량의 불안정성은 차량사고로 이어질 수 있으므로, 차량동역학(dynamics)과 타이어를 고려하여, 이러한 안정성이 보장되는지 확인해야 한다.

- **여러 대의 자율주행 차량이 서로 뒤따를 때 차량단의 점근적**(asymptotic) **안정성**. 실제로 선두 차량(리더)의 역학이 갑자기 변화하는 경우, 이러한 상황은 속도의 맥동(파동 효과)을 생성할 수 있으며, 이는 후속 차량의 수가 많아질수록 점점 더 중요해진다.

- **생성된 궤적의 최적성**. 단일 또는 다중 목표인지와 관계없이, 생성된 궤적은 실현 가능할 뿐만 아니라, 하나 이상의 목표에 따라 최적이어야 한다. 그래야만, 자율 차량이 사회적 문제(오염, 안전, 에너지, 경제, 등등.)에 해결책을 제공할 수 있기 때문이다. 이 최적 조건은, 무시할 수 없는 계산 복잡성을 추가한다.

- **계획된 궤적의 설명 가능성**(설명 가능한 능력), 예를 들어 인공 지능 기반 방법(신경 망, 기계학습, 심층학습 등)이 포함될 때, 얻기가 복잡할 수 있는 설명 가능성은, 완전한 인간-기계 인터페이스를 생성하는 데 중요하며, 사고 발생 시 책임 충돌을 해결하는 데에도 사용할 수 있다.

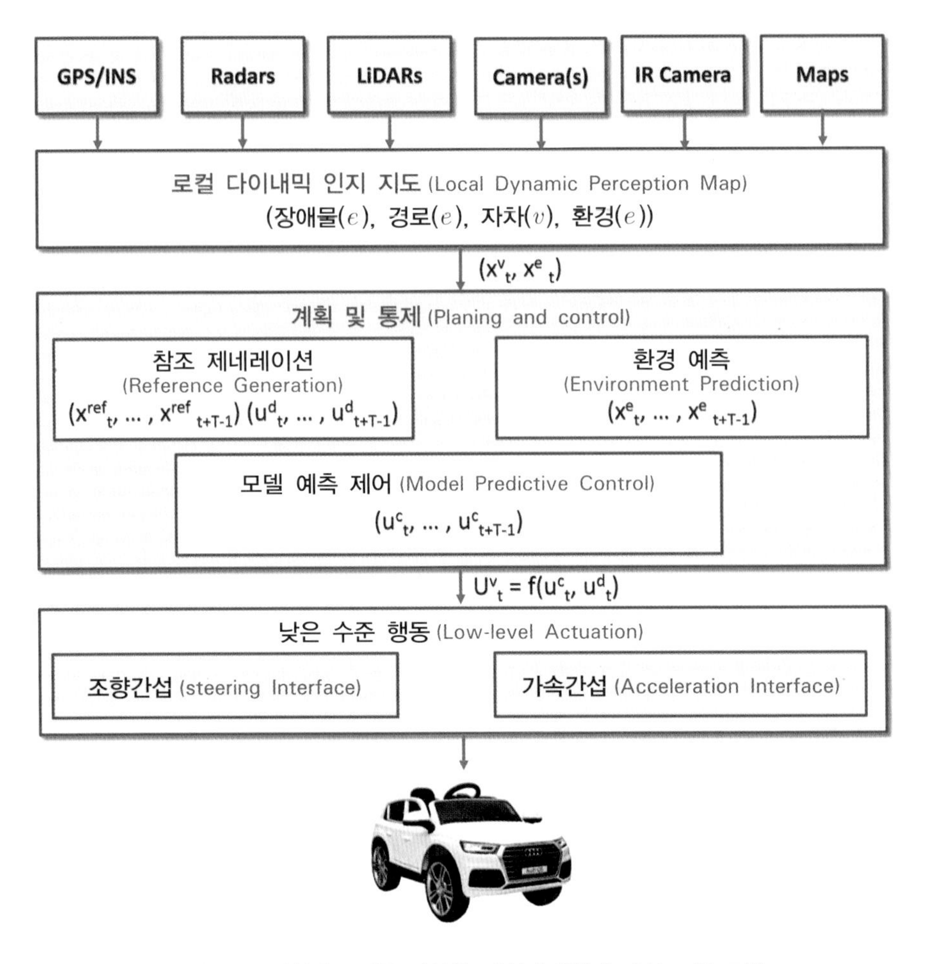

그림 3.2. 계획과 통제를 결합한, 계획의 역할에 대한 표준 표현

궤적 계획의 첫 번째 단계는 문제를 설정하는 것이다. 이 문제는 여러 방식으로 제기되었지만, 기본 원칙은 항상 같으며, 다음과 같은 정의를 포함한다. 계획하고자 하는 궤적의 시스템, 최적화 변수, 이들 변수에 적용된 제약 조건, 목표(들) 및 관련 비용 함수, 그리고 마지막으로 선택한 계획 방법.

3.2.1. 변수(Variables)

이러한 맥락에서, 문제의 중요한 변수는 차량의 종방향 및 횡방향 거동과 관련이 있는 것으로 판단되며, 연구실의 실험 차량이 수동 변속기일지라도 변속비의 변화는 포함하지 않았다. 실제로 수동 변속기를 사용하는 차량은 자동변속기의 대중화, 그리고 전기자동차의 등장으로 인해 사라질 운명이다.

3.2.2. 제약 조건(Constraints)

최적화 문제의 제약 조건은 문제에 내재된 제약 조건, 즉 시스템과 관련해서 제한되는 조건, 결과적으로 차량의 동역학, 문제의 기본 데이터(초기 속도 0등), 그리고 고속도로 코드(교통 규칙)와 같이 설정된 제한 사항이다. 이 경우 고속도로 교통규칙은 안전 평가를 위한 기준(reference)으로 사용되었다. 인간과의 상호작용을 고려한다면, 운전자의 상태와 관련된 제약도 추가될 수 있다.

3.2.3. 비용 함수(Cost functions)

'목적(objectives)' 함수로부터 도출되는 비용 함수를 정의한 후, 계획할 변수의 수를 제한하기 위해, 운전 모델을 단순화하고 운전자의 행동을 요약할 필요가 있었다. 예를 들어, O. Orfila의 연구에서 경제 운전(eco-driving)의 정의는, 각 목표에 대한 비용 함수도 모델링 된, 다중 목표 최적화 방법을 사용하여 논리적으로 모델링 되어 있다.

3.2.4. 계획 방법론(Planning methodology)

실내/실외 모바일 로봇을 위한 많은 계획 방법이 제시되어 있다. 도로 환경에서 차량에 초점을 맞춘, 후자의 연구를 위해 Benoît Vanholme (2012)과 Laurene Claussmann(2019)은 둘 다 기존 방법에 관한 연구 논문에 대해, 비교적 완전한 문헌 검토를 수행하였다. 이 장의 나머지 부분에서 요약을 제공할 것이다.

(1) 문헌 검토(Literature review)

계획 알고리즘에 대해 제안된 분류(그림 3.3)는 다음과 같은 특성을 기반으로 한다.

- **출력 유형**: 일부 알고리즘은 하나의 참조 또는 궤적 솔루션(해결 알고리즘)을 제공하는 반면에, 다른 알고리즘은 솔루션 세트(집합 알고리즘)를 제공한다. 두 번째 경우에는, 보완 알고리즘을 사용하여 추종해야 할 궤적을 선택한다.
- **알고리즘의 예측(의사결정 및 궤적 생성에 관한) 또는 반응적 측면**(폐쇄루프 제어를 사용하여 실시간으로 궤적 수정)
- **알고리즘의 수학적 분야**: 기하학적, 발견적(heuristic), 논리적, 인지적(cognitive) 또는 생체모방적(biomimetic).

문헌에 등장하는 계획 알고리즘은 몇 가지 큰 패밀리로 분류할 수 있다. 그림 3.3은 주요 특성을 요약한 것이다.

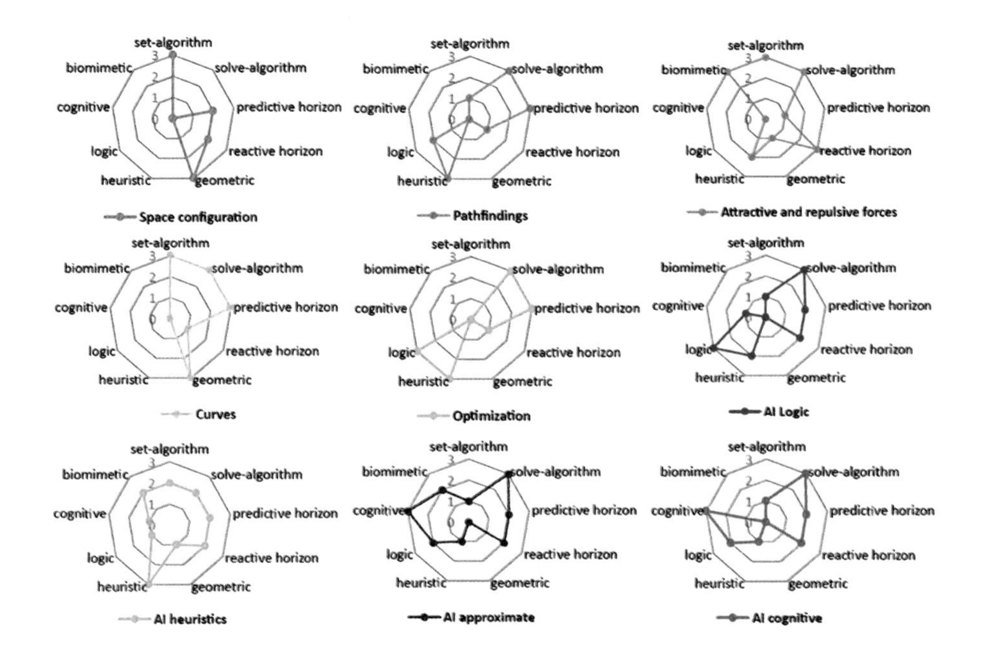

그림 3.3. 9가지 계획 알고리즘 제품군에 대한 "레이더" 다이어그램

(2) 공간 구성 알고리즘(Spatial configuration algorithms)

이 계열의 알고리즘은 기하학적 방식으로, 진화 공간의 분해(decomposition)를 사용한다. 이들은 일련의 솔루션을 제공하며, 일반적으로 모션 생성 또는 시스템 변형에 사용된다. 실행 시간을 제한하기 위해, 거친 메쉬(공간 이산화: space discretization)를 예측 방식으로 사용하거나, 더 미세한 메쉬(mesh)를 반응적으로 사용할 수 있다.

이들의 주요 어려움은 움직임(movement)과 환경을 정확하게 표현하기 위해, 적절한 공간 구성 매개변수를 얻는 데 있다. 너무 거친 이산화는 충돌 위험을 불명확하게(또는 흐리게) 하여 두 시간 단계 사이의 운동학적 제약을 무시한다. 그러나 너무 미세한 이산화는 실시간으로 효율적인 사용을 방해할 수 있다.

이 계열에서 우리는 다음을 구별할 수 있다.

- 샘플링을 기반으로 한 분해, 궤적이 공간 또는 때때로 시공간에 있는, 임의의 점 샘플에서 선택되는 'Probabilistic RoadMap'(PRM)과 같은 분해
- 연결된 셀 분해, 이 방법은 정확하고, 극성적(polar)이며, 동적 창(dynamic window)을 사용하거나, 보로노이(Voronoi) 분해를 사용할 수 있다.
- 격자(lattice) 표현, 이 방법은 운동학적 제약을 암묵적으로 고려하는 이점이 있고, 환경에 적응할 수 있다. 그러나 이들 모델링은 메모리와 계산 시간 측면에서 더 비싸다.

(3) 최단 경로 알고리즘(The shortest path algorithms)

이 집단(family)은 운영 검색의 그래프 이론에서 파생된다. 일반적인 아이디어는 비용함수를 최소화하면서, 공간 구성 알고리즘에 의해 생성된 그래프(지향 여부에 관계없이 노드 및 호 집합)에서 경로를 찾는 것이다. 해결 방법은 논리적 또는 경험적 방법을 기반으로 하며, 솔루션 세트 또는 하나의 참조 솔루션을 제공할 수 있다.

이러한 알고리즘은 경로 계획에 가장 자주 사용하지만, 지역(local) 계획 또는 상태 예측에도 사용할 수 있다. 또한 익숙하지 않은 환경에도 적합하다. 가장 잘 알려진 것은 Dijkstra 및 A* 알고리즘으로 1.3.1.1절에서 자세히 설명하였다. RRT(Rapidly-exploring Random Tree) 알고리즘도 인용해 보자, 이 알고리즘은 PRM(Probabilistic Road Maps) 알고리즘과 유사

하지만, 노드가 이전 노드에서 구축될 때는 실행 비용을 절감하면서, 운동학적 실행 가능성을 보장한다.

(4) 매력과 반발력(Attractive and repulsive forces)

이 생체모방 접근법은, 속도와 같은 원하는 움직임에 대한 인력(attractive forces)과 장애물에 대한 반발력으로 진화의 공간을 나타낸다.

이들 알고리즘은 환경의 동적(dynamic) 진화에 반응한다는 장점이 있다. 자차의 변위는 솔루션 공간을 이산화할 필요 없이, 다른 힘으로 인한 벡터에 의해 안내된다. 이들은 단일 솔루션 또는 일련의 움직임을 제공할 수 있다. 그러나 전체 진화 공간의 모델링에는 높은 비용이 들기 때문에, 일반적으로 반응적으로만 사용된다.

인공 전위장(APF: Artificial Potential Fields) 방법은 1978년부터 실내 모바일 로봇 공학에서 매우 낮은 속도로 사용되었다. 이 방법의 여러 확장은, 경험적 접근법(heuristic)이 추가됨으로서, 진동 동작을 피하고 극솟값(local minima)에서 벗어나기 위해, 실제로 적용되었다. 2017년, Bounini는 폐쇄된 작업 공간에서 모바일 로봇의 움직임을 실시간으로 관리하기 위해, 전위장(potential field)의 적응을 제안했다. 가상 포스 필드(VFF: Virtual force fields)는 예를 들어 샘플링과 같은 더 거친 방법으로 얻은 궤적을, 국부적으로 최적화하는 데에도 사용된다. 도로 환경에 대한 적용 시도가 수행되었지만, 서로 마주할 수 있는 모든 구성(configuration)으로 일반화할 수 없다. 예를 들어, Wolf(2008)는 차선, 도로, 장애물 및 원하는 속도에 대한 4개의 인공 전위장 세트를 채택, 사용하였다. 이러한 전위장은 고속도로에 적용될 기능을 모델링하였다. Sattel(2008)과 Meinecke(2008)는 또한 고속도로에서 차선 유지 및 충돌 방지를 보장하기 위해, 유사한 (탄력 밴드)로 간주될 수 있는, 접근 방법을 제안하였다.

(5) 매개변수 곡선 및 준모수적 곡선
(Parametric and semi-parametric curves)

이들 곡선은 두 가지 이유로 고속도로 궤적을 계획하는 데 널리 사용되고 있다. 한편으로 고속도로는 단순하고 표준화된 기하학적 구성(선, 원 및 나선)의 연속이고, 다른 한편으로 미리 정의된 구성 집합은, 신속하게 구현하고 테스트할 수 있는, 단순한 궤적을 제공한다. 이들에 의존하는 방법은, 일반적으로 궤적 생성을 위한 예측 방식으로 사용된다. 이들은 참조 솔루션 또는 솔루션 세트를 제공할 수 있다.

기하학적 고려 사항과 동적 제약(dynamic constraints; 속도 프로파일, 가속 및 제동 용량)은 일반적으로 분리하여, 차례로 해결한다.

이 집단(family) 내에서, 다음을 구별할 수 있다.

- **순수한 매개변수 모델** : 선, 원, 나선 및 S자 모양, 2개의 후자는 각각 회전 및 차선 변경에 사용된다.
- **소위 준모수적 모델링** : 다항식, 스플라인(spline) 및 B-스플라인과 같은 점 집합(다른 방법으로 미리 결정할 수 있음)을 결합하는 데 사용된다.

(6) 수치 최적화 알고리즘(Numerical optimization algorithms)

수치 최적화는 논리적 또는 경험적 방법을 이용하여 참조 솔루션을 얻을 수 있도록 한다. 일반적으로 제약 조건 집합의 범위 안에서, 상태 변수 집합에 대한 비용함수의 최소화로 표현된다.

이 비용 함수와 제약 조건(등식 또는 부등식)이 선형적일 때 선형 계획법이라고 하며, 예를 들어 심플렉스(simplex) 알고리즘으로 최소화를 수행할 수 있다. Levenberg-Marquardt 알고리즘, 2차 계획법, 예측 제어 알고리즘 또는 동적 계획법을 사용하여 비선형 회귀 문제를 열거할 수도 있다.

이들 알고리즘은 궤적 계획에 널리 사용되며, Matlab과 같은 다양한 개발 및 프로그래밍 소프트웨어 또는 특별히 전용 소프트웨어에서 도구 상자의 형태로 직접 통합된다.

(7) 인공 지능 방법(Artificial intelligence methods)

자율주행에 대한 인공 지능의 주요 기여는, 운전자의 추론 및 학습 능력을 재현하고 시뮬레이션하는 능력이다. 이러한 이유로, 일반적으로 의사결정에 사용된다.

AI 기술은 불완전 그리고/또는 부정확할 수 있는, 초대형 데이터베이스를 사용한다. AI는 알고리즘의 구조에 영향을 주지 않고 일반적인 질문에 응답하고 수정할 수 있다. AI는 다양한 방법을 결합하여, 추론의 두 축: 합리적 또는 인지적(cognitive): 그리고 규칙 기반 또는 학습 기반 작업에 따라 조직될 수 있다. 따라서 다음과 같이 4가지 하위 집단으로 구분할 수 있다. 논리적 접근 방식, 경험적 알고리즘, 근사 추론 및 인간에서 영감을 받은 방법.

- **논리 기반 접근 방식**은, 지식 기반에 의존하는 특정의 복잡한 작업을 해결할 수 있도록 하는, 전문가 시스템(사실 기반, 규칙 기반, 간섭 엔진)이다. 각 작업에는 잘 정의된 원인이 있으므로, 사용법이 빠르고 직관적이지만, 구현하려면 전체 규칙 목록과 많은 매개변수를 조정해

야 한다. 규칙은 의사결정나무(decision tree) 또는 순서도로 나타낼 수 있다. 마지막으로, 이들 시스템은 경험적일 수 있는 데, 특히 불확실성의 관리, 예를 들어, Bayesian 네트워크 또는 Markovian 의사결정 프로세스를 사용하는 경우가 그러하다.

- **경험적(heuristic) 알고리즘**은, 기존의 철저한 방법이 작동하지 않을 때, 대략적인 솔루션을 빠르게 찾는 데 사용한다. 이들은 (2)절에 제시된 Ant Colony Optimization의 경우와 같이, 종종 에이전트 표현을 사용한다. 일반적으로 진화적 방법은 번식, 돌연변이, 재조합 및 대리인 선택의 단계와 함께, 자연 선택 과정에서 영감을 받는다. 이 집단에서는 분류 문제에 대한 모든 학습 방법, 특히 지원 벡터 머신도 찾을 수 있다.
- **소위, 근사 추론 AI 방법**은, 인간의 추론을 모방(emulate)한다. 예를 들어, 퍼지(fuzzy) 논리를 사용하면, 대략적인 정보(시스템 작동 방식에 대한 인간 전문가의 지식을 모델링하는, 잠재적인 언어 변수)를 모델링하고, 여러 제약 조건을 불확실성과 결합할 수 있다. 따라서 이 논리에 의존하는 전문가 시스템은, 더 유연하지만, 체계적인 방법론을 잃는다. 인공 신경망에 대해서도 언급하자면, 인공 신경망은 학습 방법의 다양한 변형(감독 여부, 강화, 등)을 사용하여 각 뉴런(neuron) 간 연결의 크기를 조정하기 위해서, 오류의 역전파를 사용한다.
- 마지막으로, **인간에서 영감을 받은 방법**은, 인간의 추론을 모방하는 의사결정 또는 평가 프로세스를 결합한다. 궤적 계획에서 가장 널리 사용되는 방법은, 예를 들어, 충돌 가능성을 평가하는, 위험 추정기(risk estimator)이다. 인지 편향(cognitive biases)을 인정하면서, 운전자의 생리

적 상태를 고려할 수 있는, 수많은 추정기가 있다. 이 범주는 또한 게임이론을 기반으로 상호작용 모델을 재결합한다.

이 절의 나머지 부분에서는, Benoît Vanholme의 연구 결과를 활용하여, LIVIC 연구소의 COSYS 부서에서 개발한 방법을 제시할 것이다.

3.2.5. 법적 교통 규칙을 준수하는 부조종사 (Co-pilot respecting legal traffic rules)

(1) 개요(Introduction)

유럽 프로젝트(HAVEit) 및 국가 프로젝트(ABV)의 하나로, Benoit Vanholme(2012)는 인간 운전자와 공유되는 고도로 자동화된 운전 위임 애플리케이션을 개발하였다. 이 공동 조종 및 최적 계획 응용 프로그램(위험을 포함한 일련의 기준 최소화)은 다중 제약 문제를 해결하였다.

첫째, 환경에 대응하여, 높은 수준의 법적 안전을 보장해야 했다. 즉, 가상 부조종사는 혼재된 교통 상황에서 안전과 효율성을 보장하기 위해, 교통 규칙과 고속도로 법규를 준수해야 했다.

둘째, 사용자의 안전을 보장하는 운영 공간과 모든 도로 사용자가 존중하는 교통 규칙에 대한 적용 분야를 정의해야 했다. 이 작업 영역에서는 충돌을 피하거나, 최악의 경우 충돌을 완화하는 데 필요한, 모든 전략을 구현할 수 있어야 했다.

마지막으로, 인적 요소가 루프에 포함되어야 했으며, 운전 작업을 자동 장치와 공유할 수 있어야 했다. 이 능동적이고/또는 유익한 인간/기계 상호 작용은 분명히 전례가 없는 조합이었다. 따라서 기수-말 은유(rider – horse metaphor; H-은유)에 기반한, 간단한 인터페이스를 효율적으로 관리할 수 있어야 했다.

운전자와 협력 주행 간의 상호작용 측면에서 이른바 '크루즈 모드(cruise mode)'는 운전자의 의사를 반영해 고도의 자율주행을 가능하게 했다. 이와 같이, 운전자는 목표 속도와 목표 차선을 선택하고, 합법적이고 안전하며 무엇보다 물리적으로 실현 가능한, 시스템이 이 요구를 이루어준다.

그런 다음, 사용자의 안전을 보장하기 위해 시스템 장애 시, 운전자가 현재 운전 상황에 효과적으로 대응 및/또는 대응할 수 없을 때, 자동화된 차량을 안전하게 정지시키는 '고장 안전(fail safe) 모드'가 제안되었다.

그림 3.4는 서로 다른 모듈, 모듈의 상호 작용, 모듈에 적용된 제약 조건(규칙 수준), 그리고 이 고도로 자동화되고 공유된, 운전 응용 프로그램에 관련된 행위자를 나타내고 있다.

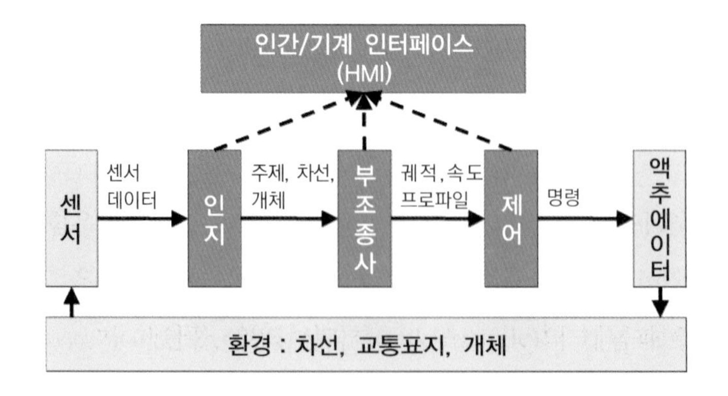

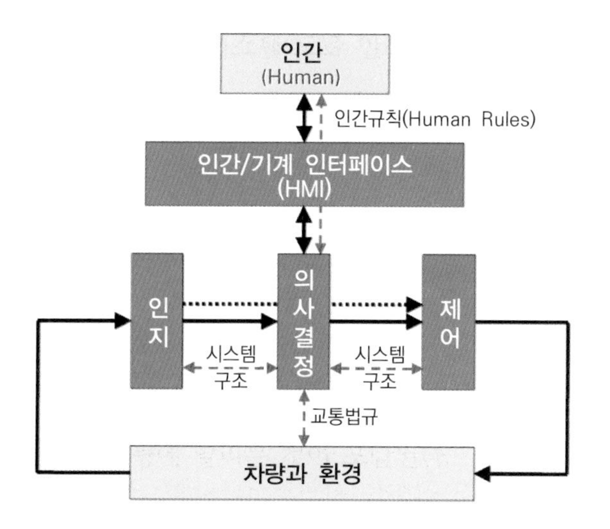

그림 3.4. 협력 주행 개발을 위한 모듈, 규칙 및 상호 작용

협력 주행(co-pilot) 모듈을 생산하고, 제어 모듈에 최소한 하나의 허용 가능한 궤적을 제공하려면, 4단계가 필요하다. 첫 번째는 공통 기준 프레임 내에서 장애물, 자차 및 도로(궤적 및 표시)의 속성을 추정하여, 인지(perception)로 부터의 결과 데이터를 검색하는 것이다.

그런 다음, 장애물과 '고스트(ghost)' 장애물에 대해, 첫 번째 모듈은 허용 가능하면서도 달성 가능한 궤적을 예측한다. 두 번째 모듈은 자차에 대한 속도 프로필과 궤적을 생성한다. 마지막으로, 마지막 모듈은 이전 모듈들에서 생성된 모든 궤적을 평가, 필터링하기 위해 교통 법규, 인간의 한계 및 시스템의 제약(인지/제어)을 적용한다. 결국 최소 비용으로 하나 이상의 궤적을 유지하게 된다. 그러나 이 세 가지 모듈의 내용을 더 상세하게 설명하기 전에, 첫 번째 절에서는 속도 프로필과 예측된 궤적에, 제약 조건으로 적용된 모든 규칙을 제시할 것이다.

(2) 협력 주행에 적용된 규칙(The rules applied by the co-pilot)

사용되는 규칙 수준은 운전 수준(교통 규칙: 1~9), 인간 수준(규칙 10 및 11) 및 시스템 수준(규칙 12~15)이다.

규칙 1: 도로 사용자는 도로 기반 시설을 손상하거나, 다른 도로 사용자에게 피해를 주지 않아야 한다.

규칙 2: (인간) 운전자는 신체적, 정신적 상태가 양호해야 하며, 항상 차량을 제어할 수 있어야 한다.

규칙 3: 추월을 제외하고, 가능한 한 가장 오른쪽 차선에서 주행해야 한다.

규칙 4: 차량은 왼쪽 차선에서만 추월해야 한다. 단, 교통 체증 시에는 오른쪽 차선으로 추월이 허용된다. 추월 기동은 동일한 차선에서 자차의 앞/뒤에 있는 차량이, 다른 차량의 추월 기동을 지시하거나 시작하지 않은 경우에만 수행할 수 있다. 또한, 도착 차선에 있는 차량은 자차의 기동으로 인해, 방해받아서는 안 된다. 수평(연속 도로 표시) 또는 수직 교통 표지로 인해, 금지된 추월 기동은 수행해서는 안 된다. 추월하는 동안에는, 해당 점멸등이 켜져 있어야 한다.

규칙 5: 속도는 도로 및 기상 조건(예: 가시성 및 도로와 타이어의 접촉력), 속도 제한 표지판 및 다른 차량의 존재에 적합하게 조정되어야 한다. 차량간 거리는, 차량이 비상 제동을 수행해도 충돌을 피할 수 있어야 한다. 운전자는 또한, 그들의 인지 영역을 벗어난 '예측 가능한(predictable)' 차량과의 충돌을 피할 수 있어야 한다.

규칙 6: 제동은 안전상의 이유에서만 실행되어야 하며, 제동 기동을 전달하는 제동등으로 제동 신호를 보내야 한다.

규칙 7: 충분히 강력한 엔진을 장착한 차량만 고속도로를 주행할 수 있다. 차량은 후진 또는 역주행해서는 안 된다. 이미 고속도로를 주행하고 있는 차량은, 고속도로에 진입하는 차량보다 우선한다. 기술적인 이유로 차량을 정지해야 하는 경우는, 가능하면 비상 정지 차선에서 정지해야 한다.

규칙 8: 차량의 다이내믹과 조명은 가시성 조건에 맞게 조정되어야 한다.

규칙 9: 우선권(priority)이 있는 차량은, 규칙 1을 제외한, 나머지 교통 규칙은 면제된다.

규칙 10: '운전자 전용'(DO) 수준의 자동화에서는, 시스템이 활성화되지 않는다. DA(Driver Assisted) 수준의 자동화에서는 인간 운전자가 종방향 및 횡방향 제어를 수행하고 주행 시스템은 최적의 속도와 최적의 차선에 대한 정보를 제공한다. 'Semi Automated(SA)' 모드에서는 협력 주행 시스템이 종방향 제어를 대신한다. '고도 자동화(HA)' 모드에서는, 가상 협력 주행 시스템이 차량의 종방향 및 측면 제어를 수행하는 반면에, 인간 운전자는 상황을 모니터링하고 목표 속도와 목표 차선을 지정한다. "완전 자동화"(FA) 모드에서는 인간 운전자가 더는 차량의 진행 상황(progress)과 기동(maneuvers)을 감시할 필요가 없으며, 차선 변경은 자동으로 이루어진다. 선택적으로, 개별 인간은 '보통', '스포츠' 또는 '편안함'과 같은 운전 모드를 선택할 수 있다.

규칙 11: 적용 영역 밖에서는 DO(운전자 전용)만 가능하다. 응용 영역에서는 시스템이 DO에서 DA(운전자 지원)로 변경된다. 자동화 모드는 인간 운전자 또는 협력 주행 시스템에 의해 변경될 수 있다. 운전자는 연속적인 DA, SA(반 자동화), HA(고도 자동화) 및 FA(완전 자동화) 수준 사이를 전환할 수 있다. 운전자가 페달이나 조향핸들을 조작하면, 자동화 수준은 DA(운전자 지원)로 곧바로 전환된다. 시스템은 충돌을 피하고자, 비상 제동을 적용하고, 자동으로 DA에서 SA로 전환된다. 시스템은 또한 도로를 벗어나지 않도록 HA(고도 자동화)로 전환한다. 협력 주행 시스템에 장애가 발생하거나 적용 구역이 종료된 경우, 운전자가 차량을 다시 제어하지 않는 한, 시스템이 비상 차선에서 차량을 자동으로 정지시킨다.

규칙 12: 인지 영역에서, 도로 장면(장애물, 도로, 자차 및 환경)에 있는 행위자의 속성 추정 오류는 제한되어야 하며, 최소 품질(최소 보장 인지 품질)을 준수해야 한다.

규칙 13: 결정/계획 모듈에 의해, 장애물과 자차에 의해 추정된 궤적은, 컨트롤러가 달성할 수 있어야 한다. 이들 궤적은 물리적으로 유효해야 한다.

규칙 14: 제어 모듈은 한계가 있는 오류를 가진, 경로에 차량을 유지한다. 제어 모듈의 정확도는 특정 안전거리를 두고 차선을 변경하고, 극단적 경우에 차량이 목표 차선을 유지할 수 있는 정도이다.

규칙 15: 구성 요소 간에 전달되는 모든 정보에는, 제한된 수의 요소(element)가 있다. 인지(perception)는 최대 3개의 차선(왼쪽, 현재 및 오른쪽)을 설명한다. Perception은 그림 3.5와 같이 최대 8개의 개체를 설명한다. 이들 개체는, 3개의 차선 각각에서, 자차의 앞과 뒤에서 가장 가까운 장애물, 그리고 자차의 좌우, 양쪽에 있는 개체이다. 의사결정 모듈은 최대 4개의 궤적, 각 차선에 대한 최적의 궤적 및 장애가 발생하면 차량을 정지시키는 '안전한' 궤적을 설명한다. 또한 인지, 계획/결정 및 제어 모듈의 계산 시간은 제한적이고, 미리 정의된 기간(period)을 준수해야 한다. 이 마지막 제약 조건은 실시간 작동을 보장해야 한다.

3.2.6. "고스트" 개체 및 차량에 대한 궤적 예측
(Trajectory prediction for "ghost" objects and vehicles)

(1) 연산 기준좌표계와 궤도 조정 시스템
(Calculation reference frame and track coordination system)

이 협력 주행을 설계하기 위해, 몇 가지 단계가 필요했다. 먼저 궤적 계산 단계와 위험도를 단순화하기 위해, 기준 좌표계 변경을 적용했다. 우리는 카아티이젼(Cartesian) XY '세계(world)' 인지(perception) 기준 좌표계에서 더 단순하고, 무엇보다도 선형 UW 로컬(local) 기준 좌표계로 이동했다. UW 곡선 궤도 좌표계는 자차 XY 좌표계와 동일한 원점을 사용한다. 이 새로운 기준 좌표계에서 U축은 각 차선의 중앙에 평행하고 W축은 U에 수직이다. 이 UW 환경은, 자차 및 주변 개체와 관련된, 궤적 계산을 위한 자연스러운 환경이다.

이 UW 차선 좌표계와 XY 자차 좌표계는 그림 3.5와 같다. UW 차선 좌표계에서, 차선의 중심은 일정한 W 좌표를 갖는다. 자차의 궤적 그리고 차선 중앙을 목표로 하는 개체는 과도(transient) 부분(가변 W 좌표를 가짐)과 영구(permanent)부분(일정한 W 좌표를 가짐)의 두 부분으로 나타낼 수 있다.

일정한 W 좌표를 사용한 계산은, 일반적으로(그러나 반드시 그런 것은 아님) 선, 나선 및 원의 조합을 기반으로 하는, 실제 XY 트랙 기하학에서의 계산보다 훨씬 더 쉽고 더 빠르다(Rajamani 2006). 이어서, 모든 자차 및 개체 궤적 계산은 UW에서 이루어질 것이다.

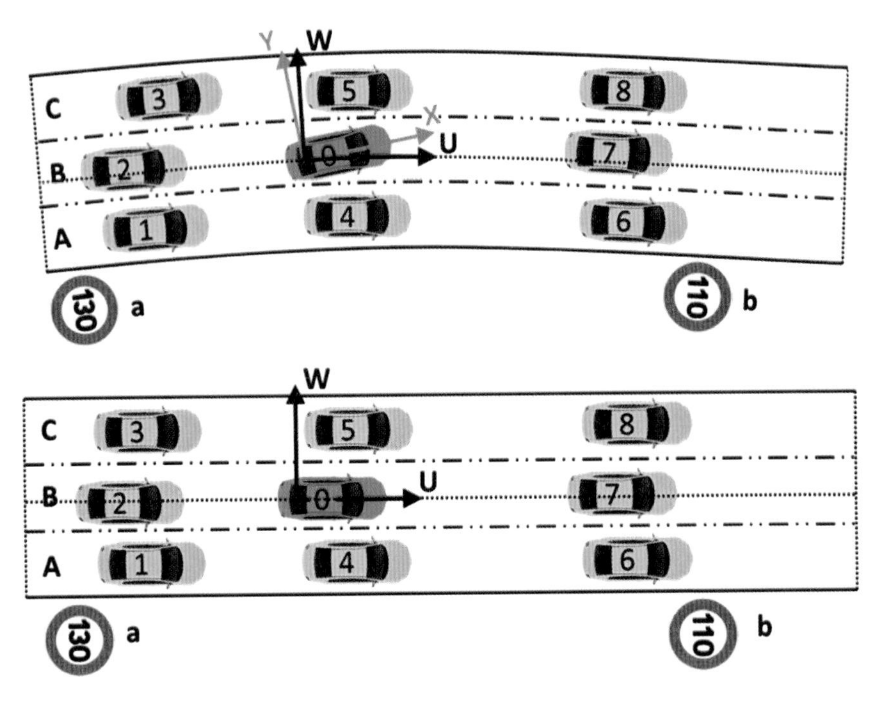

그림 3.5. 환경 인지(자차, 장애물, 차선 및 표지), 그리고 실제 인지 XY 기준 좌표계에서 가상 계획 UW 기준 좌표계로의 이동(passage)

(2) "고스트(ghost)" 개체 및 차량에 대한 궤적 계산

두 번째 단계는 동적 상태, 그리고 현재의 구성에 적용 가능한, 교통 규칙(고속도로 코드)에 따라 물체(1에서 8까지 번호가 지정된 물체)가 탐지된, 3개 차선(A, B, C)에서 법적 안전 궤적을 예측하는 것이다. 이들 궤적은 그림 3.6에서 볼 수 있다.

두 번째 단계는 동적(dynamic) 상태, 그리고 현재의 구성에 적용 가능한, 교통 규칙(고속도로 코드)에 따라, 개체(1에서 8까지 번호가 지정된 물체)가 탐지된, 3개 차선(A, B, C)에서 법적 안전 궤적을 예측하는 것이다.

이러한 궤적은 그림 3.6에서 볼 수 있다.

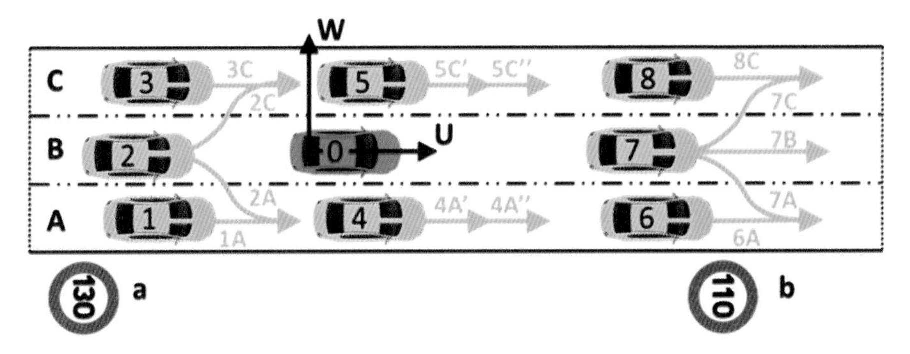

그림 3.6. 자차 및 교통 규칙과 관련된 위치에 따른, 개체 1~8의 가능한 궤적의 예측

시간적 공간에 관한 궤적 생성의 개념을 추가하기 위해, 확장이 제안된다. 그림 3.7에 제시되어 있으며 '수학적 영역 모델'에서 제안된 개념을 보여주며, 예시적인 실제 궤적(실선)과 관련하여, 허용할 수 있고 달성 가능한, 최소 및 최대 궤적(점선)을 생성한다.

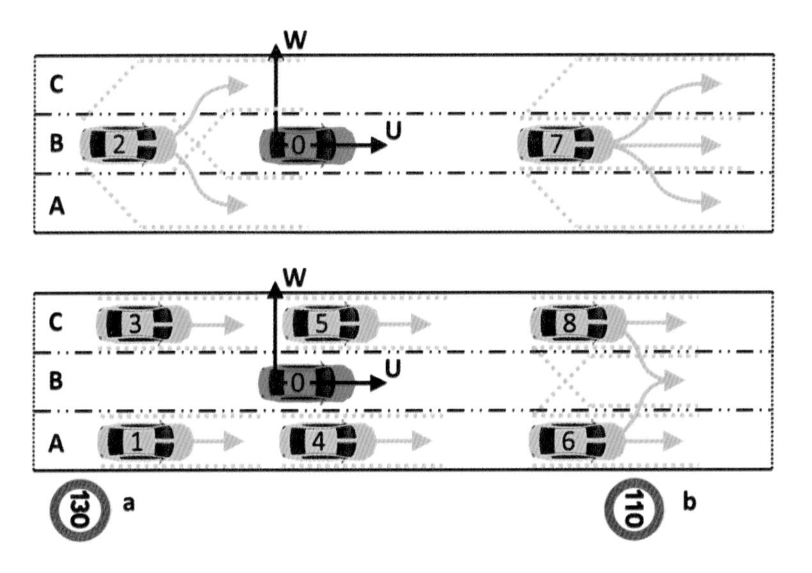

그림 3.7. 예측된 최소 및 최대 궤적(점선)을 포함한, 진화 영역의 모델(실제 이상적으로 예측된 궤적(실선)과 비교)

멀어서 인지할 수 없는 경우까지도, 최대한의 안전을 보장하기 위해, '고스트' 차량의 개념이 제안, 개발되었다. 사실, 이 새로운 '안전' 단계에는 인지 영역(고스 I에서 VI까지) 바깥의 가장 '비호의적인' 개체를 위한, 3개 차선(A-C)에 대한 교통 규칙을 준수하는, 안전한 궤적 예측이 포함된다.

그러므로, 다음 단계에서는 자차에 가까운 환경에 존재하는 개체(개체 1~8) 및 고스트 차량(I-VI)에 대한, 안전 속도 프로필과 교통 규칙 준수를 예측한다(그림 3.8 및 3.9).

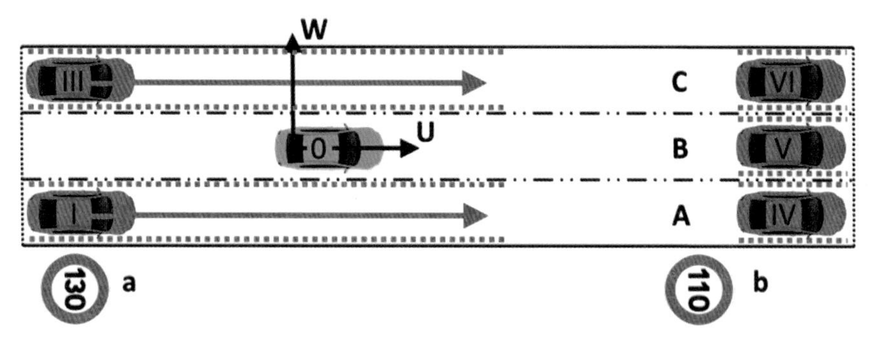

그림 3.8. 자차의 위치에 따른 고스트의 궤적(I-VI) 예측(최소/최대 궤적의 영역 포함)

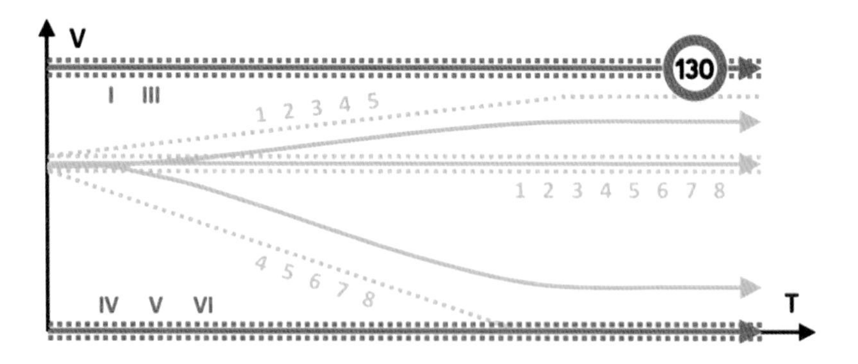

그림 3.9. 자차의 위치에 따른, 개체(1-8)와 고스트(I-VI)에 대한 속도 프로파일 예측

(3) 차량의 속도 프로파일 및 궤적 예측
(Prediction of the vehicle's speed profiles and trajectories)

실제 개체와 고스트 개체의 궤적을 예측한 다음에는, 위에서 언급한 자차(0) 및 3개의 차선(AC)에 관한 규칙에 따라, 안전 속도 프로파일을 계산해야 한다. 자차에 대한 이들 속도 프로파일은, 속도 지능형 적응 및 안전거리 유지의 제약 조건을 충족해야 한다.

자차가 도달할 수 있는 궤적의 계산은, 환경 인지 모듈(장애물과 차선의 탐지)의 사용, 그리고 이전 절에서 이미 제시한 객체의 궤적 예측을 기반으로 한다. 궤적 계획에 대한 기존 문헌에는 '샘플링 기반(sampling based)' 알고리즘, 그리고 직접 알고리즘의 두 가지 주요 유형이 있다(LaValle 2006). '샘플링 기반 로드맵(sampling based roadmap)', RRT(Rapidly-exploring Random Tee) 알고리즘 또는 그리드 기반 알고리즘(공간 이산화)과 같은 '샘플링 기반' 알고리즘은, 먼저 궤적 공간에서 무작위 표본(sample)을 생성하고, 나중에 이들 표본을 평가함으로써, 보편적인 접근을 가능하게 한다. 전문가 시스템, 전위장 또는 제어 기반과 같은, 직접 알고리즘은 궤적을 생성할 때, 평가 단계를 요구하지 않고, 모든 주행 측면을 직접 고려하는 응용 프로그램별 접근 방식을 제공한다. 직접 알고리즘은 '샘플링 기반' 알고리즘보다 더 최적의 솔루션을 찾고, 더 적은 계산을 필요로 한다. '샘플링 기반' 알고리즘은 직접 알고리즘이 해결하기 어려운, 복잡한 문제를 해결한다.

우리의 경우 '안전 결정(safe decision)' 모듈(운전 규칙의 관점에서)은 직접 경로 계획과 '샘플링 기반' 알고리즘을 결합한다. '직접 계산(direct calculation)' 부분은, 종방향 기동(longitudinal maneuver)과 자차의 속도 프로파일 계산에 사용된다. 0에서부터 최고 속도까지의 종방향 속도, 또는 극단적인 제동에서 강한 가속에 이르는 종방향 가속도와 같은, 연속적인 변수를 사용할 때, 직접 계산은 간단하고 정확하다. '샘플링 기반' 접근 방식을 사용하는 계산은, 본질적으로 눈에 거슬리지 않는, 횡방향(lateral) 기동에 사용된다. 이것은 주로 교통 차선의 구조 때문이다. 결정 모듈의 현재 구현에서는, 차선의 중앙을 중심으로 하는 궤적만 계산된다.

그림 3.10은 양방향(종방향 및 횡방향)에서 자차에 대해 가능한, 7가지 속도 프로파일의 생성을 제시하고 있다. 이 프로필은 3가지 범주로 나뉜다. 첫 번째는 정상적인 차량 작동(0A, 0B, 0C)에 해당한다. 두 번째는 자차(FA, FB, FC)의 파손 및 고장과 같은 단일 상황을 고려한다. 이 경우 생성된 안전 속도 프로파일(고장의 경우 F)은 모든 사용자를 위한 안전한 정지를 가능하게 해야 한다. 마지막 범주는, 안전 제동이 필요한 위험한 상황이나, 긴급 제동(JB)이 필요한 충돌에 대한, 안전한 반응(safe reaction)과 관련된 상황에 해당한다. 이것은 안전장치가 장착되지 않은 차량이, 교통과 인간의 규칙을 존중하지 않을 때 발생할 수 있다. 그림 3.10은 궤적 0A, 0B, FA, FB 및 FC에 대한, 영역/최소 및 최고 도달 가능한 속도 범위에 관한 모델을 제시한다.

결정 모듈은 궤적을 계산하기 전에, 먼저 속도 프로파일을 계산한다. 이 접근 방식은 고전적인 '속도 경로(speed path)' 분해 접근방식과 반대이다. 우리는 속도와 가속도 프로파일을 생성하기 위해, 일련의 방정식을 구현할 것이다. 이들은 자차의 동역학(마찰 한계(G), 인간 한계(H) 및 시스템 제약(I))에 영향을 미치고, 기반 시설, 환경의 개체, 그리고 '고스트' 차량에 의존하는 다양한 매개변수의 한계와 관련된 제약을 적용하며, 인지가 생성한 전자 지평(electronic horizon)의 한계 때문에 강요되는, 경계 보안 사례를 모델링한다. 이러한 제한은 차량의 용량, 운전자의 행동 및 운전 스타일, 인지와 제어 모듈의 제한과 관련이 있다.

결과적으로, 이들 제한은 시스템뿐만 아니라 사람을 관리하는 규칙에 크게 의존한다.

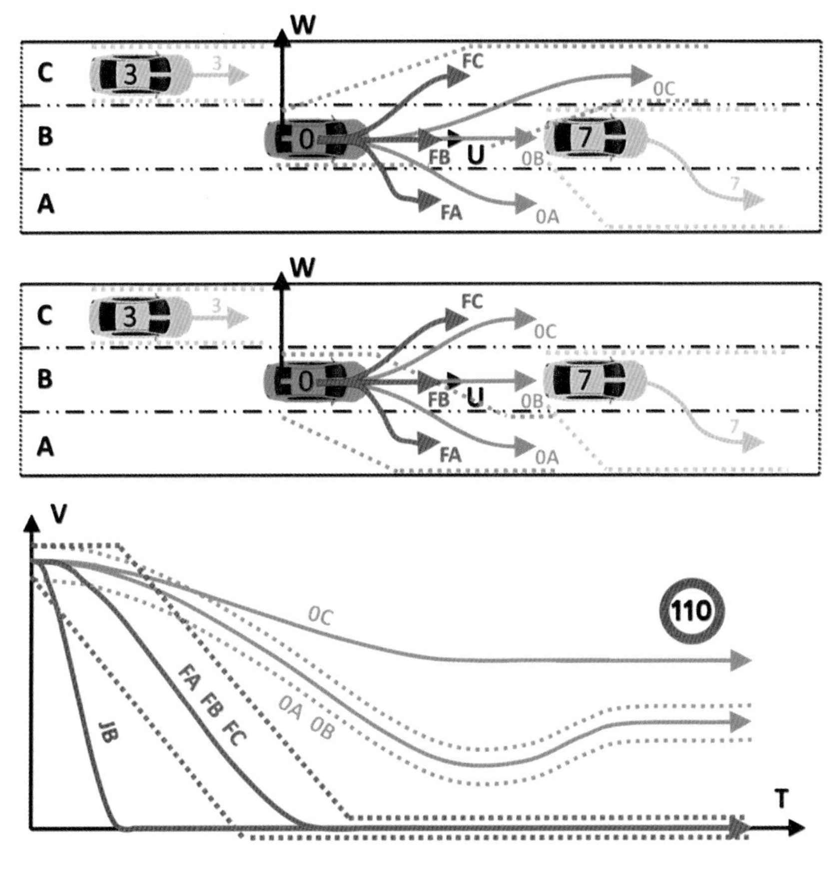

그림 3.10. 자차에 대한 7가지 속도 프로파일(정상, 고장, 비상 제동)의 생성

방정식 [3.1]과 [3.2]는 인간과 시스템 제약뿐만 아니라, 종방향 마찰에 의존하는 속도 프로파일의 과도(transient) 부분에 관한 조건을 제시한다. 식 [3.1]은 가장 극단적인 감속을 보여주고 있다.

$$\begin{cases} 0 \le v_u \\ -\min(a_u^G, a_u^H, a_u^I) = -a_u^J \le a_u \end{cases} \quad \text{[3.1]}$$

식 [3.2]로는 최고속도에 도달할 수 있게 하는, 최대 가속도의 속도 프로파일을 계산한다. 최고속도 v_u는 운전자가 설정한 목표 속도와 시스템에 설계된 최고속도로부터 구한다. '파손(breakdown)' 및 '고장(failure)' 모드(FA, FB 및 FC)의 속도 프로필에서, 운전자가 원하는 목표 속도는 0m/s로 강제되고, 운전자가 생성한 가속도는 최대 감속도 값으로 대체된다. 가속도는 $-a_u^J$와 0m/s² 사이에서 선택할 수 있다. a_u^G는 유효한 접지력(grip)의 최대 가속도, a_u^H는 사람이 지탱할 수 있는 최대 가속도 a_u^I는 시스템의 최대 가속도이다. '긴급 제동'의 JB 속도 프로필의 경우는, 운전자의 가속이 극단적인 감속값으로 대체된다. 실제로, JB 프로파일의 경우는 식 [3.1]과 식 [3.2]는 같다.

$$\begin{cases} v_u \le \min(v_u^H, v_u^I) \\ a_u \le a_u^K = \min(a_u^G, a_u^H, a_u^I) \end{cases} \quad \text{[3.2]}$$

식[3.3]은 원심 횡방향 가속도를 생성하는 곡선 트랙의 경우에서, 횡방향 접지력(lateral grip)의 함수로서 속도 프로파일의 조건을 나타낸다. 이 식은 인간의 한계와 시스템의 제약도 고려한다. 횡방향(lateral) 가속도는, 노면과 차량 타이어 사이의 접지력 수준을 모델링하는, 마찰 타원을 통한 종방향(longitudinal) 가속도의 함수이다. 식[3.3]에서, 목표 속도는 최대 횡방향 가속도 a_w^K와 도로곡률 ρ^L의 함수임을 알 수 있다. 직선 도로에서의 곡률은,

0을 지향하고 목표 속도는 무한한 값을 지향하는 경향이 있다. 곡선도로(curve)에 접근할 때(곡률 > 0), 권장 속도 v_u에 수렴하기 위해서는, 자차의 속도를 줄여야 한다. 이 동작은 곡선도로의 시작 부분에 도달하기 전에, 자차로부터 거리 P_u^L에서 수행해야 한다. 이 식에서 t^R은 이 동작을 하는 동안, 시스템의 반응 시간이다.

$$\begin{cases} v_u \leq v_u^K = \sqrt{\dfrac{a_w^K}{\rho^L}} \\ a_u \leq -\dfrac{1}{2} \cdot \dfrac{(v_{uo})^2 - (v_u^K)^2}{P_u^L - v_{u0} \cdot t^R} \end{cases} \quad [3.3]$$

교통규칙에 따른 속도 프로파일에 적용되는, 조건은 다음의 세 방정식으로 주어진다. 식[3.4]는 자차의 속도를 교통법규 5에 적응시킬 수 있다. 식[3.4]는 식[3.3]과 등가이다. 교통 규칙 5에 따르면, 자차의 속도는 '고스트' 차량과의 충돌을 피할 수 있어야 한다.

$$\begin{cases} v_u \leq v_u^S \\ a_u \leq -\dfrac{1}{2} \cdot \dfrac{(v_{uo})^2 - (v_u^S)^2}{P_u^S - v_{uo} \cdot t^R} \end{cases} \quad [3.4]$$

즉, 속도 프로파일의 목표 속도는, 인지(perception) 영역의 끝부분에 해당하는, 위치 P_u^P에 잠재적으로 존재하는 개체에 대응하여 가속도 $-a_u^P$로 제동할 수 있어야 한다. 이 거리에 우리는 일반적으로 최소 안전거리 d_u^J를 추가한다. 감속 가속도 $-a_u^P$는 $-a_u^J$와 0 사이에서 고려해야 한다. a_u^P의 값이 클수록 자차 속도는 빨라지지만, 장애물 근처에서 제동할 때 더 격렬한 제동이 이루어진다.

식 $v_u \cdot t^R + \dfrac{(v_u)^2}{2 \cdot a_u^P} = P_u^P - d_u^J$ 를 속도 v_u에서 정리하면, 결과는 식 [3.5]가 된다. 이 식은 자차의 7가지 속도 프로파일에 대해 같다. 이 모델에서 '고스트' 차량은 '잠재적으로 존재하는' 장애물만을 나타낸다. 이 개념은 인프라 구성(곡선 및 속도 제한)의 최악의 경우를 나타내지 않는다. 그러나 '고스트' 커브 및 '고스트' 속도 제한의 경우, 제한된 시간-세트(time-set) 내에서 물리적으로 달성할 수 있고, 수용 가능한 감속 프로세스를 허용하기 위해서는, 자차의 속도는 여전히 제한되어야 한다. 이 말은 추가적인 제약을 의미한다. 우리는, '고스트' 커브와 '고스트' 속도 제한에 대한 감속 가속도 $-a_u^P$와 인지의 지평(horizon of perception) P_u^P가, '고스트' 장애물의 경우와 같다는 가설을 반드시 고려해야 한다. 이 경우, 속도가 0인 '고스트' 차량은, 속도 프로필을 생성할 때 고려해야 할, 우선순위 제약 조건을 만들어 낸다.

$$\begin{cases} v_u \le a_u^P \cdot \left(-t^R + \sqrt{(t^R)^2 + 2 \cdot \dfrac{P_u^P - d_u^J}{a_u^P}} \right) \\ a_u \le a_u^K \end{cases} \quad \text{---------------- [3.5]}$$

식 [3.6]은 속도 프로파일에 적용되는 제약 조건을, 자차 전방의 장애물 존재 함수로 설명한다. 이 식에서 개체(O)는, 자차와 동일한 차선 중심을 향한 궤적을 가진, 잠재적인 장애물을 나타낸다. 유동적인 교통 상황에서, 이 방정식에는 오른쪽에서 추월하는 것을 피하고자, 속도 프로필의 목표 차선에 인접한 (왼쪽) 차선을 향한 궤적을 가진 장애물도 포함된다. 인접 차선 및 자차 후방의 장애물은, 궤적 생성 단계에서는 고려하지 않고, 궤적 관련성 평가 단계에서 고려한다.

$$\begin{cases} P_u^H = d_u^H + v_{u0}.t^H \\ P_u^I = d_u^I + v_{u0}.t^I + v_{u0}.t^R + \dfrac{(v_{u0})^2}{2.a_u^J} - \dfrac{(v_{u0}^o)^2}{2.\mu^L g} \end{cases}$$

$$\begin{cases} P_u^K = max(P_u^H, P_u^I) \\ v_u \le v_u^O \\ a_u \le k_p.(P_{u0}^O - P_u^K) + k_v.(v_{u0}^O - v_{u0}) + a_{uo}^O \end{cases} \quad \text{[3.6]}$$

이 방정식에서, 장애물까지의 '목표' 거리 P_u^K는 인간 운전자가 원하는 거리 P_u^H와 시스템의 제약(인지와 제어) 때문에 요구되는 안전거리 P_u^I를 고려한다. P_u^H는 일반적으로 자차의 속도에 비례한다. 시간 진각 t^H는 운전 스타일 선택과 매우 밀접한 관련이 있다. 예를 들어, 스포츠 운전 스타일을 선택하면, 차량간 거리(자차 및 장애물)가 더 짧아진다. 그러면 더 급작스럽고 신경질적인 운전을 하게 되며, 더 나아가 장애물 제동 시에 더 세게 감속하게 된다. 거리 P_u^I는 시스템의 제약 조건에 따라 달라진다. 규칙 4와 5는 이 안전거리가, 전방 장애물에 대한 비상 제동 시, 충돌 회피를 시작하도록 조정되어야 한다고 규정하고 있다. 따라서, 식 [3.6]은 시스템이 안전거리 P_u^I를 유지할 수 있도록 하여, 최대 감속도 $-\mu^L \cdot g$ ($-\mu^L$은 도로 접지력)로 장애물에 대응, 제동했을 때, 짧은 거리 여유 $d\,I_u + v_{u0} \cdot t^I$가 생긴다. 여기서 자차의 최대 제동 감속 가속도는 $-a_u^J$이고, 후반응시간은 t^R이다. 앞의 두 항(비상 제동 후 자차와 장애물이 정지할 때의 안전 여유)과 네 번째 항(자차와 장애물의 제동 능력이 다른 경우에만 적용됨)으로부터 추출할 때, 시스템 최소 안전거리 P_u^I는 주로 시스템의 반응 시간 t^R에 해당한다. 시스템의 반응 시간 t^R은 일반적으로 1초 미만으로, 인간 운전자의 반응 시간과 거의 비슷하다. 이는 시스템이 인간 운전자가 적용하는 것보다 더 큰 차량 간 거리를 유지하지 않는다는 것을 의미한다.

식 [3.1] ~ [3.6]은 자기 차량 속도 프로파일에 대한 제약 조건을 나타내고 있다. 이제, 다음 식들은 자차 궤적에 대한 제약 조건을 설명할 것이다. 속도 프로파일과 관련하여, 자차의 궤적은 도로 접지력 한계, 인간 운전자와 관련된 한계, 내장된 시스템에 의해 부과된 제약(인지 및 제어)을 준수해야 한다. 이 새로운 방정식 세트에서, 첫 번째 방정식은 '안락한(comfortable)' 궤적 모드 S_w^K 의 기울기를 나타낸다. 자차 전방의 장애물 ([3.9])이 추가 제약을 부과하지 않는 경우, 자차 궤적의 기울기는 S_w^K 와 같다.

$$\max(S_w^H,\ S_w^I) = S_w^K \leq S_w \qquad [3.7]$$

다음 식은 궤적의 최대 기울기 S_w^J를 설명한다. 이 값은 인간의 한계 S_w^H 시스템의 한계 S_w^I를 통합한 것이다.

$$S_w \leq S_w^J = \min(S_w^G,\ S_w^H,\ S_w^I) \qquad [3.8]$$

식 [3.1] ~ [3.8]은 속도 프로파일과 자차 궤적 모두에 대한 제약 조건을 나타낸다. 추월 기동의 경우, 속도 프로파일과 궤적을 모두 조정해야 한다. 표적 추적 기동(target following maneuver)과 마찬가지로, 차선을 변경하는 것도 안전거리 P_u^I의 사용과 관련이 있다. 이 안전거리는 장애물(현재 차선 또는 목표 차선)에 대응하여 비상제동을 하면, 사고를 피할 수 있는 거리이다. 마지막 식은 단순히 궤적의 기울기 S_w, 목표 속도 프로파일 v_u 및 가속도 a_u가 특정 제약 조건 S_w^L, v_u^L와 a_u^L를 충족해야 하고, 그래야만 기동하는 동안 내내 안전거리 P_u^I가 유지됨을, 나타내고 있다. S_w^L, v_u^L와 a_u^L는 분석적으로 직접 풀 수 없다. S_w^L, v_u^L와 a_u^L의 표본을 추출하고, 기동 중에 안전거리 P_u^I에서의 상태를 확인하여, 수치적으로 풀어야 한다.

$$\begin{cases} v_u \le v_u^L \\ a_u \le a_u^L \\ s_w^L \le s_w \end{cases} \quad \text{------------------------} \quad [3.9]$$

3.2.7. 궤적 평가(Trajectory evaluation)

앞에서 보았듯이, 속도 프로필과 자차 궤적을 생성할 때, 의사결정 모듈은 안전 관련 법적 및 규제적 측면의 대부분을 직접 통합한다. 안전 제약조건을 충족하는 속도 프로필은, 식 [3.1]~[3.6]의 제약 조건과 관련, 속도 프로필의 최솟값을 고려하여 구한다. 법적인 안전 궤적은 식 [3.7]~[3.9]의 제약조건과 관련, 최대 궤적(절댓값)을 고려하여 구한다. 이것은 자차에 대한 속도 프로파일 7개와 궤도 7개를 생성한다. 0A, 0B 및 0C는 정상 시스템 작동, FA, FB 및 FC는 '파손(breakdown)' 및 '고장(failure)' 작동, JB는 충돌 완화 및 비상 제동을 나타낸다. 평가 단계의 목표는, 앞서 궤적 생성 단계에서 고려하지 않은 측면에 대해, 이 7가지 궤적을 평가하는 것이다.

나머지 보안 측면의 각각에는 성능 비용이 할당된다. 성능 비용은 장애물과의 충돌을 제외하고, 이진법이다. 이 경우, 비용은 충돌의 충격속도에 비례한다. 이를 통해 사고를 피할 수 없는 상황에서 충돌 충격을 최소화하는, 궤적을 선택할 수 있다. 궤적 생성 단계에서는 '고스트' 차량과 정면의 개체만 고려하였다.

궤적 평가 단계에서는 자차의 후방은 물론, 인접 차선에 존재하는 유령과 차량의 궤적 예측도 고려한다. 이 평가 단계에서는, 자차의 속도 및 속도 프로파일이, '유령' 차량이 합리적인 감속으로 자차의 속도에 도달할 때까지, 제동을 허용하는지 확인한다. 평가 단계에서는 또한 자차 기동 중에 후방 및 측면 차량이 제동할 필요가 없는지 확인한다(규칙 4). 평가는 차선 변경 궤적 0A, 0C, FA 및 FC에만 적용되며, 차선 유지 궤적 0B, FB 및 JB에는 적용되지 않는다. 자차의 차선에서, 이는 후방 및 인접 차선에 있는 고스트와 차량에 우선한다.

평가 단계에서는 목표 차선의 유형과 관련 표시(marking)를 고려하여, 0A, 0C, FA 및 FC 차선 변경 궤적(또는 아님)을 확인한다. 규칙 7은, 정상 작동에서 0A 및 0C 궤적은, 연속적인 차선 표시가 없는, 접근 가능한 차선만을 대상으로 해야 한다고 명시하고 있다. 그러나 '오류(failure)' 궤적(FA 및 FC)은 비상 정지 차선 또는 일반 차선에서 작동할 수 있으며, 자차는 연속적인 차선 표시를 지나갈 수 있다. 실제로, 다른 차량과의 충돌보다는 비상 정지 차선으로 차선을 변경하는 것이 좋다. 이 기동(maneuver)은 우선권을 가진 안전 기동이다.

각각의 규칙을 적용하면, 궤적 솔루션 공간이 크게 줄어든다. 예를 들어, 교통 규칙은 차선 변경 가능성을 배제할 수 있고, 인간 규칙은 자차의 속도에 대한 제한을 설정하고, 시스템 규칙은 자차의 감속 및 가속 기능을 제한할 수 있다. 그런데도, 이 평가 후에, 자차의 안전한 진화를 허용하기 위해, 최소한 하나의 궤적이 존재해야 한다.

3.2.8. 실제 차량 및 시뮬레이터에서의 결과 (Results on real vehicles and on simulators)

이 협력 주행의 성능과 용량을 테스트, 평가 및 검증하기 위해서, 실제와 가상 환경에서 일련의 사용 사례가 구현되었다. 목적은 협력 주행이 다른 규칙 범주와 관련하여, 신뢰할 수 있고, 견고하며, 무엇보다도 안전한 작동 및 운전 행동을 보장할 수 있는지, 확인하는 것이다. 사용 및 시험된 다양한 시나리오는 '속도 제한 접근', '차량 또는 고스트 구역 접근', '목표물 추적' 및 '차량 추월'이었다.

이 가상 협력 주행은 Intempora RTMaps 플랫폼과 결합된 pro-SiVIC 플랫폼(제4장)을 사용하여, 프로토타이핑하고 개발하였다는 점에 유의하는 것이 중요하다. 가상 협력 주행 개발에만 집중하고자, 인지 부문(perception section)은 pro-SiVIC '옵서버(observers)'에 의해 생성하였다.

이들 '옵서버'는 데이터 그리고 더 나아가, 완벽한 인지를 제공하는 '지상 실측(ground truth)' 센서들이다. 제안된 방법의 신뢰성과 견고성을 검증하기 위해, 5대와 10대의 차량으로 시나리오를 실행했으며, 각 차량에는 세 가지 주행모드(컴포트, 일반, 스포츠) 중 하나로 구성된, 자체 협력 주행이 있다.

그림 3.11에 제시된 HMI(Human Machine Interface; 인간-기계 인터페이스)에서, 가능한 기동 및 도달 가능한 영역(크기 3*3)에 대한 명령 매트릭스의 사용을 관찰한다. 첫 번째 셀은 왼쪽 차선 변경 및 가속을 나타낸다. 두 번째 셀은 단순 가속도를 나타냅니다. 다섯 번째 셀은 일정한 상태(일정한 위치 및 속도)를 나타낸다. 9번째 셀은 우측 차선 변경 및 감속을 나타낸다. 우리가 볼 수 있듯이, 적색 셀은 평가 단계 이후, 불가능한 기동(maneuver)(궤적, 속도 프로필)을 나타낸다.

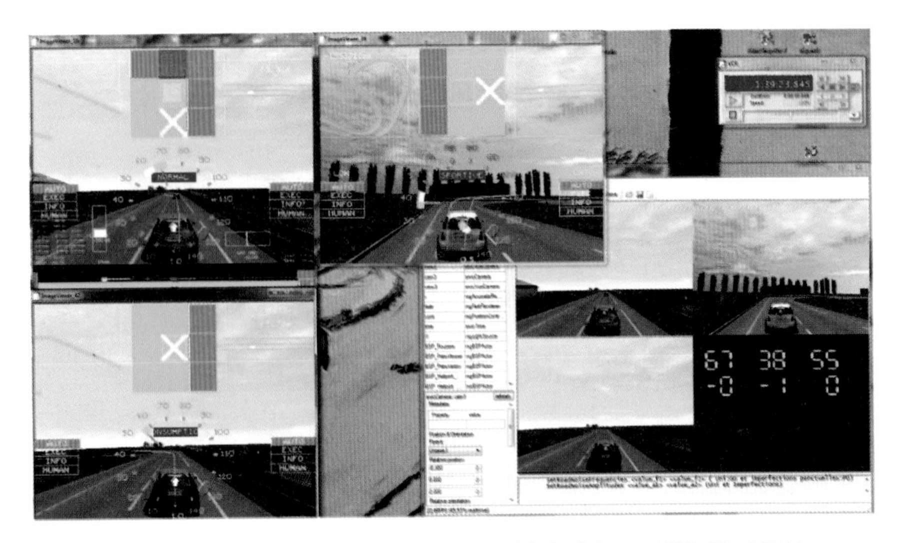

그림 3.11. 다중 차량 및 다중 모드 조종 시나리오(컴포트, 일반 및 스포츠)

시뮬레이션에서 얻은 결과가 충분히 좋은 품질로 간주되면, 협력 주행(Co-pilot) 응용 프로그램을 자동 운전 시스템(CARRLA 프로토타입) 전용 LIVIC 프로토타입 차량 중 하나에 설치하였다(Vanholme 2011). 이 실제 컨디셔닝을 위해, Gruyer(2013) 및 Revilloud(2013)에 제시된 모듈과 함수를 사용하여, 인지(perception)를 얻었다.

그림 3.12부터 3.14까지는 Versailles-Satory의 트랙에서 사용된, 임베디드 실제 프로토타입의 처음 세 가지 사용 사례에 대해 얻은, 결과를 나타낸다. 그림 3.12에서, 제약 조건(새로운 속도 제한)에 대한 차량 속도의 적응을 명확하게 확인할 수 있다.

그림 3.13은 장애물을 탐지한 후 '고스트' 차량을 인식한 협력 주행의 반응을 나타내고 있다. 그림 3.14는 표적(target)이 기어를 변속하고, 차선을 하나 변경하는, 표적 추적 시나리오를 나타내고 있다.

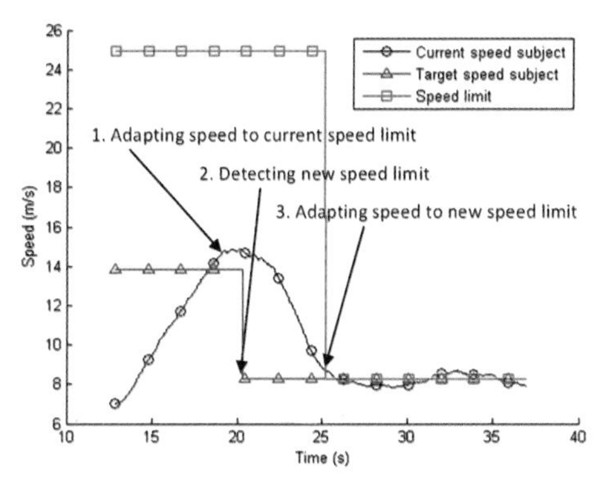

그림 3.12. "제한 속도 접근" 시나리오

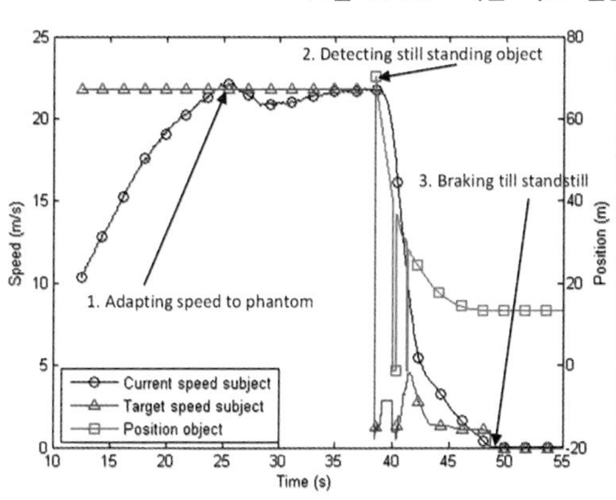

그림 3.13. "차량 또는 고스트 구역에 접근" 시나리오

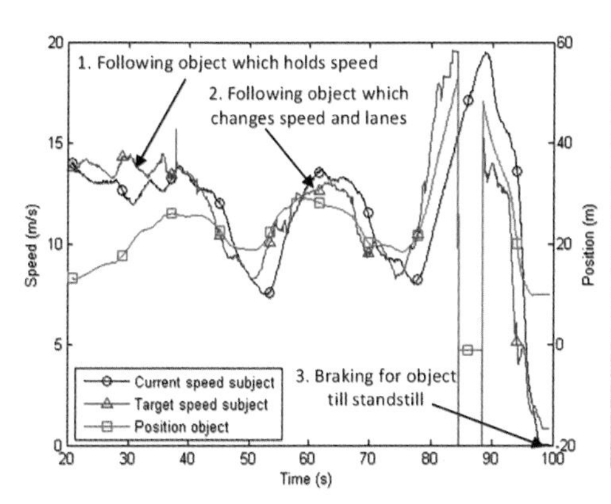

그림 3.14. 속도 및 차선 변경을 포함한, "목표물 추적" 시나리오

그림 3.15는 종방향 및 횡방향 기동을 모두 포함하는, 시뮬레이션의 마지막 사용 사례이다. 그림 3.11은 5대의 차량을 포함하는 복잡한 시나리오에 협력 주행(co-pilot)의 적용 사례이다. 확인할 수 있는, 3대의 차량은 각각 다른 운전 모드를 따르고 있다.

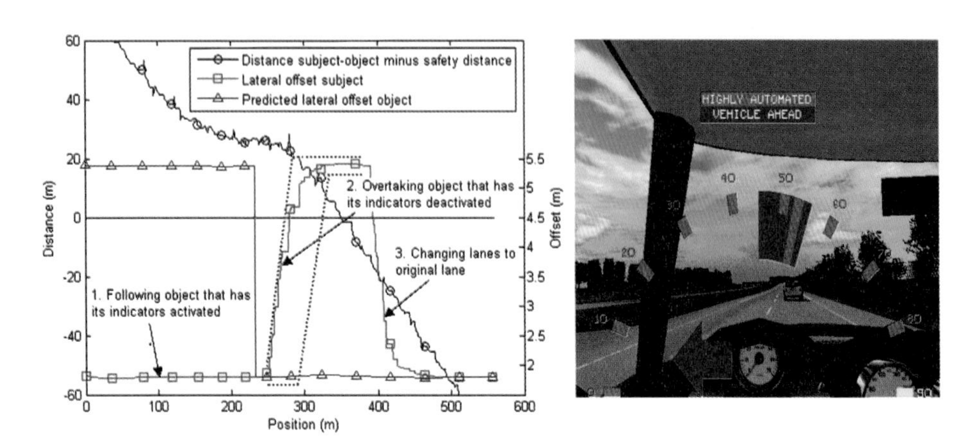

그림 3.15. "목표물 추월 및 본 원래 차선으로 복귀" 시나리오

3.3. 다중 목표 궤적 계획(Multi-objective trajectory planning)

앞서 제시한 바와 같이, 궤적 계획의 목표는 자율주행차의 위치 및 통신 기술, 인지(장애물, 차선 및 도로 표시, 가시성 수준)에 의해 결정되는, 결정 공간(솔루션 공간이라고도 함) 안에서, 실현이 가능하거나, 이상적인 궤적을 결정하는 것이다. 이 결정 공간은 계획 문제에서, 각 축이 변수인, 다차원 공간이다.

반면에, 다중 목표 궤적 계획은, 상충하는 다수의 목표를 동시에 관리해야 할 때, 절충안을 찾으려고 노력한다.

이것은 자신의 안전(제약 조건이기도 함), 자신과 승객의 편안함, 연료 소비 및 이동 시간을 동시에 처리해야 하는, 모든 인간 운전자가 직면하는 경우이다. 물론 소음과 같은 다른 고려 사항도 고려할 수 있다. 소음은 안락성(불편함)의 지표로 인식되지만, 앞서의 항목에 대해서는 이차적인 것으로 간주된다.

이들 목표는 각 운전자에 의해 동시에 관리되므로, 각 운전자는 어떻게든 이러한 개별 목표에 서로 다른 가중치를 할당하고, 우선순위를 지정할 수 있다는 가설이 있을 수 있다. 또 다른 가설은, 운전자가 한 번에 2개 이상의 목표를 처리할 수 없다는 것일 수 있지만, 이것은 가능성이 낮음으로, 첫 번째 가설에 초점을 맞추기로 하였다.

그림 3.16은 인간 운전자가 다양한 목표(편안함, 에너지 절약, 안전 및 이동 시간)에 할당한 가중치가, 다양한 운전 스타일에 따라 어떻게 배분되는지를 나타내고 있다(Orfila 2011). 실제로, 이러한 최적화 가중치 분포는 환경 운전자가 위험에 처했다고 생각하거나 예외적으로 더 빠르게 운전해야 하는 경우(계획된 목적지에서 지연)이다. 이들 가중치는 상황에 따라 여행 중에 지속적으로 변하므로, 운전 스타일은 모든 여행에 대한 평균 가중치 분포의 함수로 평가할 수 있다.

그림 3.16에서 우리는 단순히 연료를 절약하고자 하는 '하이퍼마일러(hypermiler; 에너지 효율 위주의 운전자)' 유형의 운전자가 안전 또는 안락성 목표를 포기하고, 이 목표에 모든 주의를 집중하는 것을 본다. 반대로, 스포츠 운전자는 이동 시간에 초점을 맞출 것이다.

이 연구에서 가정한 가설은, 다중 목표 궤적을 계획하는 것이 인간이 운전할 때 수행하는 것과 유사한 다중 목표 최적화 프로세스라는 것이다. 실제로, 실시간으로 수행되는 다중 목표 최적화를 통해, 운전하는 동안 다양한 목표에 대처하는 방식으로, 인간의 행동을 재현할 수 있다. 다중 목표 궤적 계획은 여러 가지 방법으로 달성할 수 있다. 기본 원칙은 – 제어할 변수, 제약 조건 및 최적화할 비용 함수를 선택하여 문제를 올바르게 배치한 후에 – 다양한 최적화 목표를 결합하는 방법을 사용하는 것이다. 따라서, 이들 각각의 목표는 비용 함수와 연결될 것이다. 이러한 맥락에서, 솔루션을 평가하기 위해 새로운 공간 즉, 목표 공간을 사용한다. 의사결정 공간과 마찬가지로 이 목표 공간은 다차원적이며, 각 차원은 계획 문제에서 하나의 목표를 나타낸다.

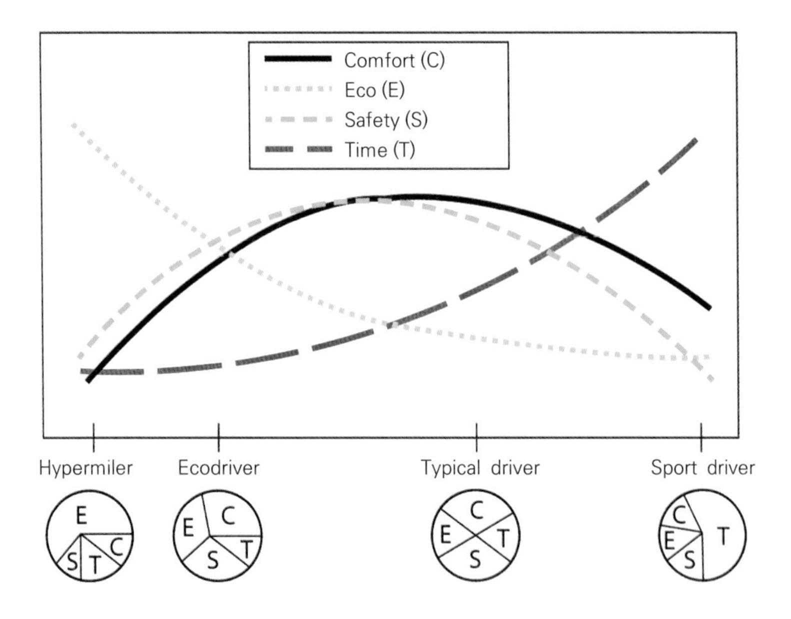

그림 3.16. 인간 운전자에 의한 다중 목표 궤적 계획 수행 중, 이론적 최적화 가중치 분포 곡선

그림 3.17은 결정 공간에서 변수로 표현되는 각 솔루션이, 목표 공간에서 동등한 것을 취하는 방법을 보여주고 있다. 결정 공간의 솔루션을, 목표 공간에서 평가된 솔루션으로의 변환을 가능하게 하는, 함수는 정확히 다중 목표 최적화 문제의 비용 함수이다.

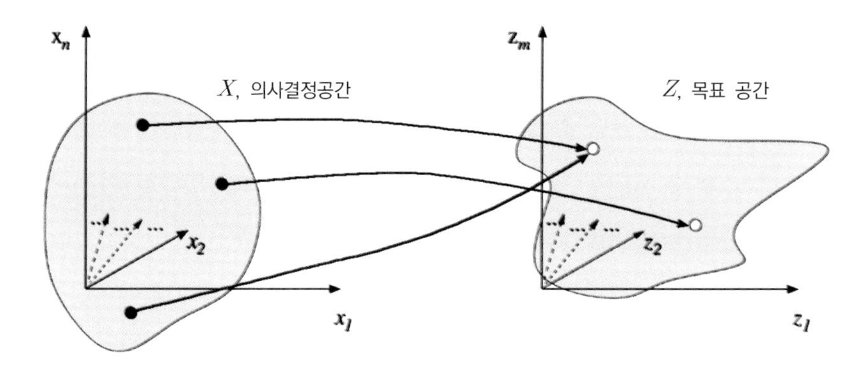

그림 3.17. 다중 목표 궤적 계획에 사용되는 공간: 좌측은 의사결정 공간, 우측은 목표 공간

다중 목표 계획 문제를 해결하는 것은, 최적화 문제에 대한 최적 솔루션 세트를 결정하는 것과 같다. 실제로, 다중 목표 문제에서 파레토 프런티어 [Pareto frontier; 파레토가 정의한, 효율성 틀(frame work) 안에]에 배치되는 모든 최적의 솔루션은, 하나가 아니라 무한하다.

파레토 프론티어(Pareto frontier; 파레토 경계)는, 최적화 문제에 대한 비-우세(non-dominated) 솔루션 세트가 위치한, 경계이다. 솔루션의 목표 중, 최소한 하나가 다른 솔루션의 목표보다 열등할 때, 솔루션은 지배적이 아닌 것으로 간주된다. 이 파레토 경계를 찾는 방법에는 여러 가지가 있다. 다중 목표 최적화에 관한 그의 연구에서, Kalyanmoy Deb(2009)는 다중 목표 문제를 해결하기 위한, 두 가지 주요 유형의 접근 방식을 정의하고 있다.

- **스칼라화 접근방식** (Scalarization approaches), 이 방식은 모든 비용 함수를 하나로 결합하는 방식으로서, 이들을 단일 목표 문제로 줄이기 위함이다. 다양한 매개변수가 있다고 가정하고, 모든 파레토 최적해를 찾기 위해, 최적화 프로세스를 반복해야 한다. 많은 스칼라화 변형이 존재하며 주요 변형은 다음과 같다.

- **선형 스칼라화**(linear scalarization), 비용 함수를 선형적으로 결합하여, 전역 비용 함수로 줄이는 방법
- **비선형 스칼라화**(non-linear scalarization), 비용 함수를 전역 비용 함수로 줄이기 위해 비선형 방식으로 비용 함수를 결합한다. 이를 위해서는, 이들 함수를 정의할 수 있도록 하기 위해, 처리된 문제에 대한, 특정의 전문 지식이 필요하다.
- **Epsilon 제약 방법**, 이 방법은 최소화하려고 하는 비용 함수를 제외하고, 정확한 지점에서 모든 비용 함수를 제한한다. 따라서 우리는 고유한 비용 함수를 가지고 있다. 그러나, 전체 파레토 경계를 구축하기 위해 우리가 정하는 비용 함수의 값을 변경하여, 최적화 작업을 특정 횟수 반복해야 할 것이다.
- 소위 '**이상적인**(ideal)' 접근 방식에서는, 하나가 파레토 프런티어로 수렴할 때까지, 여러 솔루션을 동시에 생성하기 위한 최적화 방법이 설정된다. 여기에서, 각 솔루션의 품질은, 일반적으로, 두 가지 주요 기준, 즉 주변 솔루션의 우세(dominance)와 밀도(density)를 기반으로 추정한다.

3.3.1. 선형 스칼라화(Linear scalarization)

선형 스칼라화의 원리는, 단일 및 전역 비용 함수가 각 목표에 따라, 비용 함수의 선형 조합으로 결정된다는 것이다. 비용 함수 f에 관한 방정식은 다음과 같다.

$$f = \sum_{i=1}^{n} a_i \cdot f_i \qquad [3.10]$$

이 식은 최적의 솔루션 세트를 찾기 위해, 계수 α 를 변경하여, 최적화 프로세스를 반복해야 한다고 가정한다. 또한, 선형 스칼라화의 복잡성은 $O(2^n)$이다. 더욱이, 선형 설명으로 인해, 이 방법은 후자가 볼록하지(convex) 않은 경우, 파레토 경계의 구성을 허용하지 않는다. 그러나, 해석 및 사용이 간편한 덕분에, 선호하는 솔루션이다. 이 솔루션은 운영 검색(A*, Dijkstra), 개미 군집 최적화(ACO; Ant Colony Optimization) 및 매개변수 방법을 비롯한, 다수의 최적화 기술을 사용한다. 이 장의 나머지 부분에서는 선형 스칼라화에 적용되는, 이 세 가지 최적화 알고리즘 제품군을 소개할 것이다.

(1) 운영 검색(Operational search)

운영 검색은 의사결정 지원을 제공하는 데 사용되는 합리적인 방법 전체이다. 이러한 방법 중, 일부 방법은 그래프 검색을 수행한다. 우리의 경우, 그래프를 얻기 위해 먼저 검색 공간을 분해한 다음에, 이 그래프 안에서 검색을 수행해야 한다. 이들 방법은 출장 판매원 문제와 같은, 문제에 대한 조합 최적화에 자주 사용된다.

우리의 경우, 이러한 종류의 방법을 사용하여, 거리의 함수로 속도를 나타내는 것으로 정의된 공간을, 하나의 거리 단계와 일정한 속도를 유지하는, 정사각형 셀(cell)로 분해하였다. 이들 두 매개변수는 알고리즘의 필수 매개변수로 계산 시간을 쉽게 줄일 수 있지만, 다른 한편으로는 솔루션 품질에 부정적인 영향을 미칠 수 있다. 정사각형 셀로의 분해는, 알고리즘의 단순성(및 계산 시간 측면에서의 효율성) 측면에서 부인할 수 없는 이점이 있지만, 결과의 정확성에 대한 주요한 약점을 가지고 있다. 사실, 세로축에 차량 속도를, 가로축에 이동한 거리를 나타내는 설명에서, 동일한 저속 셀은 동일한 고속 셀보다 더 긴 시간을 나타낸다.

그래프의 다양한 검색 알고리즘 중에서 다수의 솔루션이 문헌에서 테스트 되었다. 첫 번째로 개발된 두 가지 솔루션, 즉 1959년에 개발된 다익스트라(Dijkstra) 알고리즘(Dijkstra 1959)과 1968년(Hart 1968년) 개발된 A* 알고리즘을 이해하려면, Dijkstra 알고리즘의 작동 원리를 알아야 할 필요가 있다.

1단계: 노드 $w(A) = 0$을 노드의 초기 가중치로 초기화하고, 다른 모든 노드에 대해 $w(x) = \infty$를 초기화하여 시작한다. 여기서 x는 다른 모든 노드를 나타낸다.

2단계: 가장 약한 $w(x)$ 가중치를 가진 원래의 노드에 연결된, 노드 x를 찾는다. $w(x) = \infty$이거나, 더 이상 노드가 없으면, 알고리즘을 중지한다. 그러면 노드 x가 현재 노드가 된다.

3단계: x에 인접하고 y로 식별된, 각 노드에 대해 다음을 계산해야 한다. 만약 $w(x) + W(xy) < w(y)$이면, $w(y)$는 $w(x) + W(xy)$로 업데이트된다. 여기서 W는 인접 노드로 이동하는 비용이다. 그런 다음 x를 y의 부모로 추가한다.

4단계: 최단 경로가 얻어질 때까지 2단계부터 반복한다. 알고리즘 A*는 각각의 잠재적 솔루션에 대한 비용 계산에, 휴리스틱(heuristic)이 추가되는 다익스트라 (Dijkstra) 알고리즘의 확장일 뿐이다. 이 휴리스틱을 사용하면 이 솔루션에 대한 사전 정보가 있는 경우, 최적의 솔루션으로 더 빠르게 수렴할 수 있다. 예를 들어, 공간에서 최단 경로의 경우, 휴리스틱은 유클리드 (Euclidean) 거리가 될 수 있다. 따라서 방해물이 있더라도, 알고리즘은 가능한 한 최단 거리로 끌리게 된다. 따라서 A* 알고리즘의 가장 큰 어려움은, 휴리스틱을 설계하는 것이다. 이 휴리스틱을 설계할 때 주요 기준 중 하나는, 물리적 관점에서 가능한 최소 솔루션을 나타내는 것이다. 그렇지 않은 경우, 알고리즘은 최적의 솔루션이 아니라(이것이 휴리스틱 방법보다 낮은 경우) 휴리스틱 방법으로 수렴할 수 있다.

우리의 응용 사례에서, 휴리스틱은 출발점과 도착점 사이의 물리적 거리, 그리고 일정한 속도로 운전할 때 주행거리에 대한 최소 소비량을 고려하여 결정되었다. 이러한 방식으로, 휴리스틱은 일정한 속도에서의 이동 시간 및 에너지 소비 목표에만 초점을 맞춘, 사전 최적화 프로세스의 결과이다.- 가능한 모든 속도 솔루션을 테스트하고, 그중에서 가장 작은 솔루션을 선택하여, 신속하게 해결한다.

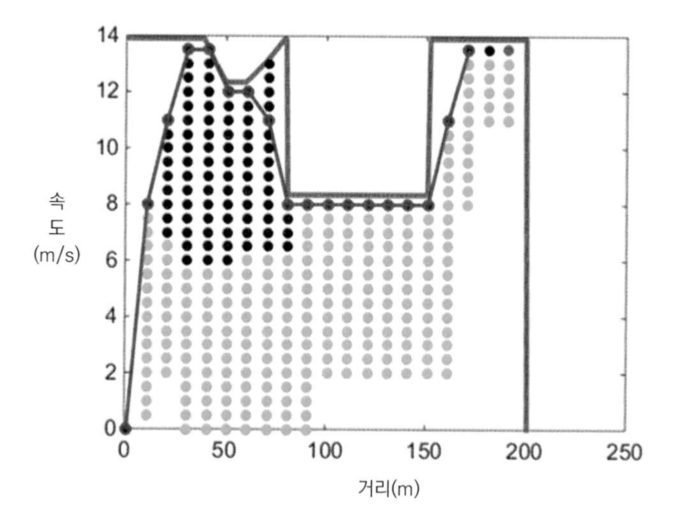

그림 3.18. A* 알고리즘에 의해 수행되는 속도 계획. 녹색은 평가를 위해 열린 지점이고; 검은색은 평가된 지점이고; 빨간색은 최적화 제약 조건; 파란색은 최적 속도 프로필이다.

A* 알고리즘의 구현 결과는 그림 3.18에 제시되어 있다. 이 그래프에서 검색 공간의 소수의 지점이 탐색되었음을 알 수 있다. 실제로 공간은 최대

물리적 또는 법적 속도에 의해 제한되며, 탐색할 수 있는 노드는 차량 동역학(가속)의 물리적 제한, 그리고 운전자(또는 사용자)에 의한 심리적 제한 – 저크(jerk)의 관점에서– 에 의해 억제된다. 그러나 A* 알고리즘이 휴리스틱에 끌릴 때, 반드시 기존 솔루션을 모두 탐색할 필요는 없다. 결과적으로, A* 알고리즘은 다익스트라(Dijkstra) 알고리즘보다 계산 속도가 빠르지만, 휴리스틱이 올바르지 않으면 최적의 솔루션을 찾지 못할 수도 있다.

이들 최적화 방법은 전기 자동차에도 적용되었다. 그러나 이들 차량은 일반적으로 에너지를 재생하는 가능성이 있으므로, Dijkstra 알고리즘은 해결책을 찾지 못하는 것으로 나타났다. 실제로, 전기 또는 하이브리드 구동시스템의 재생 특성은 브랜치(branch)가 부(–)의 비용을 가질 수 있으므로, 부(–)의 루프로 이어질 수 있다(재생된 에너지는 부(–)의 비용에 해당함). 이 경우에, 알고리즘은 이 루프에서 차단된 상태로 유지되고, 최적 솔루션의 비용은 계속 감소한다. A* 알고리즘도 이 이론적인 한계에 부딪히지만, 솔루션 계산이 가능한 것으로 입증되었으며, eFuture 유럽 프로젝트의 틀 안에서 실제로 적용되었다. 그러나, 이것은 선택한 휴리스틱의 특수성 덕분에, 부(–)의 루프의 함정에서 벗어날 수 있었다.

(2) 개미 군집 최적화(Ant colony optimization: ACO)

ACO는 무엇보다도 연료 소비를 줄이기 위한 차량의 최적 속도 프로필을 계산할 목적으로 경영과학(operational research; OR) 방법의 격차를 메우는 데 사용되었다. ACO는 실행시간 고려와 부(–)의 루프 문제를 방지하는 데 더 유망해 보였다. ACO는 차량의 구동장치 유형(전기, 하이브리드 또는 내연기관)과 관계없이 사용할 수 있다. 여기에 프로그래밍이 된 방식으로, 그리고 그래프에서 그래프를 검색하는 것과는 대조적으로, 이 알고리즘은 도달하려는 목표 방향으로만 진행할 수 있다. 따라서 ACO는 실제 애플리케이션에서 구현하기에 더 융통성이 있다. 이러한 이유로, 다중 목표 계획을 달성하기 위해, 선형 스칼라화가 선택되었다. ACO (Colorni 1992)는 도로 조건을 고려하여, 최적의 속도 프로파일을 달성하기 위해, 개미 군집의 경로에서 페로몬(pheromone)의 증발 및 증착을 모방(emulate)한다. ACO는 확률적 최적화 방법이다. 각 단계에서, 개미들은 베이지안(Bayesian) 필터로 표현되는, 확률로 다음의 속도를 선택한다.

$$p_{ij}^{k}(t)=\begin{cases}\dfrac{\tau_{ij}^{\alpha}\cdot\eta_{ik}^{\beta}}{\sum\tau_{ij}^{\alpha}\cdot\eta_{ik}^{\beta}} & \forall j\in S\\ 0 & \forall j\notin S\end{cases} \qquad [3.11]$$

여기서 τ는 이전 개미들의 남아 있는 페로몬의 합이고, η는 새로운 속도에 도달하는 데 드는 비용(비용 함수)이다. τ는 Bayesian 필터에서 사전 정보로 간주할 수 있는 반면에, η는 Bayesian 필터에서 가능도(우도) 함수로 생각할 수 있다. S는 검색 공간, i는 현재 위치, j는 고려 위치, 그리고 k는 현재 위치로부터 도달할 수 있는 다른 위치이다. 우리의 구현에서, 검색 공간은 정점들(vertices)이 개미가 탐색할 수 있는 노드인, 정사각형 셀로 나뉘어진다. 개미 군집은 선택된 시작 지점에서 시작되는데, 이 지점은 알고리즘이 시작될 때 차량의 현재 속도가 될 수 있다. ACO의 장점은 목적지를 훨씬 더 자유롭게 선택할 수 있다는 점이다. 우리의 경우, 도착거리는 정의했지만, 속도는 정의하지 않았다. 개미 군집은 실행을 완료하기 위해, 시작 지점으로부터 거리를 이동하기만 하면 된다.

우수한 성능은, ACO의 주요 매개변수, 즉 선택한 거리와 속도를 조정하여 달성할 수 있다. 따라서, 알고리즘은 속도와 관계없이, 50m 거리에 대해 실시간으로 작동한다. 최적화 비용 함수는 연료 소비, 이동 시간 및 운전 편의성의 세 가지 비용 함수를 기반으로 계산된다. 비용 함수의 각 부분은 차량 속도의 함수로 표현된다. ACO 입력은 초기 속도, 법적 속도, 도로 기울기 및 신호등 정보이다. ACO 출력은 최적의 속도 프로필이다.

ACO를 사용한 최적화의 예는, 가속 시나리오에 대한 그림 3.19에 제시되어 있다. 빨간색 곡선은 ACO가 수렴하는 최적의 속도이다. 모든 파란색 선은 최적화 과정 중에, 일시적으로 최적으로 간주된 속도 프로필이다. 검은색으로 표시된 최대 속도는 상수로 정의되지만, 다른 계획 방법과 마찬가지로, 도로 기하학 및 법적 도로 속도에 따라 달라질 수 있다. 이 특정한 경우에는, 이동 시간에 높은 가중치가 할당되었다.

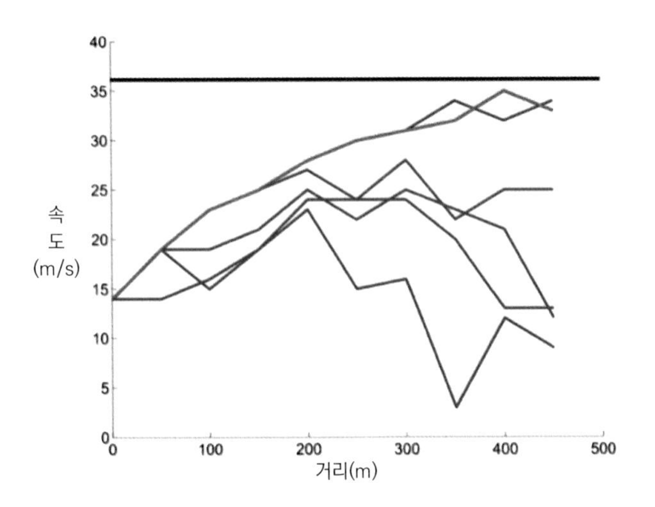

그림 3.19. 개미 군집 최적화 : 가속 시 결과는, 최대 속도로 설정된 비용 함수로 나타난다. 적색은 군집이 수렴한 궤적을, 청색은 군집에 의해 제안된, 다른 프로필을 나타낸다.

이 방법은 IFSTTAR가 개발한, 친환경 운전 보조 스마트폰 애플리케이션의 유럽 프로젝트 ecoDriver에서 사용되었다. 이 방법은 속도계에 녹색 영역의 형태로 운전자가 유지해야 하는 속도의 표시를 제공한다. 알고리즘의 실제 적용에서, ACO는 50m마다 실행을 반복한다.

(3) MOSA(Multi-Objective Simulated Annealing) 매개변수 방법

여기에서는, 실제 차량에 적용하기 위해, 계산 시간 측면에서 훨씬 더 효율적인 것을 목표로 하는, 새로운 방법이 탐구되었다. 이 방법은 궤적 프로파일의 단순화를 기반으로 한다. 이들은 차량의 동역학에 의해서만 제한되는, 일련의 점으로 설명되는 대신에, 5개의 매개변수가 충분한 설명을 제공하는, 기능적 프로파일이다. 이 방법은 더 이상 이산(discrete)이 아니라 연속적(조각별)이며, 공간 분해는 더는 사용되지 않는다. 단점은, 경로가 조각으로 분할되어야 하므로 더는 솔루션의 전체 최적성을 보장하지 않는다는 점이다. 사실, 하나의 함수로 궤적 전체를 설명하는 것은 불가능하다. 그러나 분해를 신중하게 수행하면, 솔루션의 최적 특성을 전체적으로 유지할 수 있다. 따라서, 각 차량 정차 지점에서 공간 분해를 설정하면, 최적성 가설의 유효성을 유지할 수 있다. 그러나, 이 연구에서는, 인프라에서의 속도 변경 제한에 대한 반응과 관련하여, 운전자의 행동을 더 상세하게 설명해 나아가려고 했다.

그림 3.20은 5개의 매개변수에서 얻은, 이론적인 속도 프로파일의 두 가지 예, 그리고 탐색 주기 동안 수행된 관찰 결과의 가속 및 감속 기능을 나타내고 있다.

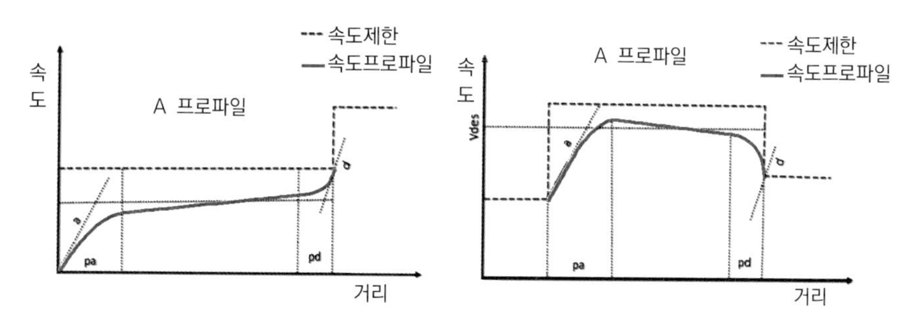

그림 3.20. 기능적 표현과 5가지 매개변수에 의한 부분 궤적 계획. a = 가속 매개변수, d = 감속 매개변수, Vdes = 원하는 속도, Pa 및 Pd = a와 d 매개변수가 적용되는 여정의 일부

사실, 표준 속도 프로파일은 M. Treiber(2000)가 가속 모델에서 구축한 여정의 각 부분에 적용할 수 있다. 이 조각별 분석은 속도 제한 변경의 측면에 따라 4가지 유형의 속도 프로파일이 존재한다고 가정한다.

이 알고리즘의 결과(2017년에 처음 게시된 후 2019년에 확장 버전이 출시됨)(그림 3.21 상단)는 표준 계산 지원에서, 실시간으로 일련의 궤적을 계산하는 알고리즘의 능력을 보여준다. 이 응용 프로그램에서 최적의 속도 프로필은, 차량의 전체 여정에 대해 미리 계산된다. 약 10개의 최적 속도 프로파일이 동시에 실시간으로 계산되어, 알고리즘의 동적 사용을 제안한다. 그런 다음에, 이러한 결과를 A* 알고리즘 또는 Dijkstra 알고리즘과 같은 표준 궤적 계획 방법과 비교하였다(그림 3.21 하단).

획득한 파레토 프런티어의 관찰로부터, 우리는 시뮬레이션 된 조건에서, Dijkstra 알고리즘과 같은 운영 검색(operational search) 알고리즘이, 제안된 알고리즘보다 더 다양한 솔루션을 찾을 수 있지만, 계산 시간 측면에서는 MOSA 알고리즘보다 더 비싸고 덜 효율적임을 알 수 있다. 이 그래프에서, 점은 21명의 인간 운전자가 2회 운전하고, 선택한 경로에서 실제 조건에서 이루어진 주행을 나타내고 있다. 알고리즘이 파레토 프런티어를 반복적으로 벗어났기 때문에, 최적의 인간 행동을 예측하는 것은 불가능하다. 그러나 고속도로 법규를 준수하지 않는 운전자들은 분석에서 제외되지 않았다(속도는 더 짧은 이동 시간을 의미하지만, 에너지 소비는 증가한다). 이 알고리즘은 현재 K. Hamdi(VEDECOM)의 논문에서 개발 중이며, 세부적으로 평가되고 있다.

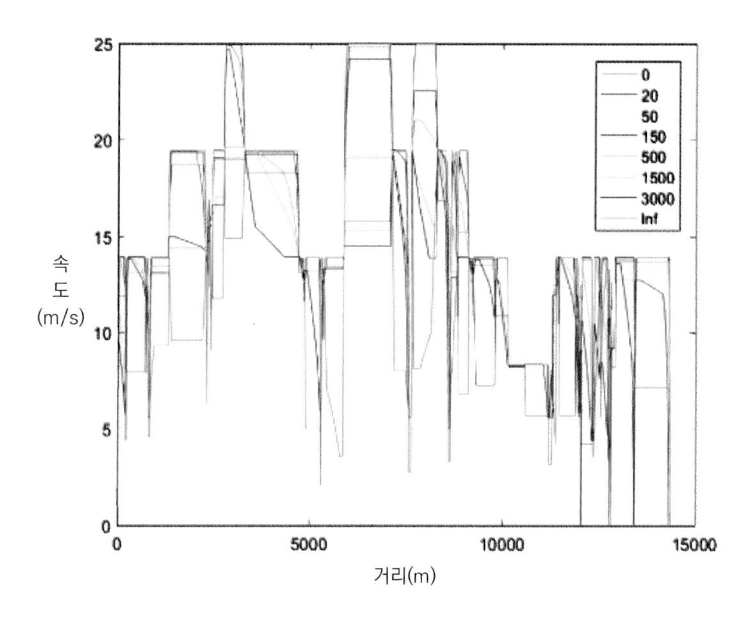

(a): 실시간으로 조각별 최적화를 통해 얻은 결과(Orfila 2017, 2019)

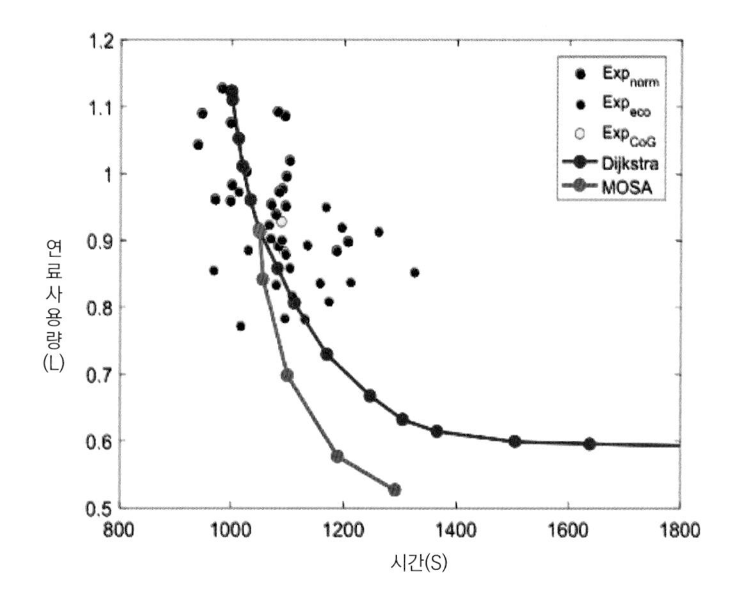

(b: 목표 공간에서의 결과 및 A* 경영과학의 비교)

그림 3.21. 기능적 표현과 5가지 매개변수에 의한 부분 궤적 계획

3.3.2. 비선형 스칼라화 (Nonlinear scalarization)

비선형 스칼라화의 원리에는, 고유하고 전역적인 비용 함수를 결정하는 것도 포함된다. 그러나, 이것은 각 목표에 의존하는 비용 함수의 선형 조합이 아니다. 여기서, 전체 비용 함수는 모든 비용 함수의 비선형 함수이며, 이 전체 비용 함수는 알고리즘 설계자가 정의한다. 한 기능을 다른 기능보다 선호하지 않기 위해서는, 연구하는 분야의 특정 전문 지식이 필요하다. 따라서, 전역 비용 함수 f에 대해 다음 방정식을 얻는다.

$$f = g(f_{i,} \alpha_i) \quad [3.12]$$

이것은 최적해의 집합을 찾기 위해, α_i계수를 변화시켜 최적화 과정을 반복해야 한다고 가정한다. 다음에서는, 유전자 알고리즘을 기반으로 하는, 이 전략의 적용을 제시한다.

(1) 유전 알고리즘(Genetic algorithm)

비선형 스칼라화 방법은 설계자의 선택에 매우 민감하기 때문에, 2013년부터 몇 가지 다른 기술이 구상되기 시작했다. 따라서 2009년 Olivier Orfila의 논문에 자세히 설명된, 첫 번째 솔루션이 개선되어 2013년에 발표되었다. 이 개선된 솔루션은 유전 알고리즘(Goldberg 1989)의 사용에 기반하며, 도로 안전, 이동 시간 및 안락성을 목표로 하는 차량의 종방향 및 횡방향 궤적을 계획한다. 또한, 이 알고리즘은 인간과 같은(human-like) 궤적 계획을 재현하며, 궤적은 가시거리를 따라 영구적으로 계획되며, 반응 거리에 따라 다음 알고리즘에 제시된 바와 같이 업데이트된다.

Algorithm 1 EWA Algorithm

Require: Initial conditions (speed, position)
Ensure: Optimized trajectory for complete itinerary

```
while End of itinerary not reached do
  while a_max ≠ a_min do
    Optimize trajectory on D_vis to a_max
    Optimize trajectory on D_vis to a_min
    if N_{a_max} > N_{a_min} then
      a_min = a_min + k a_min
    else
      a_max = a_max − k a_max
    end if
  end while
  Save trajectory start on D_reac
end while
Exit optimized trajectory
```

조향휠 각도는 유전자 알고리즘으로 직접 최적화한다. 이 알고리즘은 무작위 초기 모집단을 생성한 다음, 교차 세트(set of crossing)를 반복한다. 교차 확률은 각 솔루션의 평가, 돌연변이, 그리고 무작위 개인의 삽입에 따라 달라진다. 계산 시간상의 이유로, 이분법(dichotomy)을 사용하여 속도를 최적화한다. 각 솔루션 i에 대한 전체 비용 함수는 다음 공식으로 주어진다.

$$f(i) = \eta . \sum_{j=1}^{\eta_{genes}} [((x(j), y(j)) \in R_0) \wedge (a_y \leq a_{cond}) \wedge (|\alpha_j| \leq \alpha_{\max})] . 100 . (\eta_{genes} - j)^3 + (1-\eta) . T \quad \text{-- [3.13]}$$

여기서 j는 개인의 유전자 인덱스, n_{genes}는 각 개인을 설명하는 유전자의 수, $(x(j),\ y(j))$는 연구된 유전자에 해당하는 점의 좌표계에서 공간적 위치, R_0는 차선에 속하는 모든 점, a_y는 차량의 횡방향 가속도, a_{cond}는 운전자가 지지하는 가속도 제한, α_j는 차량의 드리프트, $\alpha_{\max}$는 차량의 최대 드리프트, T는 개인의 이동 시간, 그리고 η는 0과 1 사이의 계수이다.

표현 $[((x(j), y(j)) \in R_0) \wedge (a_y \leq a_{cond}) \wedge (|\alpha_j| \leq \alpha_{\max})]$는 부울(Boolean)로 3가지 기준이 검증될 때 1이다. 3가지 기준은 교통 차선의 존재, 운전자의 가속 한계보다 작은 가속도, 그리고 차량의 최대 드리프트보다 작은 치량 드리프드이다.

그림 3.22는 차량의 역동성을 위해, 곡률반경이 40m 미만이고, 제한속도가 90km/h인, 특별히 까다로운 도로에서 이 알고리즘의 결과를 나타내고 있다.

이 연구는 70km/h 미만의 속도에 대한 실시간 솔루션을 계산하는, 알고리즘의 능력을 보여주었다. 따라서 기준 역할을 할 수는 있지만, 현재 실제 고속 조건에서는 사용하기는 어렵다. 이 알고리즘이 작동하면 지렁이의 움직임처럼 보이기 때문에, EWA(Earth Worm Algorithm)라고 한다.

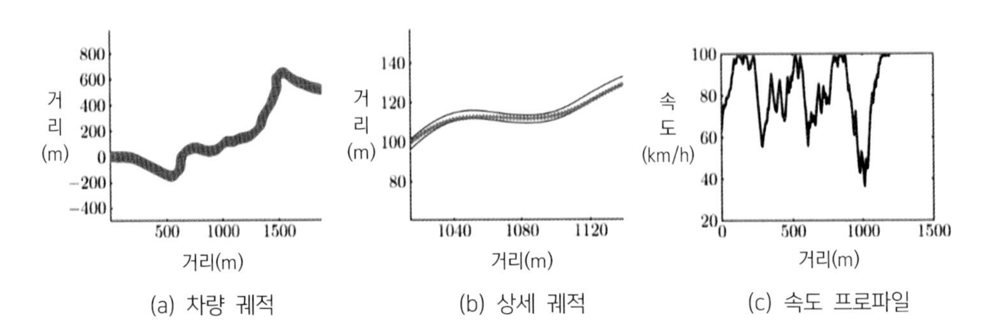

그림 3.22. 비선형 EWA 스칼라화에 의한 다중 목표 궤적 계획

알고리즘의 수많은 매개변수에 대한 민감도 분석이 수행되었으며 Olivier Orfila(2009)의 논문에서 찾을 수 있다.

3.3.3. 이상적인 방법(Ideal methods)

한 번에 하나의 솔루션을 찾는 스칼라화 방법과 달리, 이상적인 방법은 잠재적 솔루션이 상호 작용하도록 하여, 파레토 경계를 결정하려고 한다. 따라서, 파레토 경계는 전체 솔루션의 점진적인 수렴이다. 그림 3.23은 이상적인 방법으로 얻은 '솔루션' 수렴을 나타내고 있다.

일반적으로, 진화 알고리즘을 기반으로 하는 이상적인 방법이 많이 있으며, 기본적으로 솔루션의 개체군이 최적의 개체군으로 진화하도록 한다. 이러한 유형의 이상적인 방법의 기본 원칙은 비용 함수에서 직접 솔루션을 평가하는 것이 아니라, 솔루션의 강도와 밀도를 기반으로 하는, 새로운 적응 척도에서 솔루션을 평가한다.

- **원시 평가** (Raw evaluation): 솔루션의 원시 평가는 주요 특성에 따라 결정된다. 하나의 솔루션이 다른 솔루션을 더 많이 지배할수록, 원시 평가가 더 중요해진다. 따라서, 이 원시 평가는 비용 함수의 값에 따라 달라진다.
- **다양성** (Diversity): 솔루션의 다양성은, 목표(objective) 공간의 동일한 부분에 솔루션의 집중으로부터 추정된다. 목표 측면에서 솔루션이 멀면 멀수록, 다양성 기준은 더 약해진다.

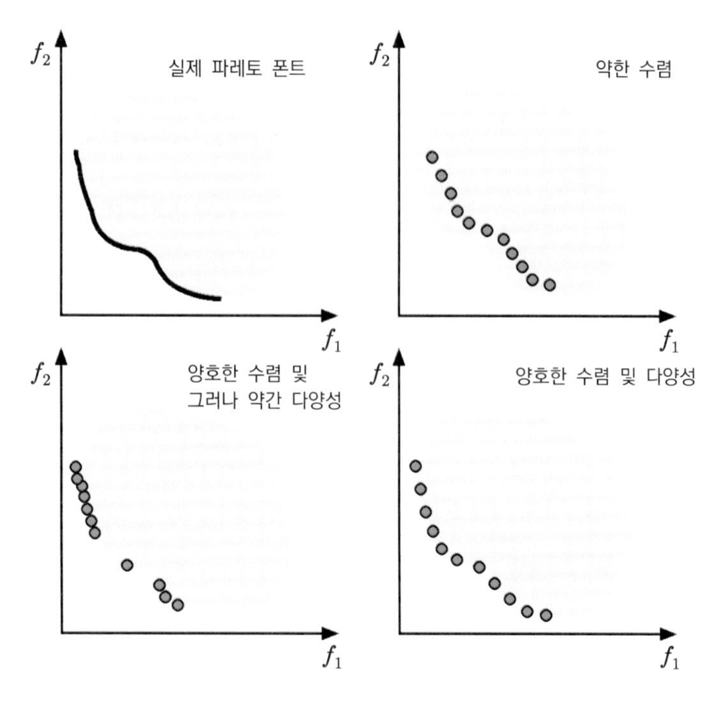

그림 3.23. 파레토 경계 수렴 및 가능한 문제

(1) 강도 파레토 진화 알고리즘 2(SPEA2)

Olivier Orfila가 개발한 SPEA2(Zitzler 2001)로부터 파생된, 알고리즘은 비선형 스칼라화 문제, 즉 조향핸들의 각도와 속도를 계획하지만, 다른 다중 목표 최적화 방법을 사용하는 문제들을 다시 참조한다. SPEA2 알고리즘은 목표 공간에서 주변 솔루션의 강도와 밀도를 기반으로 모집단의 각 개인을 평가한다. 따라서 비용 함수는 다음과 같이 정의된다.

$$f(i) = R(i) + D(i) \quad [3.14]$$

여기서 $f(i)$는 비용 함수, $R(i)$는 솔루션의 지배적인 측면에 따른 원시 적응, $D(i)$는 솔루션 밀도의 평가이다.

솔루션의 원시 적응은, 솔루션을 지배하는 적응 솔루션을 합산하여 평가한다. 이것은 비지배 솔루션에 대해 눌(null) 평가를 제공하는 재귀 알고리즘이며, 후자는 시작점으로 다음 방정식을 사용하여 계산한다.

$$R(i) = \sum_{j \in P \cup A,\, j \geq i} S(j) \qquad [3.15]$$

여기서 P는 전체 모집단이고, A는 유전 알고리즘의 세대에 걸쳐 나타난, 최상의 솔루션의 아카이브이다.

각 솔루션에 대해, 이 솔루션과 다른 솔루션 간의 거리를 분류하여, 솔루션 밀도를 평가한다. k번째로 가장 먼 솔루션이, 지표로 선택된 솔루션이다. 일반적으로 받아들여지는 k값은 $k = \sqrt{|P \cup A|}$ 이다. 이제, 밀도 지표 $D(i)$는 다음 식으로 계산한다.

$$D(i) = \frac{1}{\sigma_i^k + 2} \qquad [3.16]$$

여기서 σ_i^k는 목표 공간에서 개인 i와 k번째로 가장 가까운 이웃 사이의 거리이다.

그림 3.24와 같이 알고리즘의 원리는 EWA 알고리즘처럼 동작한다. 즉, 가시거리(운전자의 인지에 해당)에 따라 궤적을 계획하고, 그다음에 거리 반응(시간 지연에 해당)에 대해 계획된 부분만 유지한다.

그림 3.25는 알고리즘을 반복하는 동안, 현재 파레토 경계(빨간색)가 실제 파레토 경계 쪽으로 수렴하려고 시도하는 것을 나타내고 있다. 여기에서 세 가지 목표(에너지 소비, 이동 시간 및 안전)가 서로 경쟁한다.

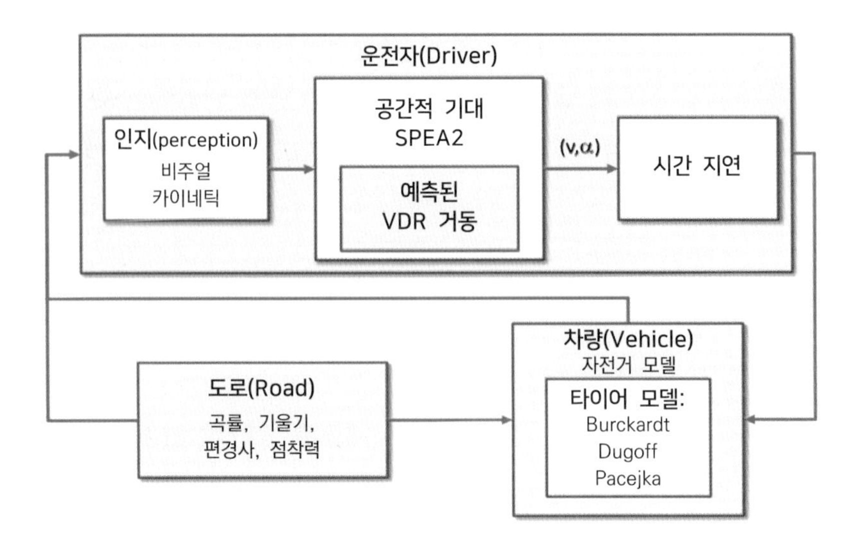

그림 3.24. 다중 목표 계획 알고리즘의 블록선도
Strength Pareto Evolutionary Algorithm 2(SPEA2) 기반

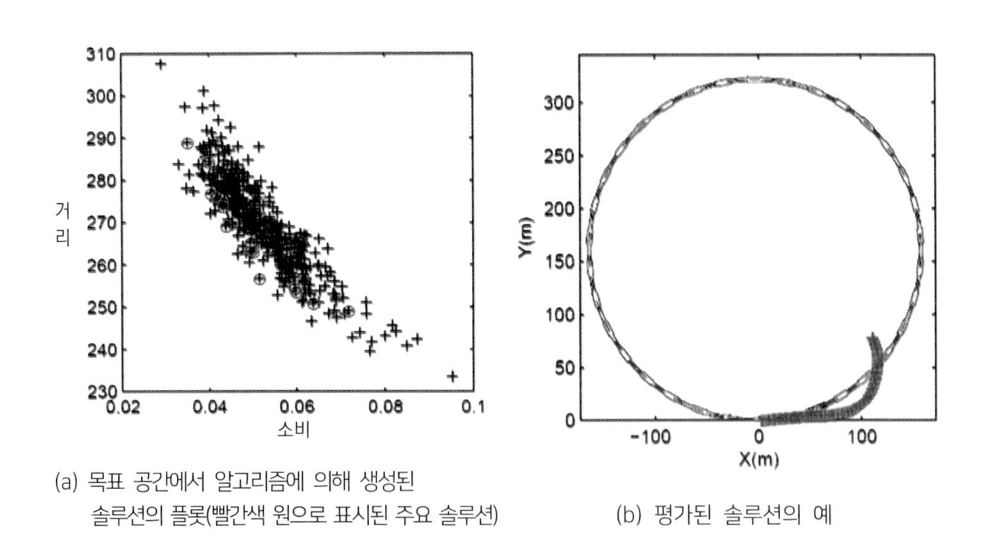

(a) 목표 공간에서 알고리즘에 의해 생성된 솔루션의 플롯(빨간색 원으로 표시된 주요 솔루션)

(b) 평가된 솔루션의 예

그림 3.25. Strength Pareto Evolutionary Algorithm 2(SPEA2)에서 파생된 알고리즘의 결과이다.

3.3.4. 다중 목표 계획 방법 요약 (Summary of multi-objective planning methods)

계획 방법을 개발하는 동안, Java 속도 계획 라이브러리가 개발되었다. 이 라이브러리에는 A*, Dijkstra, CO 및 유전 알고리즘 방법이 포함되어 있다. 이 라이브러리는 최적의 속도 프로필을 생성하기 위해, 오프라인에서 ecoDriver 프로젝트에 사용되었다. 이 라이브러리는 MapQuest API(Open Street Map 미러 데이터베이스)와 연결되므로, 지도에서 직접 선택한 출발지와 목적지를 사용하여 속도 프로필을 생성할 수 있다. 표 3.1은 이 장에 제시한 다양한 궤적 계획 방법의 요약이다. 이들은 다양한 최적화 방법과 주요 다중 목표 최적화 방법(선형 스칼라화, 비선형 스칼라화, 이상적인 방법)을 포함하고 있다.

3.3.5. 고급 정보(High level information)

앞에서 보았듯이, 다중 목표 궤적 계획을 사용하면, 파레토 경계를 구축하여 최적의 솔루션 세트를 생성할 수 있다. 그러나 실제로 차량에 적용해야 하는 궤적을 알 수는 없다.

Deb(2009)는 다중 목표 최적화에 관한 그의 책에서 적용해야 하는 궤적을 선택할 수 있으려면, 고급 정보를 사용하는 것이 절대적으로 필요하다고 생각하는 질문을 부분적으로 다룬다. 이 고급 정보(그림 3.26 참조)는 시스템 사용자, 시스템 설계자 또는 외부 의사 결정자가 제공할 수 있는 지식에 해당한다.

표 3.1 다중 목표 계획 방법 요약

Algorithm	Optimization Method	Optimization variables	Costfuncti ons	Multi-objectives	Comments
A* ICE (Internal Combustion Engine)	Operational search	Speed V(s) function of curvilinear abscissa	Travel time, energy use	Linear scalarization	Barely efficient decomposition by square cells
A* electric	Operational search	Speed V(s) function of curvilinear abscissa	Travel time, energy use	Linear scalarization	Space decomposition into square cells, negative loop effects not compensated by A* heuristics
Dijkstra	Operational search	Speed V(s) function of curvilinear abscissa	Travel time, energy use	Linear scalarization	Space decomposition into square cells, impossible in real-time (too long computation time)
ACO	Ant colony optimization	Speed V(s) function of curvilinear abscissa	Travel time, energy use, comfort	Linear scalarization	Space decomposition into square cells, fast calculation, highly sensitive to parameters (number of ants in the colony)
MOSA	Simulated annealing	Initial acceleration α, desired speed V_d, final deceleration	Travel time, energy use	Linear scalarization	Piecewise trajectory, parametric representation of solutions, sub-optimal structure
EWA	Genetic algorithm	Acceleration vs time $a(t)$, steering wheel angle vs time $\alpha(t)$	Safety, travel time, comfort	Non-linear scalarization	Vectorial representation, costly calculation
SPEA2	Genetic algorithm	Acceleration vs time $a(t)$, steering wheel angle vs time $\alpha(t)$	Travel time, energy use, comfort	Ideal method	Trajectory vectorial representation

스칼라화 방법에서, 이 정보는 최적의 궤적을 계산하기 전에 사용할 수 있지만, 상위 수준 정보가 달라지면 다시 계산해야 할 수도 있다. 이상적인 방법에서는 일반적으로 궤적을 계산한 후에 고급 정보를 사용하므로, 고급 정보가 변경될 때 집합은 더 역동적이지만, 계산 시간이 더 오래 걸린다. Olivier Orfila의 자동화 차량에 관한 다중 목표 계획 문제 연구의 맥락에서, 상위 수준의 정보를 결정하기 위한 몇 가지 옵션이 고려되었다.

- **수동 튜닝** (Manual tuning): 운전자가 할 수 있는 주행 스타일 선택 형태. 분명하게, 이것은 개인용 차량(개인 차량, 개인택시)의 경우에만 가능하다.
- **선택할 경로의 자동 학습**: 자율주행 모드를 포함하고 있는 공유 주행 차량의 경우, 그러나 사용자가 다시 제어할 수 있는 경우에는 다중 목표 계획 알고리즘의 출력을, 인간 운전자가 선택한 궤적 알고리즘

과 비교하여, 인간 운전자 학습 선호도를 설정할 수 있다. 그러나 운전자가 궤적을 받아들일 수 있다고 하더라도, 운전자가 승객이 되었을 때 그 궤적이 선택되리라는 것을 증명할 수 있는 것은 아무것도 없다.

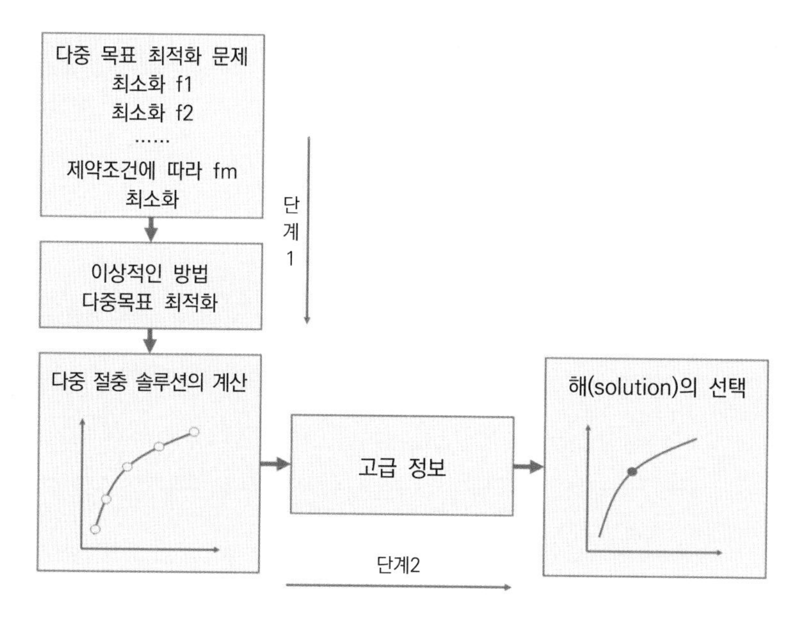

그림 3.26. Deb(2009)에 따른, 다중 목표 궤적 계획에서 고급 정보의 위치

3.4. 차량에 관한 다중 에이전트 계획에 대한 결론: 계획의 미래
(Conclusion on multi-agent planning for a fleet of vehicles: the future of planning)

고립된 방식으로 차량의 궤적을 구축하는 것은, 우리가 이 장의 시작 부분에서 언급한, 점근적(asymptotic) 안정성 문제뿐만 아니라, 이러한 방식으로 설계된 자율주행 차량의 대규모 효율성 문제를 제기한다. 따라서, 단

독으로 개발된 전략의 영향을 사전에 평가하고, 도로 네트워크를 위한 최적의 시스템을 설계하는 것이 중요하다. 다중 목표 최적화 고려 사항을 참작, 다중 에이전트 시스템에 대한 계획을 설계하는 것은 흥미로울 것이다. 생체 영감(bio-inspiration)은 격리된 개별 차량의 궤적 플래너(planner)를 개발할 때는 매우 직관적일 수 있지만, 이를 차량 집단(fleet of vehicles)에 적용하는 경우는 매우 복잡하다. 그러나, 기존 방법은 이러한 문제들을 처리하는 데 완벽하게 효과적일 수 있다. 이러한 방법들은 입자 군집(particle swarm) 최적화(메타휴리스틱 기반 방법)의 경우처럼, 종종 생체에서 영감을 받았다. 많은 방법과 다중 에이전트 아키텍처가 있어, IFSTTAR와 우리는 2018년에, 기존 차량을 포함한 혼합 교통 조건에서 자동화되고 연결된 차량 집단을 감독하는 방법에 대한 두 가지 새로운 연구(J. Leroy 및 M. Tu의 논문)를 시작했다. 이 연구는 Dominique Gruyer, Nour-Eddin El Faouzi 및 Olivier Orfila가 지도하고 있다.

Tongji University(중국 상하이)와 공동으로 지도한 Meiting Tu의 논문에서 얻은 첫 번째 결과는, 중국 쓰촨성 성도인 Chengdu 시의 택시-공유 여행을 최적화하기 위한 연구에서 차량 감독의 잠재력을 제시하였다. 회사(Didi Chuxing)는 한 달 동안 50,000대의 차량에 대한 데이터를 제공했으며, 그중 일부는 공유 접근 권한이 있다. 이를 통해 새로운 감독 전략의 영향에 관한 연구를 수행할 수 있었고, 시스템의 전반적인 효율성을 높일 수 있었다(여정을 줄이거나 사용자 절약을 최대화하여, 공유 여정을 최대화). 두 번째 연구 라인과 관련하여, 일반 메타 모델이 개발 중이다. 이 모델은 '인간', '인간과 의사소통', '자동화', 그리고 마지막으로 '자동화와 연결'과 같은 다양한 주행 모델로 나눌 수 있다. 혼합 교통 상황에 적용되는 이러한 모델들은, CAV(Connected Automated Vehicle; 연결 기반 자율주행차량)를 조정 및 최적화 변수로 사용하여, 교통 규제를 위한 상위 수준의 더 국제화한 전략 개발에 접근을 가능하게 한다.

chapter03 참고문헌

Bounini, F., Gingras, D., Pollart, H., Gruyer, D. (2017). Modified artificial potential field method for online path planning applications. IEEE Intelligent Vehicles Symposium 2017(IV 2017), June 11-14, Crown Plaza, Redondo Beach, CA, USA.

Claussmann, L. (2019). Motion planning for autonomous highway driving: A unified architecture for decision-maker and trajectory generator. PhD Thesis, University of Paris, Saclay, France.

Colorni, A., Dorigo, M., Maniezzo, V., Varela, F.J., Bourgine, P. (1992). Distributed optimization by ant colonies. Proceedings of ECAL91 - European Conference on Artificial Life, Paris, France.

Deb, K. (2009). Multi-objective Optimization Using Evolutionary Algorithms. Indian Institute of Technology, Kanpur, India.

Dijkstra, E.W. (1959). A note on two problems in connexion with graphs. Numerische Mathematik, 1, 269-271.

Goldberg, D.E. (1989). Genetic Algorithms in Search, Optimization and Machine Learning, 1st edition. Addison-Wesley Longman Publishing Co., Inc., USA.

Gruyer, D., Cord, A., Belaroussi, R. (2013). Vehicle detection and tracking by collaborative fusion between laser scanner and camera. IEEE/RSJ International Conference on Intelligent Robots and Systems IROS'13.

Hart, P.E., Nilsson, N.J., Raphael, B. (1968). A formal basis for the heuristic determination of minimum cost paths. IEEE Transactions on Systems Science and Cybernetics, 4(2), 100-107.

Jouandet, M. and Gazzaniga, M.S. (1979). The frontal lobes. In Handbook of Behavioral Neurobiology, Volume 2, Gazzaniga, M.S. (ed.). Plenum, New York, USA

LaValle, S.M. (2006). Planning Algorithms. Cambridge University Press, Cambridge, UK.

Michon, J.A. (1979). Routeplanning en geleiding: Een literatuurstudie. Institute for Perception TNO, Soesterberg, The Netherlands.

Orfila, O. (2009). Influence de l'infrastructure routiée sur l'occurrence des pertesde contrôe de véhicules légers en virage : modélisation et validation sur siteexpérimental. Mémoire de thèse, Université d'Evry, France.

Orfila, O. (2011). Impact of the penetration rate of ecodriving on fuel consumption and traffic congestion. YR, Copenhagen, Denmark.

Owen, A.M. (1997). Cognitive planning in humans: Neuropsychological, neuroanatomical and neuropharmacological perspectives. Progress in Neurobiology, 53, 431-450.

Rajamani, R. (2006). Vehicle Dynamics and Control. Springer, Cham, Switzerland.

Revilloud, M., Gruyer, D., Pollard, E. (2013). A new approach for robust road marking detection and tracking applied to multi-lane estimation. IEEE IV 2013, Gold Coast, Australia.

Sattel, T. and Brandt, T. (2008). From robotics to automotive: Lane-keeping and collision avoidance based on elastic bands. Vehicle System Dynamics, 46(7), 597-619.

To, T., Meinecke, M., Schroven, F., Nedevschi, S., Knaup, J. (2008). CityACC - On the way towards an intelligent autonomous driving. Proceedings of World Congress of the International Federation of Automatic Control, 6-11.

Treiber, M., Hennecke, A., Helbing, S. (2000). Congested traffic states in empirical observations and microscopic simulations. Physical Review E, DOI:10.1103/PhysRevE. 62.1805.

Vanholme, B. (2012). Highly automated driving on highways based on legal safety. PhD Thesis, Université d'Evry-Val d'Essonne, France.

Vanholme, B., Lusetti, B., Gruyer, D., Glaser, S., Mammar, S. (2011). A highly autonomous driving system on automotive microprocessors. IEEE ITSC 2011, October 5-7, The Georges Washington University, Washington D.C., USA.

Wolf, M.T. and Burdick, J.W. (2008). Artificial potential functions for highway driving with collision avoidance. IEEE International Conference on Robotics and Automation (ICRA), pp. 29, 30 and 46.

Zitzler, E. (2001). Spea2: Improving the performance of the strength pareto evolutionary algorithm. Paper, Computer Engineering and Communication Networks Lab (TIK), Swiss Federal Institute of Technology (ETH) Zurich, Switzerland

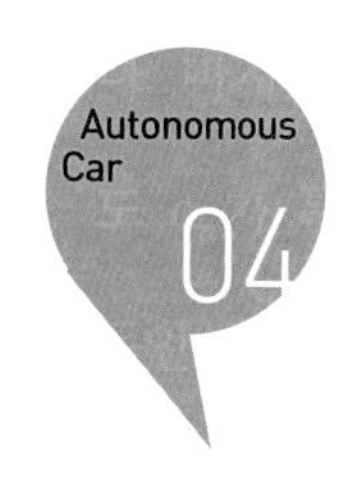

가상에서 실제로, 연결 기반 자율주행차량을 위한 ADAS의 프로토타이핑, 테스트, 평가 및 검증 방법은?

From Virtual to Real, How to Prototype,Test, Evaluate and Validate ADAS for the Automated and Connected Vehicle?

4.1. 현황과 목표 (Context and goals)

지난 10년 동안, 차량정보 시스템 및 내장 센서 기술의 급속한 발전은, 다수의 자동차 제작사와 연구소들이, 능동적이고 협력할 수 있는 복잡한 내장형 시스템(ADAS: Advance Driving Assistance Systems)의 프로토타이핑, 테스트 및 평가 수단을 찾아야 할 필요성이 증가하고 있음을 확인하는 계기가 되었다. 2014년부터, EuroNCAP은 형식승인 과정에서 '안전보조장치'이라는 제목으로 그룹화되고 최종 등급의 20%를 차지하는, 다수의 운전자 지원 시스템을 통합하였다. 이러한 시스템 중에서는 예를 들어 AEB(보통은 Autonomous Emergency Braking)가 있다.

※ 이 장의 집필자는 Dominique GRUYER, Serge LAVERDURE, Jean-Sébastien BERTHY, Philippe DESOUZA 및 Mokrane HADJ-BACHIR이다.

그러나, 테스트와 검증 과정은 소수의 사용 사례(AEB의 경우 3개)로 제한되거나, 자동차 제조업체에서 제공한 데이터로만 작동한다(이는 차선 유지 애플리케이션의 경우). 그러나, 도로 안전과 상황의 위험은 이러한 내장(embeded) 시스템의 신뢰성과 견고성, 그리고 이들에 의해 검색된 정보와 직접적인 관련이 있다. 최근 몇 년 동안, 우리는 이러한 소위 '지능형(intelligent)' 운전 보조 시스템의 사용에 필요한 센서가, 점점 더 보편화되고, 많아지고, 복잡해지는 것을 보아왔다. 정보처리, 의사결정, 제어/명령(부분, 전체 및/또는 공유 운전 자동화 시스템 설계에 포함된)을 위한 응용 프로그램 및 알고리즘의 성능과 품질을 평가하려면, 절차, 측정 도구, 그리고 지상 실측 정보(ground truths)를 개발해야 한다.

테스트해야 할 상황의 다양성(기후, 기반 시설, 센서 등의 가능한 성능 저하 및 불리한 조건을 고려)의 관점에서, 테스트 트랙에서만 이러한 테스트를 수행하는 것이 점점 더 어려워지고 있다. 따라서, 많은 상황과 데이터를 고려할 수 있도록, 대체 솔루션과 무엇보다도 보완 솔루션을 찾아야 한다. 이를 위해, 테스트 및 시뮬레이션 도구와 플랫폼의 사용이 필수가 되고 있다. 또한, 이용할 수 있고 무엇보다도 유효한 결과를 얻으려면, 이러한 모든 테스트 및 시뮬레이션 도구에 접속할 수 있어야 한다. 물론, 이러한 도구들에 대해 인간적인 측면을 고려하면, 문제가 더 복잡해지고, 가능한 한 현실에 근접할 수 있는 실시간 작업이 필요하다. 사전 인증을 고려하면, 능동적이고 협력적인 ADAS 또는 AdCoS(Adaptive Cooperative Human-Machine Systems)의 평가는 자동 운전 애플리케이션의 주요 문제이다.

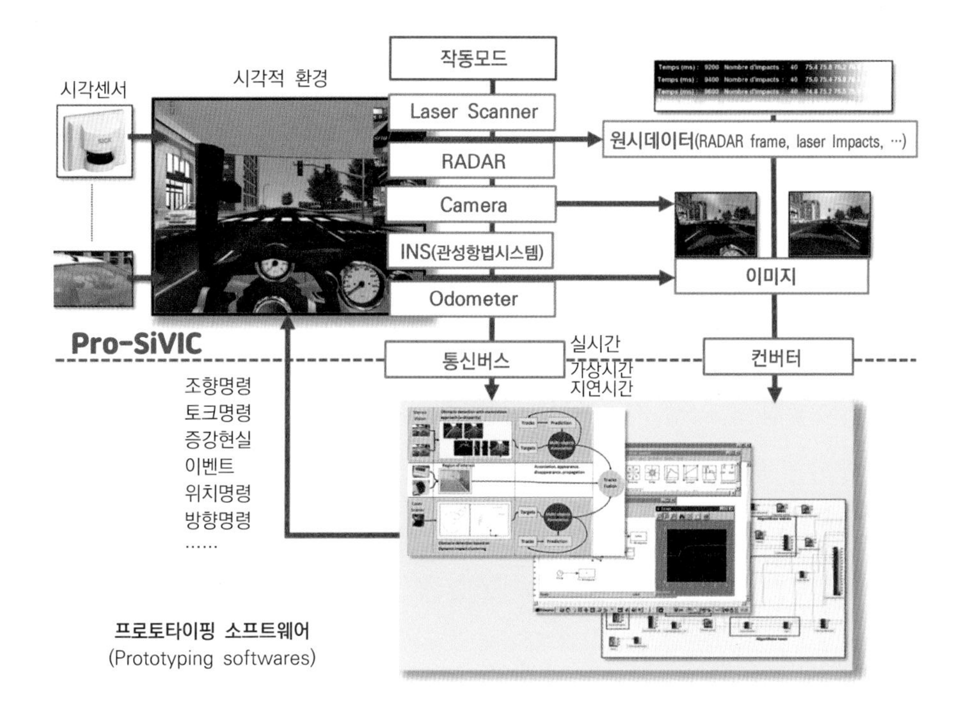

그림 4.1. 가상(Virtuality), 복잡하고 반복되는 자동화된 이동 시스템의 프로토타이핑 및 테스트를 위한 대안 솔루션

사실, 더 전통적인 ADAS와 비교할 때 AdCoS를 설계하고 평가하는 접근 방식은, 이들 시스템의 '적응형(adaptive)' 특성에 내재된, 특정한 어려움을 나타내고 있다.

그들의 강점은 실시간으로 운전 상황에 적응하는 능력에 있는 반면에, 인간과 더 잘 협력하고 실제 요구를 충족시키기 위해, 적응 능력은 무한한 가변성의 원천이기도 하며, 이는 결국 평가와 검증 측면에서, 실질적인 도전을 제기한다. AdCoS를 검증하는 작업은 기능과 효율성을 이해하기 위해 '(시뮬레이션 된 또는 실제) 인간과의 상호 작용에서' 테스트할 수 있다는 것을 전제로 한다. 그리고 동시에 철저한 안전 조건에서, 자동화 시스템에서 분리되고 운전 임무를 담당하는 사람이 인수하는 것과 관련된, 최종 운전자가 만들 수 있는 다양한 상황, 관행 및 잠재적 사용을 인정하는 것을 전제로 한다.

실현해야 할 목표는 더 이상 그 자체로 '기술적' 인증이 아니라 '인간 사용의 관점에서' 이 기술을 인증하는 것이다. 현재 AdCoS의 설계, 개발 및 평가에 대한 이들 테스트를 수행하기 위한, 일반적인 설계 프로세스, 표준화된 방법 및 통합 시뮬레이션 도구가 거의 없다. 이는 ADAS 및/또는 통신 수단이 완전히 또는 부분적으로 장착된 차량에서 능동적인 AdCoS 상호 작용을 평가할 때도 마찬가지이다. 우리가 제안하는 Pro-SiVIC 시뮬레이션 플랫폼은 의심할 여지없이, 다음을 통해 첫 번째 대안적이고 효과적인 솔루션을 제공한다.

- 크고 풍부한 일련의 중요한 시나리오에서, 시스템 또는 '시스템들의 시스템'을 평가하기 위해, 실제 세계를 여행하는 데 필요한 킬로미터 수를 줄인다. 중요한 시나리오에는 인프라(도로 측) 품질 저하, 기후 조건, 센서 및 알고리즘이 포함될 수 있다.
- 운전 조건 및 장비의 반복성과 재현성을 보장하고,
- 신뢰할 수 있고 정확한 '지상 실측 정보'를 생성하여, ADAS, PADAS(부분 자율주행 지원 시스템) 및 AdCoS의 성능을 측정하고,
- 모니터링 고려 사항, 인간-기계 협력, 그리고 최종 운전자가 이러한 AdCoS를 사용할 수 있는 방법에 관한 시뮬레이션 사례를 포함하여, 인간 및 인지적(cognitive) 엔지니어링 측면을 통합한다.

이 장에서는, 위에 나열된 문제를 해결하기 위해, 이 대안적인 업스트림 시뮬레이션 솔루션을 제시할 것이다. 이 솔루션은 Pro-SiVIC 플랫폼의 사용을 기반으로 한다. 이 상호 운용 가능한, 모듈식 동적 플랫폼을 통해, ADAS 평가 및 검증 프로세스를 구현하는 동안에 부과된 제약 조건에 완벽하고 효율적으로 대응할 수 있다. 이 장은 일반 아키텍처를 제시하는 것으로 시작하고, 시뮬레이션 된 환경과 모델링 된 센서의 높은 수준의 대표성을 보장하기 위해, 이러한 시뮬레이션 플랫폼에서 구현하는 데 필요한 주요 기능을 계속 열거할 것이다.

또한 몇 가지 응용 사례를 제시할 것이다. 이들 예는 시제품 제작(prototyping), 테스트, 그리고 능동적이고 협력적인 ADAS 평가를 위한 시뮬레이션의 효율성을 강조할 것이다.

4.2. 일반 동적 및 분산 아키텍처 (Generic dynamic and distributed architecture)

4.2.1. 개요 (Introduction)

(부분 또는 전체) 연결 기반 자율주행차량 시스템의 시뮬레이션에는 다수의 소프트웨어 도구와 하드웨어 주변 장치의 어셈블리를 구현해야 할 필요가 있다.

이 아키텍처는 검증/평가 목적으로 시스템이 배치된, 환경의 풍부함에 따라 달라질 것이다.

실제로, 이 환경을 만들고 강화하기 위해 몇 가지 모듈이 고려된다.

- 교통 시뮬레이션 모델 및 애플리케이션

- 차량 동역학 시뮬레이션 모델 및 애플리케이션
- 차량 내장형 센서의 모델 및 모듈
- 데이터 처리 및 제어/명령 알고리즘
- C-ITS(Cooperative Intelligent Transport Systems; 협력 지능형 교통 체계)용 모델 및 통신 모듈
- 시각적 렌더링, 다양한 시뮬레이터 및 모델의 조직화/동기화(orchestration/synchronization), 이벤트 관리, 그리고 자원 관리(그래픽, 표면 등가 레이더(SER: Surface Equivalent Radar)), 양방향 반사율 분포 함수(BRDF: Bidirectional Reflectance Distribution Function) 등을 가능하게 하는 시뮬레이션 엔진.

이들 모듈이 서로 상호 연결되는 것 외에도, Pro-SiVIC 및 더 나아가 시뮬레이션 플랫폼에서는 루프에서 인간과 상호 작용할 수 있는 기능과 같은, 다른 요구 사항들을 고려해야 한다. 운전자, 승객 또는 도로 장면의 주요 구성 요소(보행자, 자전거 타는 사람, 다른 사용자 등).

인간과 상호 작용하기 위해, 플랫폼에 특정한 수의 주변 장치를 추가하여 장면에 몰입하고, 상호 작용할 수 있도록 해야 한다. 원하는 몰입감, 시각적 렌더링 및 선호하는 피드백의 품질에 따라, 다양한 장비를 시뮬레이션 플랫폼에 연결할 수 있어야 한다. 이것은 단순한 조향핸들과 페달에서 시작해서, 차량의 동역학을 대표하는 움직임을 재현하기 위한 다이내믹 시뮬레이터에 이르기까지 다양하다. 점점 더 인간과의 상호 작용을 하기 위해서는, 몰입형(가상현실 헬멧) 및 촉각(haptic) 수단(힘 피드백 시스템, 진동 시스템 등)의 사용이 필요하다.

시뮬레이션 플랫폼 구축을 위한 아키텍처의 선택을 제한하는 마지막 고려 사항은, '실시간(real time)' 시뮬레이션을 실행할 수 있는 능력이다. 그러나, 특정 모델(차량 동역학, 센서 모델 등)의 대표성, 풍부함 및 복잡성에 따라, 다수의 프로세서 코어 또는 다수의 컴퓨터에 계산을 분산해야 할 수도 있다. 이러한 계산 분산을 통해, 계산 또는 모델의 실행을 효율적으로 가속할 수 있을 것이다.

4.2.2. 상호 운용 가능한 플랫폼(An interoperable platform)

개요에서 언급했듯이, 서로 다른 도구와 모델을 상호 연결해야 하는 필요성이 매우 중요해졌다. 이러한 의도에서 FMI(Functional Mockup Interface)라는 약어로 된 일반 표준을 만들어, 모델의 교환을 쉽게 하고, 모델을 연결하고, 시퀀싱 하는 방식을 표준화하였다.

FMI는 서로 다른 도구에서 실행되는, 다중 물리적 및 이질적 모델을 통합하기 위해 처음 배포되었다. 이 표준은 많은 양의 정보(예: 비디오 스트리밍) 전송을 지원하여, 인지(perception) 시스템의 시뮬레이션과 관련된 사용 사례를 지원하도록, 점진적으로 강화되었다.

FMI의 또 다른 관심사는, '마스터-슬레이브(Master-Slave)' 로직을 기반으로 다양한 도구를 구현하여, 공동 시뮬레이션을 관리할 수 있는 프로토콜이다. 목표는, 공동 시뮬레이션 환경에서 여러 도구를 결합하는, 표준 인터페이스를 제공하는 것이다. 하위 시스템 간에 교환되는 데이터는, 개별 통신 지점으로 제한된다. 두 통신 지점 사이의 시간 간격에서, 하위 시스템은 자체 솔버(solver) 또는 시뮬레이터(simulator) 덕분에, 서로 독립적으로 해결된다. '마스터' 알고리즘은 하위 시스템 간의 데이터 교환, 그리고 모든 '슬레이브' 시뮬레이션 솔버의 동기화를 제어한다.

FMI는 모바일(자동차, 오토바이 등)의 동적 거동과 같은, 관련 다중 물리적 모델을 조합할 수 있도록 하는 프로토콜이다. 그러나, 알고리즘 처리를 위한 센서 출력으로서, 비동기 정보 공유에는 적합하지 않다.

이것 때문에, 현재는 DDS(Data Distribution Service) 데이터 교환 프로토콜을 사용하고 있다. 이 프로토콜은 이제 광범위하게 지원되며, 많은 개발 환경(예: ROS; Robot Operating System 유형)에서 기본적으로 발견된다.

DDS는, 가상 글로벌 데이터 공간을 도입한다. 이 공간은 애플리케이션이 정의한 이름과 키를 사용하여, 처리되는 데이터 '객체'를 읽고 쓰기만 하면, 애플리케이션이 정보를 공유할 수 있는 공간이다. 그림 4.2는 분산 아키텍처의 예이다.

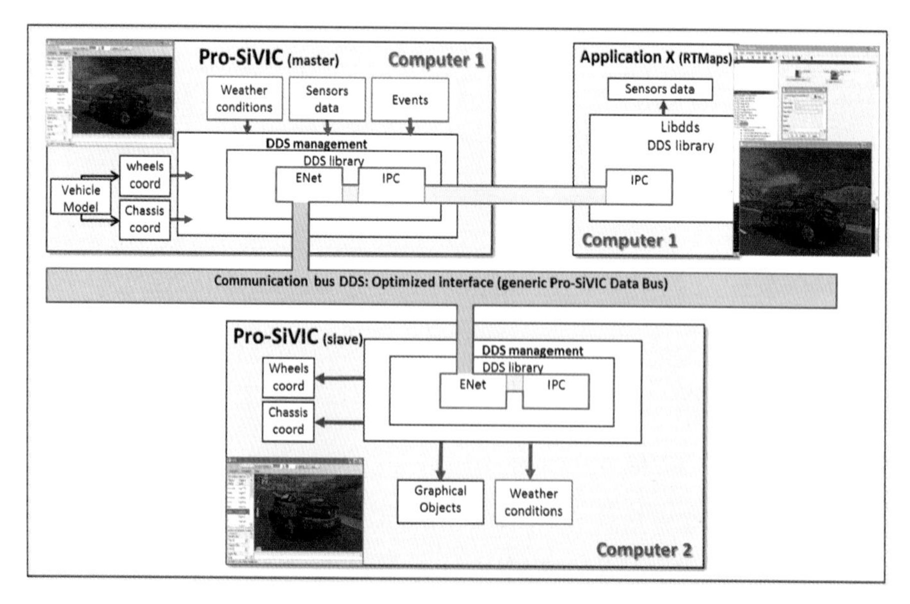

그림 4.2. DDS, 자원 분배 및 처리단계를 위한, 효율적인 통신 솔루션

이 프로토콜은 안정성, 대역폭, 배달 시간 및 자원(resource) 제한을 포함하여, 정확하고 광범위한 서비스 품질(QoS) 제어를 제공한다.

서로 다른 TCP/IP - UDP/IP 전송 계층을 기반으로 하는, 이 프로토콜의 구현을 통해서, 서로 다른 운영 체제를 혼합하여, 분산 구현을 보장할 수 있다.

그림 4.3은 FMI와 DDS가 후보 솔루션인 서로 다른 유형의 모듈 간의, 서로 다른 상호 연결 요구 사항을 제시하고 있다.

같은 맥락에서, 개방형 상호 운용 가능한 시뮬레이션 플랫폼을 촉진하기 위해, 최근 주요 제조업체가 주도하는 사항은 센서 모델 인터페이스를 표준화할 것을 제안하고 있다.

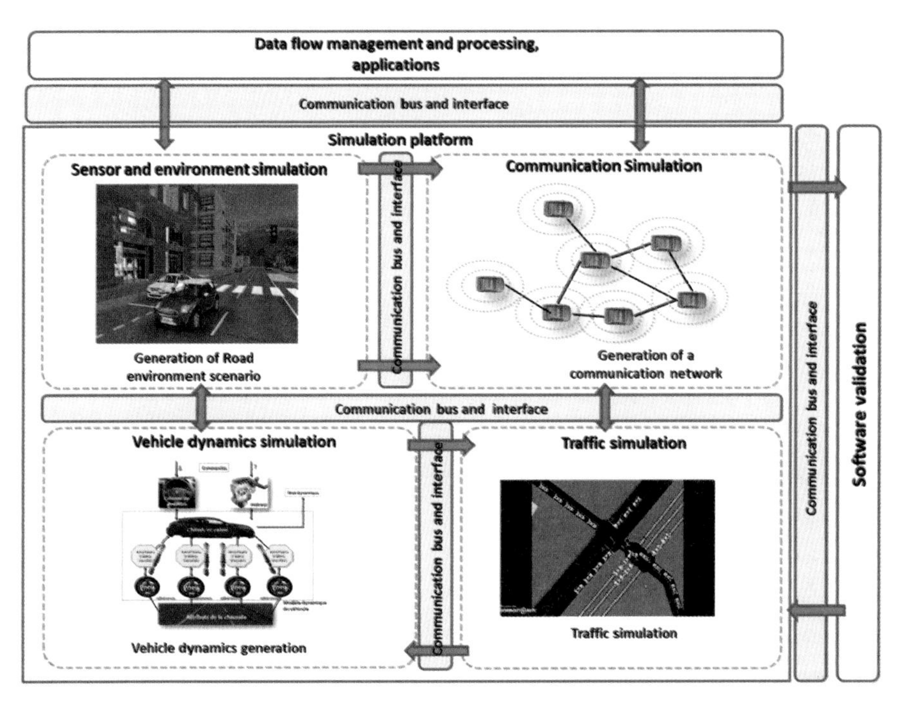

그림 4.3. Pro-SiVIC: 타사 플랫폼과 관련된, ADAS의 프로토타이핑, 테스트 및 평가를 위한, 상호 운용 가능한 플랫폼

이 이니셔티브는 현재 ASAM(Association for Standardization of Automation and Measuring Systems) 컨소시엄의 지원을 받으며, 약어 OSI(Open Simulation Interface)로 알려져 있다. OSI의 목표는 시뮬레이션 환경, 센서 시뮬레이션 및 기능 시뮬레이션 도구 간의 데이터 교환을 표준화하는 것이다.

지금까지, 우리는 프로토콜, 데이터, 그리고 정보 교환 형식의 관점에서 상호 운용성을 고려했지만, 장면, 장면의 콘텐츠, 장면의 도로 네트워크 등에 대한, 동일한 이해를 공유할 수 있는 표준화 수준도 있다. 더욱이 최근에는 시나리오 설명의 첫 번째 수준에 대한 표준화까지지도.

공통 설명을 가지는 이점은, 후자를 활용하기만 하면, 다른 유형의 시뮬레이션 플랫폼에서 동일한 시뮬레이션을 실행할 수 있다는 점이다.

4.3. 환경 및 기후 조건(Environment and climatic conditions)

4.3.1. 개요 (Introduction)

센서를 시뮬레이션 할 수 있으려면, 먼저 가시적인 전자기 영역과 넓은 파장 세트 모두에서, 환경과 도로 장면의 렌더링(rendering)을 생성해야 한다. 물리-현실적(physico-realistic) 시뮬레이션을 가능하게 하기 위해서는, 이벤트를 생성하고 관리하는 것은 물론이고, 매우 역동적인 가상 세계(공간적으로 그리고 시간상으로)를 생성하고 관리하는 것이 절대적으로 필요하다. 이러한 객체 시뮬레이션 측면을 위해서는, 동적 로딩 라이브러리가 필요하다. 이 라이브러리는 시뮬레이션 엔진의 핵심 부분으로 간주할 수 있으며, 시뮬레이션이 실행되는 동안 객체를 로드 및 삭제할 수 있다. 이 고도로 모듈화되고 조정 가능한 아키텍처는, 시뮬레이션 엔진이 시작될 때, 동적으로 로

드되는 '플러그인(plug-ins)'의 사용을 기반으로 한다.

초기 버전에서, 시뮬레이션 엔진은 최적화된 그래픽 엔진으로 설계되었으며, 메타 정보(BRDF, SER)를 해석하는 데 필요한 일련의 조정, 그리고 전용 메커니즘인 '다중 렌더링'이 품질 및 파장 측면에서, 여러 수준의 렌더링을 관리한다(GPS, RADAR, IR 등 특정 센서 모델링에 적합).

'후처리 필터(post-processing filters)'는 초기 렌더링에 적용된 처리 및 수정을 가능하게 하고, '렌더링 계층(layer)의 관리'(가시성 단계)는 작업 뷰, 제한된 렌더링의 생성(특히 가시적이거나 비가시적인 개체, 메타데이터) 및 광학적 실측을 관리하는 데 도움이 된다. 수백만 개의 패싯(facets)을 관리해야 하는 복잡한 장면의 경우(실시간 처리를 유지하려면), 그래픽 자원의 관리를 최적화해야 한다.

빠르고 효율적인 그래픽 렌더링을 보장하는, BSP-트리(binary space partitioning trees; 이진 공간 분할 트리)를 사용하는 솔루션이 제안되었다. 추가적인 일반 클래스와 함수 세트를 사용하면, 최적화(meshes), 텍스처(정적, 애니메이션, 절차 등), 재료 및 메타 재료, 광원, 그림자, 충돌 및 물리적 상호 작용을 관리하는 광선 추적(ray-tracing), 장면의 개체에 대한 제어 디바이스, 그리고 '위치 지정이 가능한(positionable)' 개체의 위치 지정 속성을 사용하지 않고도, 그래픽 개체를 관리할 수 있다. 이들 메커니즘 중 일부는 다음 절에서 논의하고 간략하게 제시할 것이다.

4.3.2. 환경 모델링: 조명, 그림자, 재질 및 질감
(Environmental modeling: lights, shadows, materials and textures)

그래픽 엔진에서, 개체의 메시(mesh) 품질과 재질 및 질감 선택 외에도, 렌더링의 품질과 사실성은 광원의 관리 수준과 그림자 시뮬레이션의 영향을 크게 받는다. 일상생활에서 관찰할 수 있듯이, 그림자 형성의 기본이 되는 메커니즘은 복합적이며, 종종 물체가 상호 작용하게 만든다. 그림자 생성의 첫 번째 원인은, 직접적이며 개체에 의한 공간 영역의 엄폐에 해당한다.

그림 4.4에서 관찰할 수 있는 것은 투영된 그림자이다. 그러나, 이러한 유형의 그림자를 단독으로 사용하는 것만으로는 충분하지 않으며, 그림자를 드리우는 물체의 지면 위에 떠 있는 효과를 일으킨다. 이러한 착시 현상을 없애기 위해서는, 가려진 그림자를 모델링하고 생성해야 한다. 개체의 그래픽 렌더링을 하는 동안에, 이 메커니즘은 다른 개체에 의한 주변광의 폐색을 고려한다. 구현된 메커니즘은, 3D 텍스처 형태로 GPU에 저장된, 작은 3차원 그리드를 추종하는 각 객체로 인해 발생하는 폐색을 샘플링한다. 주변 폐색 정보의 저주파 특성 때문에, 작은 해상도를 사용하는 것으로 충분하다. 주변 폐색의 실제 계산은 광선 추적으로 수행한다. 이 계산은 각 다각형 모델에 대해 한 번만 수행되며, 그 결과는 나중에 하드디스크 드라이브에 저장된다. 이 그림자는 생성된 순간을 제외하고, 한 번 계산되며, 특정 자원을 소비하지 않는다. 적용 결과는 그림 4.4와 같다.

마지막으로, 캐스트 쉐도우(한 객체에서 다른 객체로 드리워지는 그림자), 그리고 객체가 자체적으로 그림자를 생성할 수 있도록 하는 자동 쉐이딩도 구현했다. 이러한 모든 메커니즘을 사용하면, 음영 측면에서 일관된 렌더링이 생성된다.

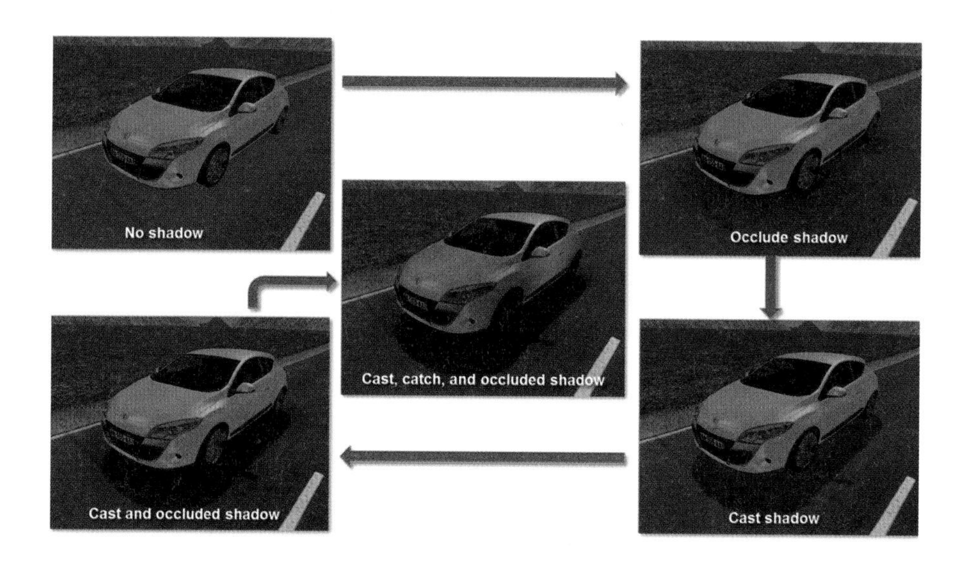

그림 4.4. 다양한 유형의 그림자 고려
catch(잡힌), cast(드리운 그림자), self-shading(자기 그림자),
occluded(폐색 그림자)

그러나, 이들 그림자를 생성하기 위해서는, 광원을 생성하는 방법을 알아야 한다. 주변 광원을 사용하는 것 외에도, 점(point)광원을 추가할 수 있다. 이들 광원 각각에 대해 위치, 방향, 비색(colorimetric) 구성 요소 및 환경 거동(거리 함수로서의 광원 출력의 감쇠 유형)과 같은 매개변수 세트에 접근, 구성할 수 있다.

이 감쇠는 거리와 세 가지 구성 계수의 함수인 2차 다항식 공식을 사용한다.

이 메커니즘에 라이트 마스크(light mask)에 대한 고려가 추가되었다. 이 마스크를 사용하면 주간뿐만 아니라 야간 상황도 시뮬레이션 할 수 있다. 이러한 조건에서, 헤드라이트를 켠 차량의 진화(evolution)를 시뮬레이션할 수 있다. 이러한 라이트 마스크를 사용하여, 얻은 렌더링은 그림 4.5에서 확인할 수 있다. 각 라이트 마스크는 광원의 방출 영역에서 빛의 강도를 변조하는(modulating) 텍스처에 해당한다. 제시된 예에서, 마스크는 원형의 3차원 방출 영역을 인코딩하여, 광도의 볼륨 투영을 생성한다.

그림 4.5에서, 새로운 물리적으로 사실적인 '픽셀화 된(pixelated)' 플러그인 렌더(render)를 통해, 이 메커니즘에 대한 개선 사항을 관찰할 수 있다. 이들 렌더링에서, 헤드라이트는 사실적인 광학 블록 조명 맵을 사용한다.

그림 4.5. 라이트 마스크와 야간 조명(전조등 2개, HDR 텍스처와 반사)

HDR(High Dynamic Range)로 그래픽 렌더링을 생성할 수 있게 하도록, HDR 텍스처를 고려하는 메커니즘이 구현되었다. 이를 통해, 가상 카메라가 인식하는 이미지의 전체 밝기가 시간에 따라 크게 달라질 수 있는 시나리오의 경우, 광학식 센서의 동역학(dynamic)을 보다 사실적인 방식으로 시뮬레이션할 수 있다(터널 아래 통과, 야간에 다른 차량과 마주함, 등등).

HDR 렌더링을 얻을 수 있게 하기 위해서는, 두 가지 주요 작업을 반드시 적용해야 한다. 첫째, HDR 렌더링에 적합한 부동(floating) 숫자 렌더링 버퍼를 사용해야 한다(일반 렌더링의 경우 8bit, HDR 렌더링의 경우 16bit 및 32bit). 에너지 레벨 변환을 수행하는 후처리 필터로 보기(view)를 개선해야 한다. - 간격은 [0 ; 1], 밝기는 [0 ; + ∞]을 적용한다. 이 필터는 텍스처에 저장된 룩업 테이블을 사용하여, 출력 간격 방향으로 전체 이미지에 고정 에너지값의 창을 매핑하는, 톤 매핑 글로벌 필터(Tone Mapping global filter)이다. 이것은 CCD, CMOS 또는 영상 카메라의 동작에 해당한다.

광학식 센서가 감지하는 동적 범위를 제어하는 자동 노출 메커니즘을 시뮬레이션하려면, 새로운 자동 노출 필터를 적용해야 한다. 그러나, 이러한 기술로는 인간의 시력을 시뮬레이션 할 수 없다.

특정한 기후 및 반사 효과를 시뮬레이션하려면, 시뮬레이션 엔진의 구조를 수정하고 조정해야 했다. 이러한 수정 덕분에 장면의 최종 렌더링하는 동안에, 동적 텍스처를 렌더링할 수 있게 되었다. 이러한 텍스처 생성은 모든 보기(view)를 렌더링하기 전에, 이미지 당 한 번만 수행해야 한다. 이는 주로 최종 렌더링 전에 사전 처리가 필요한 모든 클래스에서 사용되는, 추상적인(abstract) 사전 렌더링 클래스를 생성하는 결과를 가져왔다.

이 변경 사항의 장점을 활용하여, 예를 들면, 평면 반사 표면 또는 입방 반사 표면을 시뮬레이션하기 위해, 텍스처 생성 플러그인 세트가 개발되었다.

첫 번째 플러그인은, 재료의 등방성 광택을 시뮬레이션하기 위해, 직사각형 상자에서의 '평균(average)' 반사에 필터를 적용할 것을 제안한다. 따라서, 우리는 높이는 아주 높지만 폭이 좁은 작은 상자를 사용하여, 젖었거나 습기가 많은 도로상의 반사를 시뮬레이션 할 수 있다. 반사는 아스팔트의 거칠기로 인해, 도로에서 높이가 늘어나는 경향이 있다. 이 플러그인을 사용하여, 반사를 어둡게 하고, 높은 빛 에너지만 반사하기 위해, 감마 보정을 적용할 수도 있다. 이 메커니즘은, 예를 들어, 야간 조건에서 젖은 도로상 개체의 반사를 시뮬레이션 하는 데 매우 흥미가 있다.

그림 4.6은 이 플러그인으로 얻은 2개의 그래픽 렌더링을 제시하고 있다. 이 경우, 반사 텍스처는 장면의 반사도 맵(reflectivity map)을 정의하는 텍스처, 그리고 아스팔트(역청 및 골재)의 불규칙성을 시뮬레이션 하는 제2의 텍스처에 의해 (재료 수준에서) 변조된다. 이 텍스처 조합의 결과는 '도로' 재료의 방사성(emissive) 구성요소와 관련이 있으며, 이 도로에 젖은 측면을 부여할 수 있다.

제2의 플러그인은 '큐브 맵(cube-map)'에 표시된 개체를 포함하는 환경을 렌더링하도록 제안한다.

생성된 텍스처에 색상 보정 및 흐림효과(blurring)를 적용할 수도 있으므로, 이 플러그인을 사용하여, 예를 들어, 차체(그림 4.7)의 동적 반사를 계산하고, 객체에 대한 간접 장면 조명도 시뮬레이션할 수 있다.

그림 4.6. 젖은 노면을 시뮬레이션하는, 평면 반사 메커니즘

그림 4.7. 더 사실적인 렌더링을 위한 개체의 환경 반사 메커니즘

4.3.3. 악화되고, 불리한 기후 조건 (Degraded, adverse and climatic conditions)

'모든 종류의 날씨' 조건에서 도로 장면을 보다 사실적으로 만들기 위해서는, 실제 상황에서 접할 수 있는 기후 교란을 시뮬레이션 할 수 있어야 한다. 이 목적을 위해, 시뮬레이션 엔진에서 사용할 수 있는 API를 사용하여, 사후 처리 필터 라이브러리를 생성하였다. 기후 조건 시뮬레이션 외에도, 이 라이브러리는 카메라의 초기 렌더링을 수정하고, 광학 센서의 물리적

동작에 최대한 가까운 장면의 최종 렌더링을 얻는 데 필요한 필터도 제공한다. 이들 필터의 적용은 '다중 렌더링' 메커니즘을 사용하여 수행한다.

이 라이브러리에서 현재 사용할 수 있는 주요 필터는, 그림 4.8에 제시되어 있다. 이 라이브러리는 광학, 빛 노출 및 기후 후처리를 위한 필터를 함께 제공한다. 이들 필터의 대부분은, 계산 시간을 최적화할 수 있도록 '셰이더(shader)' 기능을 사용하여 개발하였다.

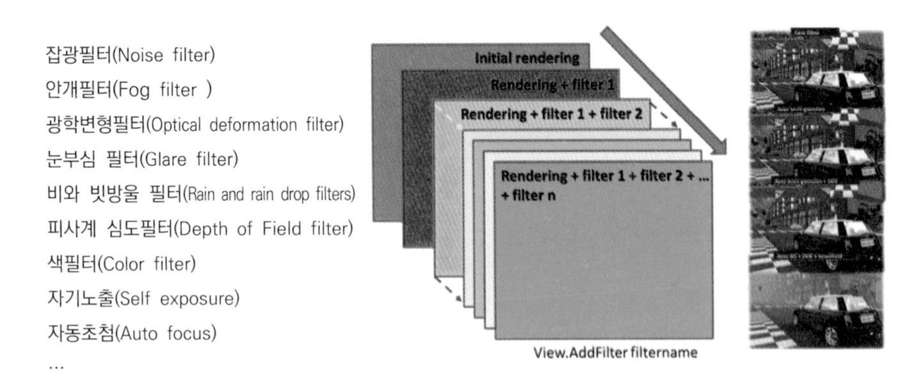

그림 4.8. "다중 렌더링" 메커니즘 및 후처리 필터

(1) 비 시뮬레이션(카메라 렌즈의 물방울, 떨어지는 빗방울)
(Rain simulation (drop on the camera lens, falling drops))

빗방울이 떨어지는 것을 시뮬레이션하기 위해, 텍스처 수직면을 기반으로 하는, 예비(preliminary) 레인(rain) 렌더링 테스트가 수행되었으며, 이는 특히 폭포 절차적(waterfall procedural) 텍스처 생성 플러그인의 개선으로 이어졌다. 결과는 고정식 카메라에서는 좋았지만, 모바일 카메라에서는 만족스럽지 않았다. 특히 카메라가 '우천 평면(rain plan)'을 넘을 때 관찰되는 불연속성 때문에 그렇다.

채택된 접근 방식은, 각 빗방울 궤적의 시뮬레이션 및 렌더링을 제공한다. 내리는 비를 시뮬레이션하기 위해 선택한 수의 비 입자가, 구성 가능한 간격 범위 안에서 고르게 분포된다. 물방울이 나타나면, 떨어지는 속도 벡터를 고려하여 광선 추적(ray tracing)을 수행하여 수명을 계산한다. 이 광선 추적은 각 이미지에 대해 수행되지는 않지만, 많은 수의 입자에 대해서도 성능에 합리적인 영향력을 유지한다. 비 입자가 할당된 수명을 초과하면, 파괴되고 새로운 입자로 대체된다. 입자는 이미지의 모든 렌더링 가능한 개체와 상호 작용한다. 모션 블러(motion blur)를 적절하게 시뮬레이션하기 위해, 렌더(render)는 카메라 동작을 고려하고, 전자(former)의 함수로 표시된 궤적을 왜곡한다. 입자의 불투명도는, 카메라와 관련하여, 이동한 거리에 반비례하는 방식으로 제어할 수도 있다.

이러한 유형의 렌더링은 카메라가 빠르게 움직일 경우(예: 교차로에서 회전), 사실적인 결과를 보장한다. 강우 렌더링 플러그인에는 타사의 플러그인으로 제어할 수 있는 접근자(accessor)도 있다(강우 강도의 동적 제어 등).

이 플러그인을 사용하면, 재생 빈도가 다른 여러 카메라를 고려할 수도 있다. 그림 4.9는 이들 레인(rain) 필터에 대해 얻은 렌더링을 나타내고 있다. 또한 물방울의 진화에서 환경 물체가 어떻게 고려되는지 보여준다. 따라서, 교량 아래에는 빗방울이 없다. 그림 4.9에서 빗방울의 구성(너비, 속도, 불투명도, 색상)을 조정하여, 강설 유형의 렌더링을 얻을 수 있음을 알 수 있다. 이 그림은 또한, 관찰자의 움직임이 입자 역학에 미치는 영향을 보여주고 있다.

제2의 비(rain) 후처리 필터는, 카메라 렌즈의 물방울로, 또는 차량 실내에 내장된 카메라의 경우는 차량의 윈드쉴드의 물방울로 인해, 지역적으로 발생하는 이미지 왜곡을 시뮬레이션하기 위해 개발되었다. 이 변형은 이미지의 각 지점에서 휘도(luminance)가 수막의 두께를 나타내는, 텍스처를 기반으로 한다.

그림 4.9. 강설량의 렌더링과 빗방울의 진화에 대한 관찰자 동역학(dynamic)의 영향

이 텍스처는 선택적으로 움직임이 없는 이미지, 애니메이션 또는 절차 텍스처일 수 있다. 빗방울 동적 텍스처 생성 플러그인은 레인 필터의 '동반자(companion)'로 설계되었다.

이 텍스처 생성 플러그인은 평면에 떨어지는 물방울에 해당하는 애니메이션을 절차적으로 생성할 수 있다. 그 안내 매개변수는 텍스처 해상도, 최소 및 최대 방울의 크기, 초당 나타나는 방울 수, 방울이 흐르고 사라지는 속도를 나타내는 페이딩 계수이다. 레인 필터의 경우 매개변수는 수막의 최대 두께와 수막의 굴절률이다.

그림 4.10은 카메라 렌즈에 물방울의 실시간 렌더링, 그리고 높은 물 밀도가 렌즈에 미치는 영향을 나타내고 있다.

그림 4.10. 카메라 렌즈상의 빗방울 렌더링

(2) 안개 시뮬레이션(Fog simulation)

장면의 가시성을 떨어뜨리고 광학 센서가 생성하는 이미지에 큰 영향을 미치는 두 번째 기후 영향은 안개이다. 렌더링에 안개 효과를 추가하기 위해, 새로운 플러그인이 개발되었다.

결과는 OpenGL 안개를 사용하는 것보다 더 현실적이며, Koschmieder 법칙을 따른다. 따라서 각 픽셀에 대해 필터 출력에서 얻은 색상은, 입력 픽셀의 색상, 카메라에서 픽셀까지의 거리, 안개 밀도 및 안개 밝기에 따라 달라진다. 이 필터의 설정(setting)은 안개 밀도, 하늘의 밝기, 감쇠 유형(상수, 선형 또는 2차) 및 안개 색상에 따라 만들어진다. 위치와 적용 반경에 따라 안개 영역을 수정할 수도 있다. 불균일한 안개를 얻기 위해서는 맑은 이미지(안개가 없는 상태)에 후처리를 적용해야 한다. 이 비균질 안개 시뮬레이션은, 불행히도 정적 카메라로 제한된다. 움직이는 카메라로 확장하려면, 볼륨 안개(volume fog)를 관리해야 한다.

그림 4.11은 이들 두 가지 유형의 안개 균질 및 비균일 생성을 나타내고 있다. 안개가 있는 도시 환경의 이 장면은, 이미지 복원에 관한 논문의 맥락에서 광범위하게 사용되었다(Halmaoui 2013; Tarel 2010, 2012). FRIDA(Foggy Road Image DATAbase)라는 데이터베이스는 Pro-SiVIC 플랫폼으로 생성되었으며, 다음 주소의 과학 커뮤니티에서 사용할 수 있다. http://perso.lcpc.fr/tarel.jean-philippe/bdd/frida.html .

물론, 이러한 모든 기상 조건 필터를 동시에 활성화하여 사용할 수 있다. 그러나, 설정 순서는 적용할 순서와 일치한다는 점을 고려해야 한다.

그림 4.11. 주간(daytime) 안개의 균질 및 비균질 렌더링

4.3.4. 가시성 계층 및 지상 실측 정보 (Visibility layers and ground truths)

여러 뷰(view)를 동시에 처리하고 각각에 대한 특정 정보를 표시해야 하는 경우, 개체의 가시성 수준에 대한 메커니즘을 관리하는 것이 중요하다. 시뮬레이션 엔진에 '계층(layer)'이라는 가시성 레이어(layer)를 관리하는

기능이 추가되었다. 이 메커니즘은 작업 보기의 가용성, '경계 상자(bounding boxes)' 관리 및 기본 정보 생성과 같은 일련의 제약 조건을 충족한다.

이 기능 덕분에 Pro-SiVIC에서는 시뮬레이션 중에 각 특정 뷰(view)에 대한 장면 요소의 가시성을 매우 쉽게 구성할 수 있다. 예를 들어, 그림 4.12에서 여러 뷰가 각각에 대한 특정 목적으로 조작(manuplate)된다. 첫 번째 뷰는 광학 센서의 시뮬레이션에 해당하는 반면, 다른 뷰는 단순히 사용자에게 작업 및 제어 창(관점 위치 및 광원)을 제공한다. 그림 4.12에서 광원, 센서, 관심 지점 등, 일반적으로 보이지 않는 특정 개체를 구체화하는 추가 정보의 렌더링으로 일부 뷰가 풍부해졌다.

이 메커니즘에서 요소의 가시성은 계층(layer; 레이어) 논리에 따라 관리된다. 장면의 표시 가능한 각각의 엔티티(entity; 실체 또는 개체)가 특정수의 계층에 존재하는지의 여부, 그리고 각 뷰(view)는 선택 범위 안에서 적어도 하나의 계층에 존재하는 개체만 나타낸다. 개체가 존재하는, 계층의 집합은 양의 정수로 표시된다. 각 계층은 2의 거듭제곱(1, 2, 4, 8, 16, 32 등)에 해당한다. 개체가 존재하는 계층(레이어) 집합은 각 레이어에 해당하는 값의 합으로 표시된다.

따라서 첫 번째 및 세 번째 레이어에 존재하는 개체는 레이어 값을 재결합한다. 1 + 4 = 5. 개체의 레이어 값은 '레이어(layers)' 속성을 변경하여 실시간으로 수정할 수 있다. 이 속성을 정의하지 않으면, 모든 레이어에 개체가 존재한다. 24개의 가시성 계층(layer)을 사용할 수 있다 ($0 \leq Layer \leq 2^{24} - 1$).

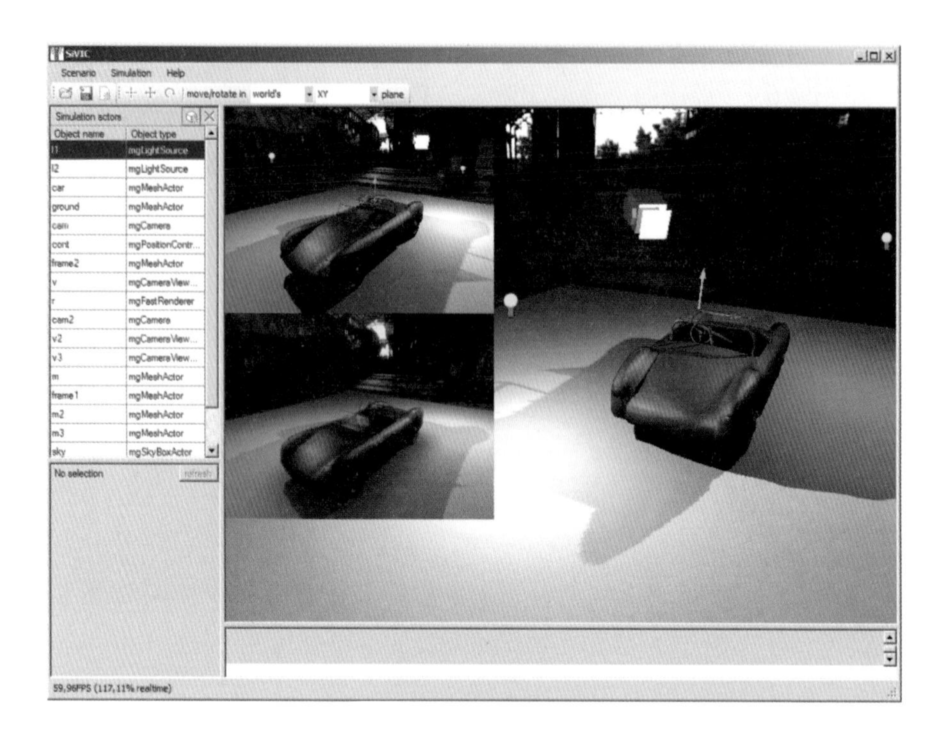

그림 4.12. 작업 및 제어창의 관리를 위한 가시성 레이어의 사용

이 작업 창 기능 외에도, 이 메커니즘은 광학 처리를 위한 '지상 실측 정보(ground truth)'를 생성하는, 강력한 도구를 제공한다. 실제로, 장애물 탐지 및 도로 표시탐지 알고리즘의 검증을 위해, 이미지 생성과 동시에 (장애물 및 표시의) 라벨링 이미지를 얻는 것이 가능하다.

또한, GPS 방식 센서의 시뮬레이션을 위해, 이 메커니즘은 환경에서 3D 객체를 모델링하는 경계 상자(bounding box) 생성에 사용된다. 이렇게 단순화된 객체 모델링은, 충돌을 관리하거나, 위성에서 오는 GPS 신호 다중 반사 효과를 시뮬레이션하는 데 사용할 수 있다. 그림 4.13은 이 '경계 상자' 메커니즘을 사용하는, GPS 센서 시뮬레이션 결과를 제시하고 있다.

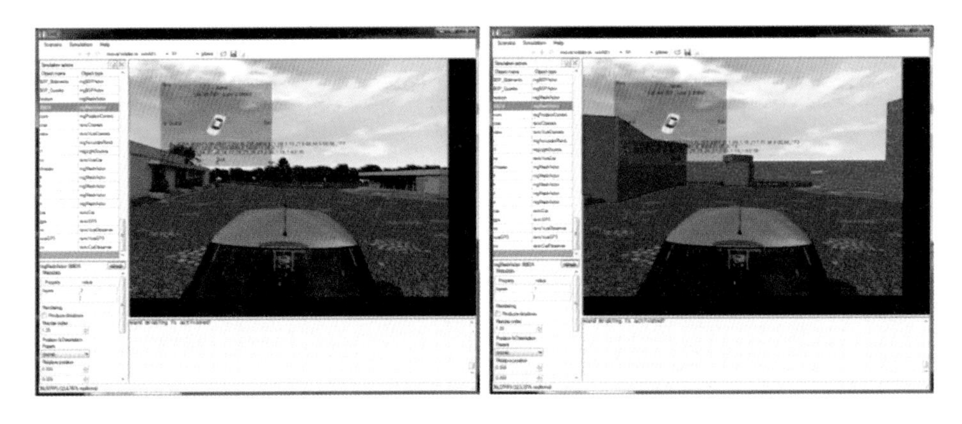

그림 4.13. 충돌 및 다중 반사 관리를 위한 가시성 계층(visibility layer)

그림 4.14에서, z-버퍼(z-buffer)를 사용하면, 이 렌더 계층(render layer)에서 볼 수만 있는, 특정 재료의 적용을 위한 깊이 맵과 '레이어(layer)'가 제공되어, 객체의 픽셀을 포함하는 참조를 생성할 수 있다. 이 분할된 이미지는 광학 센서(가시 적외선 또는 열적외선)에 의한 장애물 탐지 품질의 정량화에 사용할 수 있다.

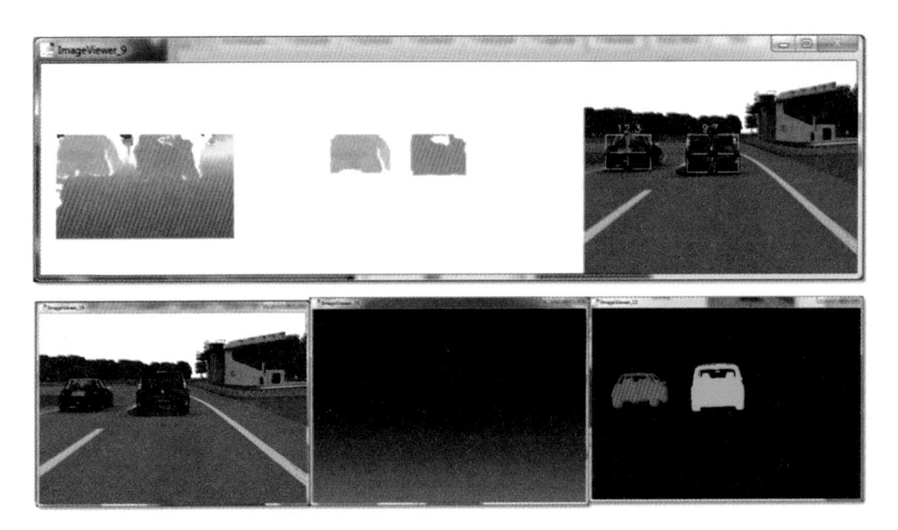

그림 4.14. 차량 라벨링과 깊이 맵의 생성

그림 4.14는 생성된 실측 기본 정보(깊이 맵 및 차량 라벨링)뿐만 아니라, 스테레오비전 처리(밀도 불균형(disparity) 맵, 차량 추출 및 추적)의 예를 나타내고 있다.

그림 4.15는 마킹(marking)을 독점적으로 구성하는 픽셀에 접근할 수 있는 마킹 마스크를 사용하여, 실측 기본 정보를 생성하는 것을 나타내고 있다. 이 수치는 Satory의 테스트 트랙(Versailles, France)의 물리적 시뮬레이션을 사용하여 얻은 것이다. 정적 및 동적 개체에 대해, 광학 렌더링을 제외한, 실제와 관련하여 참조 센서를 사용할 수 있다(관측기(observer)). 이 '관측기'는 객체의 현재 상태를 포함하는, 상태 벡터를 생성한다.

그림 4.15. 도로 표시의 라벨링

4.4. 인지 센서의 모델링(Modeling of perception sensors)

지금까지 제시된 기능과 메커니즘은, 제3자 애플리케이션 세트와 상호 연결될 수 있을 만큼, 충분히 일반적인 상호 운용 가능한 렌더링 및 시뮬레이션 아키텍처를 가능하게 하여, 복잡하고 중요한 시나리오를 생성할 수 있도록 한다. 다음 단계는, ADAS 프로토타이핑에 필요한 데이터를 생성하는 메커니즘과 모델을, 제자리에 배치하는 것이다.

이 작업을 완수하기 위해, 시뮬레이션 엔진의 기능과 능력은 센서 작동을 시뮬레이션하는 데 사용될 것이다. 목적은, 내장모드와 오프보드 모드 둘 모두에서, 센서에 의해 생산된 데이터를 생성하는 것이다. 초기 철학과 일관성을 유지하고, 플러그인 사용 및 동적 클래스 로딩과 관련된 이점을 유지하기 위해, 추가 센서 라이브러리가 제안된다. 이들 센서는 플러그인이며, 고유수용성(주행 거리계, 관성 항법 시스템) 및 외수용성(기존의, 전방향성 및 어안 카메라, 레이저(laser) 스캐너, RADARs)(Gruyer 2010, 2012; Pechberti 2012, 2013, 2018; Hadj-Bachir 2019a), 또는 통신 센서(트랜스폰더 및 802.11p 통신)(Demmel 2014, Gruyer 2013)이다. 현재 상태에서 이 라이브러리는 임베디드 구성(자동차, 트럭, 버스, 셔틀, 보행자 등과 같은 동적 개체용) 또는 오프보드 구성(기반시설/도로 쪽에 위치).으로, ADAS 개발에 사용할 센서 대부분을 제공한다.

4.4.1. 센서 기술의 토폴로지(Typology of sensor technologies)

차량에서 인지(perception)는 능동형 운전 지원 시스템을 설계하는 데 중요한 단계이다. 실제로, 궤적 계획과 '자동화된(automated)' 운전 전략은, 인지 단계의 품질과 철저한 특성에 직접적으로 의존한다.

환경에 대한 이러한 인지는 여러 단계로 나눌 수 있다. 첫 번째는 센서와 그들이 생성할 데이터와 관련이 있다. 두 번째는 데이터 필터링 및 (공간적 또는 시간적) 정렬에 관한 것이다. 세 번째 단계는 데이터를 분할하고, 가장 종합적이고 활용 가능한 객체와 지식을 추출하는 것이다. 네 번째 단계는 차량에 가까운 환경에서 이벤트를 더 잘 이해하기 위해, 의미론적 및 동적 계층을 추출하고 생성하는 것을 목표로 한다. 이 지식을 통해 미래 상황을 예측하고 예보할 수 있다. 3단계와 4단계의 출력은, 차량이 계획 전략(경로, 궤적, 제어)을 개발하고 의사결정을 하기 위해, 환경(Local Dynamic Perception Map)을 나타낼 수 있도록 한다.

이 로컬 동적 인지 맵에는 도로 장면 '핵심 구성 요소'(장애물, 도로, 자차, 환경, 그리고 운전자)의 추정치와 함께 환경의 '그림(picture)'이 포함된다. 예를 들어, '장애물(obstacle)' 핵심 구성 요소의 경우, 속성은 대상의 특성, 위치(좌표), 변위 속도, 태도 또는 시간적 동작이 될 수 있다.

환경을 대표하는 자료를 수집하기 위해, 센서 세트(내적 및 외적 특성 포함)를 사용할 수 있다. 각 센서 범주에는 서로 다른 주파수 대역(물리적 및 기술적 영역)을 가진, 자체 작동 영역이 있다. 또한, 이들 각각의 센서는 '모든 종류의 날씨'(환경) 조건에서, 장면의 철저한 특성을 인지할 수 없다. 각 센서에는 작동 제한이 있으므로, 특정 사용 조건(조명, 안개, 비 등)의 영향을 받는다.

이들 한계와 이러한 인지적 약점(인지 단계에서 중요)을 보완하기 위해서는, 여러 종류의 기술에 의존하는 여러 유형의 센서를 동시에 사용할 수 있어야 한다. 복수의 인지 원천(perception source)은 인지의 품질, 정확성, 신뢰성, 견고성 및 풍부함을 향상하는 것을 가능하게 할 것이다. 목적은 높은 수준의 인지 품질을 보장하기 위해, 센서와 정보의 중복성과 보완성을 활용하는 것이다.

ADAS, PADAS 및 AdCoS 개발에 사용되는 주요 센서는 다음과 같다.

- 광학 센서(CCD 및 CMOS 카메라, 어안 카메라, 전방향 카메라 등)

- LiDAR 센서(스캐닝, 고체(solid state))
- RADAR 센서(장거리, 중거리, 단거리)
- GNSS 센서(자연, 차동(differential), RTK(Real Time Kinematic; 실시간 이동 측위)).

4.4.2. 기능적 모델에서 물리적 모델로 (From a functional model to a physical model)

자율주행 및 커넥티드 드라이빙 애플리케이션에 사용되는 기능의 검증은, 이 기능을 구성하는 하위 시스템과 이들의 결합된 작동에 대한 검증을 기반으로 한다. 관련된 다양한 하위 시스템의 검증에는 단일 시뮬레이션 요구 사항이 아니라 일련의 다양한 요구 사항이 필요하다. 이는 관련 시뮬레이션 모델의 특성에 직접적인 영향을 미친다. 이들 모델은 요구되는 세분성(granularity)과 정확도 수준이 서로 다르게 설계되어 있다.

동일한 구성 요소에 대해, 가장 단순한 것부터 가장 복잡한 것까지, 여러 모델링 수준을 고려할 수 있다. '센서(sensor)' 시스템에 대한 가장 간단한 모델링은, 전체 시스템의 관점에서 예상되는 역할을 나타내는 것이다. 다시 말해, '시스템(systemic)'이라고도 하는, 이 '단순한(simple)' 모델링 수준은 실제 성능과 관계없이, 이 센서가 생성할 것으로 예상되는 환경 상태를 직접 획득하는 것을 나타낸다. 예를 들어, RADAR 센서의 '시스템(systemic)' 모델은 주어진 영역(센서 인지 영역)에서, 개별 개체의 정확한 위치와 속도를 잠재적으로 알려줄 수 있다. 우리는 때때로 '이상적인' 센서 모델에 대해 말한다. 이러한 유형의 모델은, 예를 들어, 상황 분석 및 의사결정의 기본 논리를 확인하기 위해 배치할 수 있다.

다른 한편으로, 이 수준의 '이상화된(idealized)' 모델링은, 실제 조건에서의 기능 성능 시뮬레이션을 다루지 않는다는 것이 인정된다. 센서의 성능은 물리적 영역, 작동 기술 및 환경 조건에 의해 본질적으로 제한되기 때문에, 이러한 매개 변수들을 고려하여, 연결 기반 자율주행차(Connected Automated Vehicle) 성능의 실제 성능을 시뮬레이션 해야 한다. 이를 위해서는, 해당 센서에 대한 분석을 수행하여, 이러한 매개변수에 대한 민감도를 결정 및 정량화하고, 가장 적합한 모델을 추론해야 한다.

4.4.3. 광학 센서 (Optical sensors)

(1) 작동 원리 (Working principle)

광학 카메라는 이미지를 형성하기 위해 환경에서 포착한 빛에 의존하는 전자기(electromagnetic) 신호 센서이다. 일반적으로 사용되는 전자기 스펙트럼 일부는 민감한 실리콘 영역(가시광선 및 근적외선, 예를 들어 400~1,300nm)에 해당한다. 이러한 실리콘을 사용하면, 비교적 저렴한 비용으로, 감도가 좋은 센서를 얻을 수 있다. 자동차 산업에 사용되는 카메라 대부분은, 단순히 환경에서 생성되는 빛을 포착한다는 의미에서 '수동적(passive)'이라고 한다. '능동적(active)' 카메라라고 하는, 일부 다른 카메라는 특정 주파수 범위 내의 환경을 조명하고 결과로 나타나는 빛이나 에너지를 수집한다.

카메라는 사람의 시각에 기초한 물리적 원리를 사용하므로, 이 센서의 데이터를 사람이 쉽게 해석할 수 있다. 그런데도, 이미지 처리 알고리즘은 사물을 감지하고 무엇보다 인식해야 하므로, 이에 대한 해석과 이해 작업이 상대적으로 어렵다. 또한, 이 센서는 자연광(특히 기상 조건), 인공조명(공공 조명 및 차량 조명)으로 인한 조명 조건, 그리고 분명히, 물체의 광학적 특성에 매우 민감하다.

'가시(visible)' 스펙트럼에 대한 광학 센서의 감도는, 기후 조건에 따라 특정 감도를 생성한다. 다른 센서 기술(RADAR, LiDAR)과 달리 광학 센서의 감지 성능은 일반적으로 인지 구성(시정 거리, 조명 수준, 강수량 수준, 표면 반사율 변화)에 따라 매우 다르다.

도로 표시나 장애물을 탐지하는 임베디드 애플리케이션은, 이러한 특정한 인지 조건에 기인하는 방해를 크게 받을 수 있다. 결과적으로, 가능한 한 현실에 가깝게 하기 위해서는, 센서 모델에서 이러한 '저하(degrading)' 및 '불리한(adverse)' 조건을 시뮬레이션 할 수 있는 능력이 중요해 보인다.

제안된 광학 센서 모델은, 처리(processing)를 광학 시스템과 광학 센서의 두 부분으로 나눈다. 첫 번째 부분은 이상적인 조건에서 하나 이상의 이미지를 얻을 수 있도록 하는, 초기 렌더링 단계에 관한 것이다. 이것은 소위 투영-원근화법(projection-perspective) '핀홀(pinhole)'에 비유할 수 있다. 두 번째 단계는 센서 구성 요소와 관련된, 일반적인 결함(flaws)을 시뮬레이션한다.

(2) 이미지 렌더링 시뮬레이션 (Image rendering simulation)

이 첫 번째 계산 단계는, 시뮬레이션 플랫폼의 그래픽 엔진 용량에 크게 의존하여 수행된다. 전용 조명 계산 모듈은, 광원의 조명 분포와 장면을 구성하는 물체 재료의 물리적 표면 상태를 고려한다. 따라서 물체의 겉보기 휘도(luminance)와 카메라 입력의 각도 휘도 함수가 평가된다. 자동차 애플리케이션 및 도로 장면에서 사용되는 재료 유형은, 일반적으로 플라스틱, 금속, 아스팔트와 같은, 거친 표면 및 후방 산란 재료(표시 및 교통 표지판용)이다. 이러한 모든 유형의 재료 특성을 다루기 위해 Lafortune(Lafortune 1996, 1997), Cook-Torrance(Cook-Torrance 1982) 및 Blinn-Phong(Blinn-Phong1976, Blinn 1977, 1982)의 모델을 OpenGL 셰이더(shader) 사용하여 이식(implant)하였다. 이들 셰이더의 흥미로운 기여는, 장면에서 각각의 기하학적 정점(vertex)을 계산하는 대신에, 카메라 픽셀(래스터 렌더링)에 대한 조명 계산을 수행하는 능력이다. 그러므로, 겉보기 너비가 개체 메시(mesh)의 특성 치수보다 훨씬 작은 반사를, 시뮬레이션할 수 있다. 따라서 이러한 객체와 관련된 계산 비용을 상당히 최적화할 수 있다.

(a) 야간 헤드라이트 조명의 정밀 시뮬레이션 (b) 낮은 햇빛 조건의 상황 시뮬레이션

그림 4.16. 픽셀 렌더링의 조명과 관련된 효과 그림.

(3) 센서 구성 요소와 관련된 효과 모델링
(Modeling of effects related to sensor components)

광학 센서 모델링을 위한 두 번째 단계는, 왜곡, 색도 및 광도 손실과 같은 센서 구성 요소의 일반적인 결함을 시뮬레이션하는 것이다. 렌즈 플레어, 눈부심 등과 같은 보다 특정한 결함을 고려하기 위해, 추가 단계도 통합되었다. 이러한 메커니즘과 필터는 카메라 고유의 다양한 기능 및 모듈에 해당한다(그림 4.17). 이미지 캡처 프로세스(셔터 메커니즘, 모션 블러), 스펙트럼 효율성, 센서 응답, 빛의 흐름, 증폭 단계, 게인 및 노출 제어, 그리고 마지막으로, 아날로그에서 디지털 모드로의 데이터 변환.

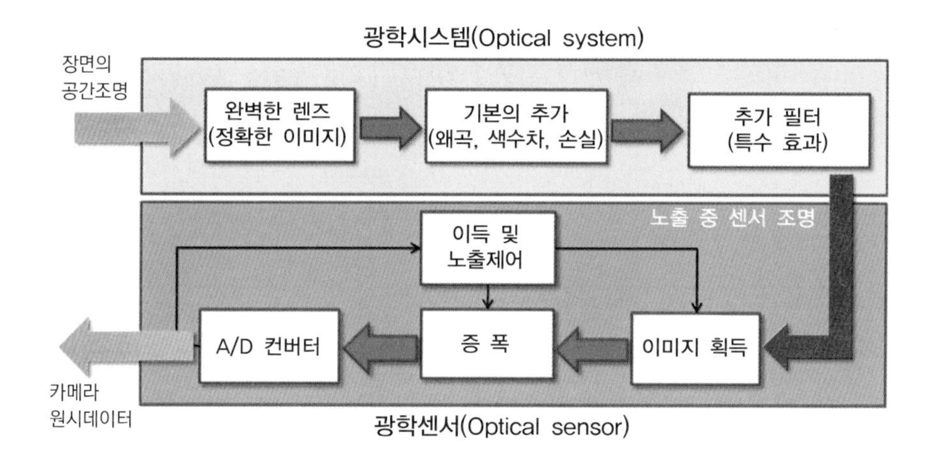

그림 4.17. 광학 카메라 모델의 개략도

카메라 모델을 보정하기 위해, 즉 특정 카메라 모델에 해당하는 모든 매개변수를 얻기 위해 두 가지 접근 방식이 가능하다.

- 카메라의 기술 데이터 시트 또는 카메라의 하위 구성 요소의 해석에서 매개변수를 얻는다.
- 카메라의 특성을 사전에 알 수 없는 경우, 테스트 벤치에서 교정 절차를 거친다.

따라서 실제 카메라 세트의 데이터를, 시뮬레이션 된 카메라와 비교할 수 있었다. 그런데도 구현된 절차에는 카메라 환경(개방 환경 또는 테스트 벤치가 될 수 있음)의 동일한 재현이 필요했다. 이러한 카메라 중 일부를 테스트하는 데 사용된, 실제 및 시뮬레이션 된 보정 목표는 그림 4.18에 제시되어 있다. 시뮬레이션 된 카메라와 실제 카메라 사이에서 얻은 오류는 무시할 수 있다. 자세한 내용은 (Gruyer 2012; Grapinet 2012)를 참조할 것.

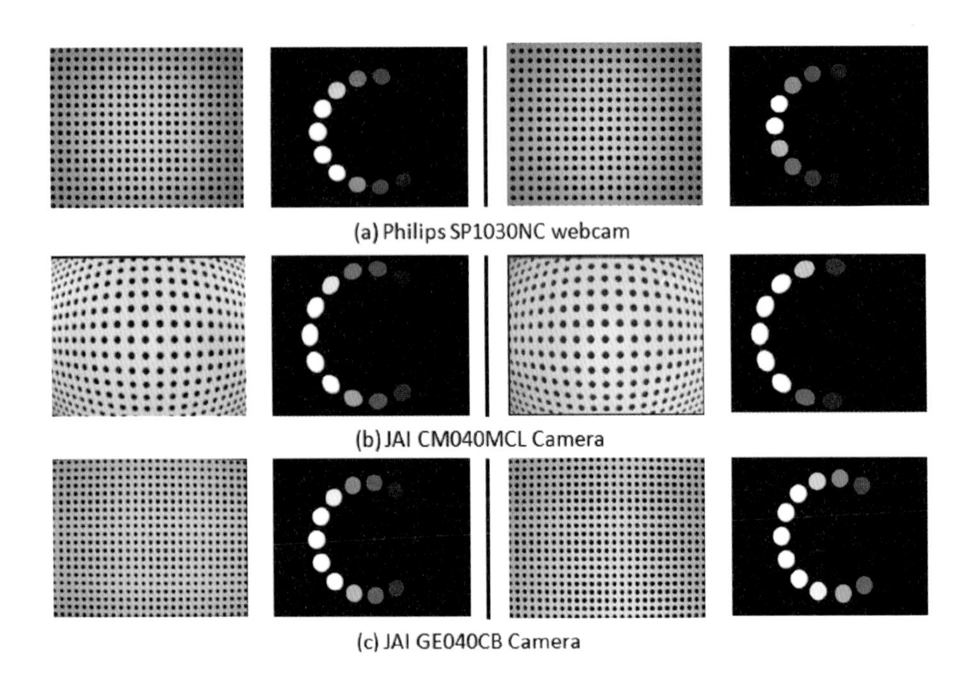

그림 4.18. 시뮬레이션 및 실제 카메라 데이터(교정 대상) (Gruyer 2012)

4.4.4. LiDAR (Light Detection And Ranging)

(1) 작동 원리 (Working principle)

LiDAR(Light Detection And Ranging; 레이저 화상검출 및 거리측정) 센서는 정의상 능동 센서이다. 일반적으로 레이저 광선(빛)을 사용하여 장면을 조명하고 장면에서 다시 반사된 에너지를 수집한다. 이상적인 사용 조건에서 빛은 물체에서 직접 반사되고(단일 바운스), 빛 방출과 신호 복귀

사이의 경과 시간이 이들 물체까지의 거리를 매우 정확하게 측정한다. 각도 스캐닝과 다중 광선(다층 센서)을 사용하여, 광범위한 각도 범위(수평 및 수직)에 대한 측정값을 얻을 수 있다.

일반적으로 근적외선 영역에서 작동하는, 이 유형의 센서는 물체의 반사율(각도 구성, 입도 및 재료 색상과 관련된 반사 계수)과 전파(propagation) 채널의 구성(기후 조건(비, 안개 등), 부유 상태의 먼지 및 미립자)에 대단히 민감하다. 따라서, 반사율과 채널의 구성은 성능(거리, 에너지)을 떨어뜨리거나, 심지어 작동 불능 상태로 만들 수도 있다.

운전 조건에 따른 LiDAR의 성능 수준을 시뮬레이션하여, LiDAR 센서를 사용하는 검출 체인의 성능을 훨씬 더 정확하게 예측할 수 있다.

LiDAR는 현재로서는 값이 비싸서, 사용이 제한되는 센서로 알려져 있다. 그런데도, 기계적 스캐닝 LiDAR 센서와 비교하여 소위 솔리드스테이트 LiDAR의 경우는, 다양한 기술 혁신으로 비용을 절감하고 진동과 고장에 더 강한, 소형 센서를 구축할 수 있다.

(2) 시뮬레이션 모델 (Simulation model)

LiDAR 모델링은 센서의 내부 및 외부 측면을 모두 고려한다. 내부적 측면에서는 획득 메커니즘과 광 신호 처리 부분을 모델링하였다. 외부적인 측면에서는 센서 환경에서의 광 전파 조건과 전파 채널을 식에서 고려하였다.

센서는 스캐닝 및 솔리드스테이트(solid state) LiDAR 센서를 모두 나타낼 수 있도록 모델링하였다. 레이저 빔의 방출 및 획득 방향의 분포는 이러한 빔의 에너지와 마찬가지로 조정할 수 있다. 이 모델은 영역(field)이 제한된 고해상도 LIDAR, 또는 360° LiDAR에 맞게 조정할 수 있다.

LiDAR 광선 방향의 분포는 센서의 수평 및 수직 해상도를 나타낸다(그림 4.19). 물리적 플랫폼에서 여러 수준의 시뮬레이션이 구현되었으며, 그 중 일부는 그래픽 성능을 사용하여 계산 시간을 단축하고 있다. 간단한 모델은, LiDAR로 검출의 기하학적 측면만 시뮬레이션하는 데 만족하지만, 더 상세한 모델은 LASER 광선의 전파 조건과 LiDAR가 인지하는 대상의 유형을 고려한다.

그림 4.19. Pro-SiVIC의 Velodyne LIDAR 센서 모델 시뮬레이션, 그리고 맑은 날씨의 포인트 클라우드의 표현

그림 4.20. Pro-SiVIC의 Velodyne LIDAR 센서 모델 시뮬레이션, 그리고 적당한 우천 시 포인트 클라우드의 표현

광(선) 방출의 기하학적 측면 외에도, 모델은 LiDAR에서 방출되는 출력, 대기 조건, LASER 광선에 의해 조명되는 재료의 고유한 물리적 매개변수를 고려한다(그림 4.20). 이와 같은 방법으로, 제안된 모델은 열악한 기상 조건(비, 안개, 먼지, 미립자)에서도 검출 능력에 따라, LiDAR 센서와 관련된 검출 성능 수준을 충실하게 시뮬레이션할 수 있다.

4.4.5. RADAR (RAdio Detection And Ranging)

(1) 작동 원리 (Working principle)

'자동차(automotive)' 애플리케이션용 레이더(RADAR)는 매우 높은 주파수 캐리어(24GHz, 77, 79GHz)와 변조된 신호(FSK, FMCW 등)로 전자기파(electromagnetic waves)를 방출하고, 수신 안테나가 다시 회수한 에너지를 처리하여, 물체의 거리와 속도를 추정할 수 있는 센서이다. 그 특성과 기술 덕분에 RADAR 센서는 환경의 특정 매개변수와 특정 전자기 방해 요소에 민감하다. 카메라나 LiDAR와는 다르게, 이러한 유형의 센서는 환경의 기후 교란 및 조명 조건의 영향을 받지 않는다. 일반적으로, 이러한 센서의 기능 모델링은 두 가지 주요 부분으로 나눌 수 있다. 첫 번째는 물리적 센서(안테나, 장비, 전자 제품, 신호 처리) 및 사용된 기술을 특성화한다. 반면에, 두 번째는 송신 안테나에서 방출되는 파동의 전자기적 전파(electromagnetic propagation), 그리고 수신 안테나에 도달하기 전에 환경과의 상호 작용을 특성화한다.

(2) 시뮬레이션 모델 (Simulation model)

Stricto sensu, '물리적' 센서 모델은 신호 생성 및 관리를 위해 RADAR 센서에 통합된 다양한 모듈을 특성화하는 일련의 기능 블록으로 나눌 수 있다(그림 4.21). 이 일반 모델은, 변조된 신호를 생성하는 VCO(Voltage Controlled Oscillator) 구성 요소, 그리고 유용한 환경 관련 데이터를 추출하기 위해 신호를 처리하는 COMP(컴퓨터) 구성 요소의 덕분에, 자동차 도메인(및 기타 부문)용으로 특화할 수 있다. 학문적 기술(FSK - FMCW)이라고 하는, 여러 기술을 '자동차' 센서 모델링에 사용할 수 있다. 이 모델은 차세대 센서를 통합하기에 충분히 일반적이다.

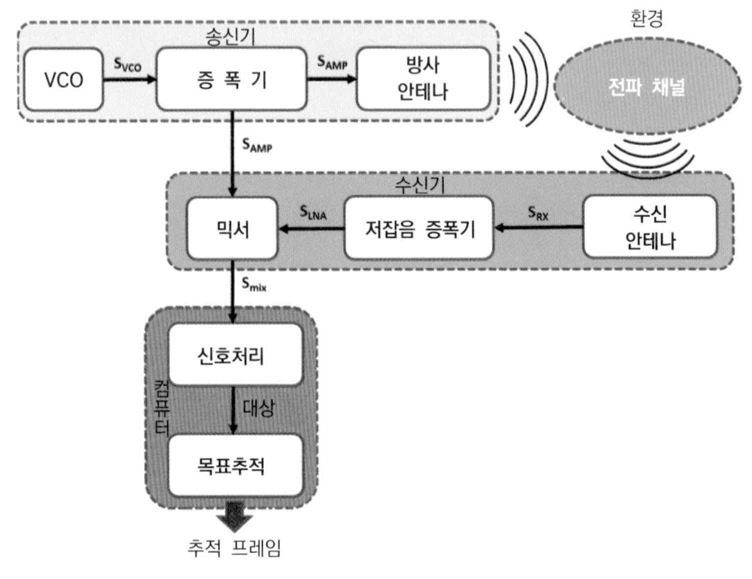

그림 4.21. RADAR의 기능 블록선도

모델의 두 번째 부분은, 환경에서 전자기파의 전파에 중점을 둔다. 파동 궤적의 네 가지 놀라운 특성을 우리 모델에서 고려하였다.

- 수신된 신호의 출력 또는 수신/전송된 신호 간의 비율. 이 정보는 환경과 상호 작용한 후, 안테나로 다시 전송되는 에너지 수준을 정의한다.
- 신호와 상호작용한 장면 객체 간의 상대 속도 차이로 인한, 신호의

주파수 천이(frequency shift)를 특징짓는 도플러 효과

- 이동 거리로 인한 위상 천이(phase shift)
- 안테나로 돌아올 때 경로가 고려되는지를 결정하는, 파동의 편파(polarization).

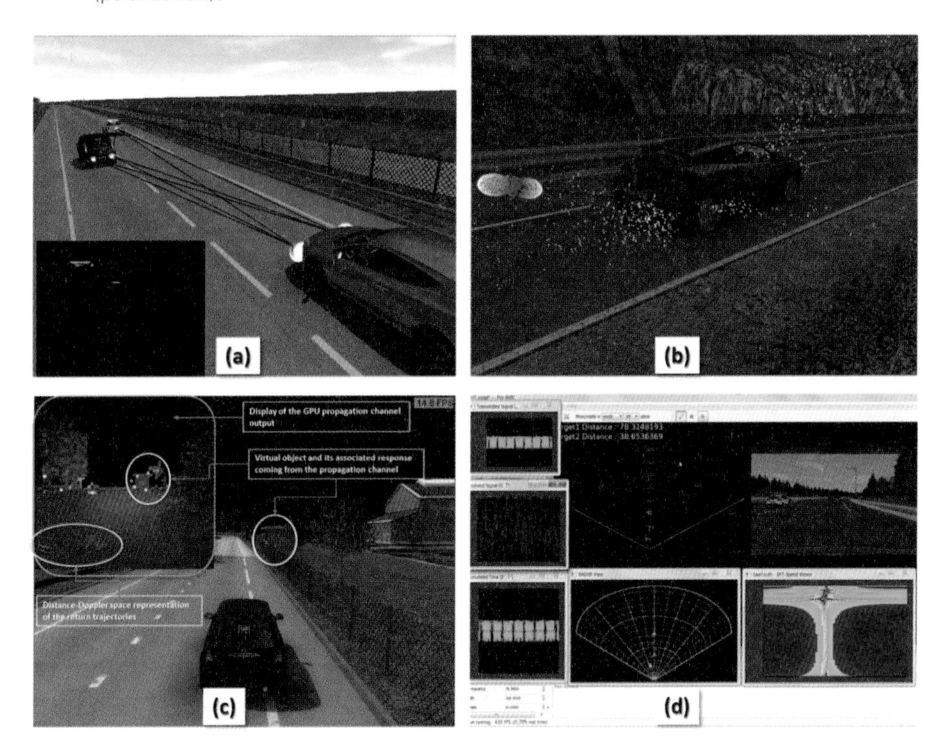

그림 4.22. 레벨 1 RADAR 모델링
(a) 파라메트릭 로브 형태의 SER, (b) 바이스태틱 데이터베이스 형태의 SER,
(c) 물리적 현실적 모델링을 통한 장면 조명, (d) 안테나 및 신호 처리
*SER(Surface Equivalent Radar ; 표면 등가 레이더))

도로 환경에서 전자기파의 전파에 대한, 다양한 복잡성 표현을 사용하여 4가지 수준의 모델링이 제안되었다.

특히, 모델링 수준을 통해 레이더(RADAR) 시스템의 실시간 시뮬레이션과 3D 전자기 계산 방법을 결합할 수 있다. 이와 같은 방식으로, 안테나

방사의 정교한 특성, 차량 내 RADAR 안테나의 통합, 그리고 표적의 RADAR 응답을 고려하여, 시뮬레이션의 대표성을 높일 수 있다.

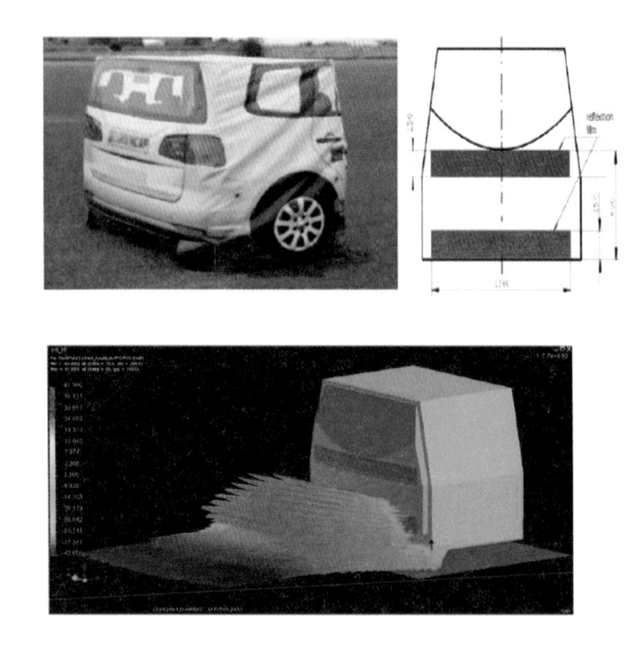

그림 4.23. Euro-NCAP 2016 타겟의 그림(상), 그리고 전자기 응답 시뮬레이션의 시각화(하), CEM One으로 시뮬레이션

SER(Surface Equivalent Radar; 표면 등가 레이더)의 각도 분포로 객체의 특성 응답을 생성할 수 있으며, CEM One(ESI Group에서 판매하는 소프트웨어, 그림 4.23)과 같은 전용 전자기 계산 도구와 함께 사용할 수 있다. 이들 SER은, 점근적 고주파 계산 방법을 사용하여 생성한다. 이러한 유형의 접근 방식의 주요 이점은, 상당한 계산 시간과 상당한 하드웨어 인프라가 필요한, 순수한 물리적인 시뮬레이션 결과를, 개별 워크스테이션의 가상 실시간 시뮬레이션과 통합하는 것이다(Kedzia 2016; Hadj-Bachir 2019b).

4.4.6. 글로벌 항법 위성 시스템
(GNSS; Global Navigation Satellite System)

ADAS의 개발을 위해서, 그리고 최근에는 자율주행차의 개발을 위해서 자차의 동적 상태와 위치를 아는 것이 필수적이다. 이 기능을 수행하기 위해서, 차량의 절대 위치를 파악하고자, 일반적으로 주행 거리계, 관성장치(INS와 IMU), 그리고 가장 중요한 GNSS로 구성된 고유수용성(proprioceptive) 센서를 사용한다. *INS; 관성 항법 시스템, IMU: 관성 측정유닛

(1) 작동 원리(Working principle)

GPS 시스템을 사용하여 자신의 위치를 파악하기 위해서는, 이론적으로는, 행성 표면에 있는, 수신기로 볼 수 있는(visible) 위성의 위치, 그리고 이들 위성과 수신기 사이의 거리 측정값(의사 거리라고 함)을 아는 것으로 충분하다.

그런 다음, 간단한 삼각 측량으로 수신기의 위치를 계산할 수 있다. 많은 오류의 근원이, 이 정보에 영향을 미치기 때문에, 위치 추정에 오류가 발생한다(오류 범위는 수 m에서 수십 m일 수 있음). 따라서 실제적인 시뮬레이션을 얻으려면, 이 정보와 의사(pseudo) 거리 계산을 방해하는 오류 모델을 시뮬레이션 해야 한다.

의사 거리(Pseudo-distances)는 보이는 위성과 수신기 사이의 거리를 측정한 것이다. 이들은 위성에 의해 전송된 신호가 수신기에 도달하는 데 걸리는 시간에서 추론된다. 이 신호는 다른 대기층(전리층과 대류권 포함)을 통과하고 수신기에 도달하기 전에 건물('도시 협곡' 문제)에 반사될 수 있

다. 이어서, 수신기는 소요 시간을 평가하고, 마지막으로 빛의 속도를 적용하여, 의사 거리를 계산할 수 있다. 이들 소요 시간은 수신기와 송신기(위성)의 시계(clock)가 동기적이지 않기 때문에 편향되고, 전파(propagation)가 전파 채널(대기 및 반사)에 의해 방해받고 지연되기 때문에, 파동의 전달시간이 과대 평가된다. 일반적으로, 의사 거리 측정 오류는, 4가지 주요 원인, 즉 전리층과 대류권을 통과할 때 발생하는 거리 오차, 다중경로 오차, 그리고 시계 오차(clock offset)에 의한 오류라는데, 의견이 일치한다.

전리층 및 대류권 오류를 평가하고 수정할 수 있도록, 수정 모델 세트를 사용할 수 있다. 이러한 모델 중에서 Klobuchar, Hopfield, Marini, Saastamoin, Cent, Goad 및 Goodman 모델을 인용할 수 있다. 이들 모델 중 일부는 실시간으로 대기 오류를 수정하기 위해 GPS 수신기에 내장되어 있다. 의사 거리 계산은 그림 4.24에 제시된 모듈과 기능을 사용하여 수행한다.

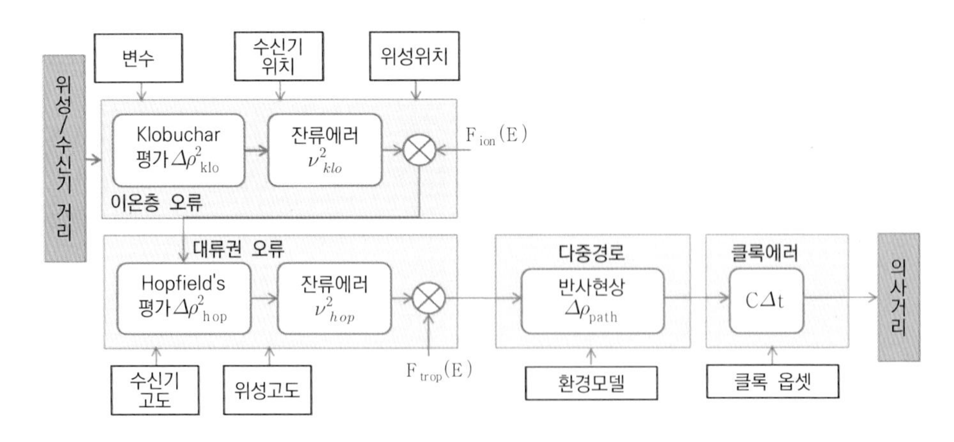

그림 4.24. 의사 거리 계산 및 시뮬레이션 단계

(2) 시뮬레이션 모델(Simulation model)

위성군(constellation)을 시뮬레이션하려면, 주어진 날짜에 대한 모든 위성의 위치를 계산해야 한다. 국제 GNSS 서비스 웹사이트(https://kb.igs.org/hc/en-us/articles/115003935351)에서 사용할 수 있는, 천문력(ephemeris) 파일 덕분에 라그랑주(Lagrangian) 보간을 수행하여, 또는 천문력으로부터 추론된 궤도 매개변수를 사용하여, 위성의 위치를 계산할 수 있다.

실제로, 위성 궤도(따라서 위성 위치)는 오류로 인해 오염된다. Pro-SiVIC에 통합된 시뮬레이터에서 고려되는, 유일한 궤적 오류는 천체력의 정확도에만 의존할 것이다. 이러한 모델링을 방정식으로 표현하면, 다음 방정식을 사용하여 의사 거리를 계산할 수 있다.

$$\rho_m = \rho + c\Delta t + F_{ion}(E)(\Delta\rho^2_{klo} + V^2_{klo}) + F_{tro}(E)(\Delta\rho^2_{hop} + V^2_{hop}) + \Delta\rho_{path}$$

여기서

1) ρ_m은 수신기에서 측정한 의사 거리,

2) ρ는 위성과 수신기를 분리하는 거리,

3) Δt는 위성과 수신기 사이의 시계오차(clock offset),

4) E는 위성의 고도,

5) $F_{ion}(E)\Delta\rho^2_{ion} = F_{ion}(E)(\Delta\rho^2_{klo} + V^2_{klo})$은 전리층 오차,

6) $F_{tro}(E)\Delta\rho^2_{tro} = F_{tro}(E)(\Delta\rho^2_{hop} + V^2_{hop})$는 대류권 오차,

7) $\Delta\rho_{path}$는 다중 경로로 인한 오차를 나타낸다.

GPS 수신기의 시뮬레이션은 다음 세 단계로 나눌 수 있다.

- 의사 거리에서 추론된 위치를 추정한다.
- 추정의 정확성과 일관성을 설명하는 매개변수를 계산한다.

- NMEA 프레임 형식(GGA, GSV 등) 중 하나로 얻은 결과를, 형식화한다.

현재 모델링에서는, 수신기의 전자 장치와 관련된 오류가 고려되지 않았다.

GPS 모델의 통합은 주로 두 가지 구성 요소와 LASMEA(eMotive 2010)의 EMOTIVE 프로젝트(PercepTive Intelligent VEhicles를 위한 환경 모델링)를 수행하는 동안에 설계된, GPS 시뮬레이션 라이브러리의 사용에 의존한다. 첫 번째 구성 요소는 실제 GPS 시뮬레이션 전용이고, 반면에 두 번째 구성 요소는 GPS 시뮬레이션으로 생성된 결과의 표시(display)를 다룬다.

그림 4.25는 Pro-SiVIC에서 GPS 데이터 디스플레이의 스크린샷을 나타내고 있다. 이 시각화에는 GPS 수신기가 장착된 차량의 '나침반'을 나타내는 바늘, 기점(cardinal point), '눈금', 계산된 위치(흰색 십자) 및 3개의 NMEA 프레임이 포함되어 있다.

또한, 엄폐와 다중 반사의 문제를 고려하기 위해, 렌더 레이어(render layer)는 '경계 상자(bounding boxes)'를 사용하여, 수직 객체를 모델링한다. 타원체 지향 '경계 상자'의 형태로 환경 모델링을 구축하기 위해, 주(principal)성분 분석이 채택되었다.

그림 4.26은 Versailles-Satory 테스트 트랙의 사용 사례를 나타내고 있다. 이 예는 실제 RTK GPS와 본래의(natural) Trimble GPS를 비교하여, 시뮬레이션된 GPS로 얻은 결과를 나타내고 있다. Trimble GPS와 시뮬레이션된 GPS의 데이터를 가상 환경에 투영함으로써, 얻은 결과를 비교할 수 있음이 분명하다.

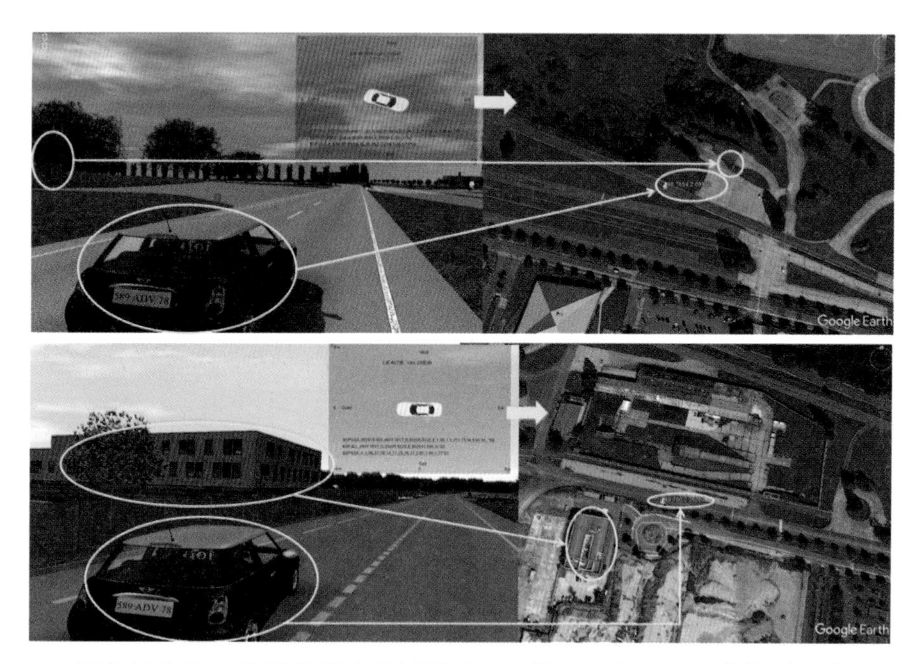

그림 4.25. Pro-SiVIC의 위치 디스플레이 모드 및 Google Earth 평면도의 투영

그림 4.26. 실제 GPS 데이터(RTK와 TRIMBLE)와 동시에 Pro-SiVIC의 GPS 데이터의 시뮬레이션

4.5. 통신 수단과 연결성 (Connectivity and means of communication)

4.5.1. 최신 기술 (State of the art)

최근 몇 년 동안, 협력 시스템의 개발 작업이 점점 더 많이 수행되고 있다. 이를 위해, 다양한 통신 매체를 사용한다. 가장 잘 알려진 것은, 아마도 VANet(Vehicular Ad-Hoc Network)용 WiFi(Wireless Fidelity)일 것이다. 이러한 협력 및 통신 애플리케이션의 프로토타입을 만들 수 있으려면, Pro-SiVIC 플랫폼에서 이러한 미디어를 모델링할 수 있어야 한다. 이러한 유형의 모델링은 단거리 트랜스폰더(transponder)형 통신 비콘(beacons)의 개발과 함께 시작되었다. 사용된 데이터 프레임이 실제 트랜스폰더에 의해 생성된 것과 같더라도, 범위 제한 전방향 전송(omnidirectional transmission) 모델만 사용하여, 전파(propagation) 채널을 크게 단순화하였다. 에너지 완화, 메시지 손실 또는 전송 지연 메커니즘은 모델링하지 않았다. 또한, 마스킹 메커니즘을 사용할 수 없었다. 그러나, 이 모델은 속도 규제에 사용할 수 있는 매우 짧은 범위의 트랜스폰더를 시뮬레이션하거나, 기반 시설 제약 및 이벤트(속도 제한, 경고, 도로 작업 등)에 대한 정시(punctual) 정보 생성에 충분했다.

그러나, 유럽 CVIS 및 SafeSpot 프로젝트 이래로, 운전 지원 시스템을 연구하는 과학 커뮤니티가, 차량간(V2V) 통신 또는 차량-인프라(V2I) 간의 통신을 관리하기 위해, 전용 통신 네트워크 시뮬레이터(고급 기능 및 검증된 모델 포함)에 점점 더 의존해야 한다는 사실이, 의심의 여지가 없게 되었다. 따라서 통신 수단을 시뮬레이션하고, 연결 기반 자율주행 차량의 영향에 대한 개발/연구 문제를 해결하기 위해, Pro-SiVIC에서 기능을 개발할 필요가 있었다. 상호 운용성 기능을 통해, Pro-SiVIC의 개발은 자연스럽게 이미 존재하는 타사 시뮬레이터와의 결합으로 전환되었다.

iTETRIS 이니셔티브(http://ict-itetris.eu/)(Rondinone 2013)의 틀(framework) 안에서 수행되는 작업과 같이, 네트워크 시뮬레이터와 도로 교통 시뮬레이터의 결합과 관련된 다른 작업은 이미 있었다. 그러나, 우리는 이러한 솔루션에 의해 구현된 전파 모델이, 실제 조건(예: 마스킹)에서 관찰되는 현상을 모델링하는 것은 거의 불가능한, 통계 모델이라는 것을 알았다. 이러한 솔루션은 거시적 현상(VANet의 라우팅 문제) 연구에 더 적합하고, 자아 중심적 미시적 문제에는 덜 적합하다. 따라서, 자차가 비상 제동으로 이어질 수 있는 위험한 상황(event)에 대해, 이웃들에게 경고해야 하는 협력 시스템 연구에 접근하기 위한, 또 다른 솔루션을 찾을 필요가 있었다.

FUI EMOTIVE, ANR PRCI CooPerCom 및 FUI SINETIC 프로젝트의 개발 이후로, Pro-SiVIC 플랫폼에는 도로 장면의 세부 데이터를 기반으로 전자기 전파 채널을 시뮬레이션하기 위한 모듈이 포함되었다.

지금까지, 이러한 모듈은 RADAR 유형 센서의 시뮬레이션에 사용되었다. 이러한 모듈은, WiFi(802.11p)와 같은, 무선 통신 시뮬레이션에 더 일반적으로 적용할 수 있도록 적응 및 수정되었다.

RADAR의 경우, 통신 수단을 시뮬레이션하는 데 필요한 복잡성 수준에 더 잘 적응하기 위해, 여러 수준의 모델링이 제안되었다. 트랜스폰더를 제외하고 Pro-SiVIC 플랫폼에는 두 가지 수준의 802.11p 유형 통신 모델링이 구현되었다. 또한, 이 협력 및 통신 시스템 전용 플랫폼을 SiVIC-MobiCoop라고 하였다(Gruyer 2013, 2018).

4.5.2. 전파 채널의 통계 모델
(Statistical model of the propagation channel)

모델링의 첫 번째 수준은 S. Demmel(2014)의 박사 연구 작업 내에서 개발된 통계 모델을 통합하고 있다.

이 모델링은, 송신기와 수신기 사이의 방출 거리 및 상대 속도의 함수로 전송되는 프레임 손실률을 추정하기 위해, 대량의 차량 간 통신 데이터(802.11p 모뎀 사용)에 대한 통계 분석에서 얻은 것이다. 이 모델에서, 통신 범위 표시기는 프레임 손실 표시기의 하위집합으로 해석할 수 있다. 사실, 최대 범위는 프레임 손실이 전체가 되는 거리를 아주 간단하게 표현할 수 있다. 우리는 Satory 테스트 트랙의 고속 트랙에서 얻은, 실험 데이터로부터 이 지표의 모델링에 집중했다. 간단히 말해서, 우리 모델의 입력 변수는 거리와 송신기와 수신기(차량 및 도로변 장치 모두) 간의 상대 속도이다. 우리 모델의 출력은 프레임 손실이 발생할 확률(probability)이다. 이 모델은 모든 실험 데이터를 재현할 수 있을 뿐만 아니라, 관찰된 측정값을 감안할 때, 그럴듯한 '새로운'(측정되지 않은) 데이터를 생성할 수도 있다. 측정 캠페인에 사용된 환경으로 인해, 우리 모델은 시골 도로뿐만 아니라 개방된 고속도로 환경에도 적합하다. 그러나, 이 모델은, 간섭 및 다중 반사를 유발하는 객체의 밀도가 높을 뿐만 아니라 보장되지 않는 LoS(Line of Sight) 조건을 가진, 도시 환경에서 작동하기에는 적합하지 않다. 이 모델(Demmel 2014)은 여러 하위 모델의 풀링을 통합하는 일반 매개변수 형식으로 정의되며, 그중 일부는 지상에서 전파가 반사되어 발생하는 간섭을 고려한 모델에 해당한다. 이 모델은, 간섭으로 인한 프레임 손실 현상을 완화하기 위한, 대책은 사용되지 않는다고 가정한다.

4.5.3. 다중 플랫폼 물리-사실적 모델 (Multi-platform physico-realistic model)

모델링의 두 번째 수준(Gruyer 2018; Ben Jemaa 2016)은, 훨씬 더 복잡하고, 현실적이지만, 사전에 환경의 전송 용량에 대한 지식은 필요하지 않다. 이것은 3가지 모듈 및 기능 세트의 사용을 기반으로 한다,

첫째는, 통신 네트워크 시뮬레이션 전용 NS3 라이브러리(OSI 모델의 7개 계층, 라우팅 메커니즘, 이동성(mobility) 그래프 등), 둘째는, RADAR 유형의 전자기 센서용 Pro-SiVIC 플랫폼에 정의된 전파 채널의 적응, 그리고 세 번째로는 애플리케이션의 상호 운용성을 보장하고, 이 시뮬레이션과 관련된 타사 애플리케이션과 Pro-SiVIC를 상호 연결하는 데 사용되는 DDS 통신 버스이다. 이 접근 방식의 관심은 두 배이다. 이유는, 환경에서 수신 능력(capabilities)에 대한 지식을 극복할 수 있게 하며, 동시에 과학 분야에서 개발한 모든 기술을 포함하는, 완전하고 일반적이며, 상호 운용 가능한 통신 시뮬레이션 플랫폼을 구축할 수 있기 때문이다(NS3 라이브러리에서 부분적으로 사용 가능).

보다 구체적으로, Pro-SiVIC에 통합된 전파 채널은, 주어진 순간에 두 안테나 사이의 주(main) 파동 경로의 특성과 이동성 데이터를 계산할 수 있게 한다. 이동성 데이터에는, 경로의 에너지 이득 및 감쇠, 경로 길이, 도플러 효과, 위치, 그리고 방문한 지점의 운동학적 비틀림 및 방향 등이 포함된다(그림 4.28). 통신 시뮬레이션과 관련된 모든 소프트웨어 모듈(NS-3, Pro-SiVIC 전파 채널, 통신 버스, 프레임 처리 플랫폼 등)은 그림 4.27에 제시되어 있다.

또한, 이들 모델을 사용하면, 더 이상 인지(perception) 수단이 장착된

단일 차량으로 구성되지 않고, 환경을 인식하고 다른 모바일과 상호 작용할 수 있는 차량 세트로 구성된, 협력 응용 프로그램의 프로토타이핑 시나리오를 설정할 수 있다. 잠재적으로, 그리고 몇 가지만 수정하면, 동일한 통신 흐름 안에서, 이 플랫폼은 Pro-SiVIC 플랫폼에서 진화하는 실제 차량과 가상 차량의 메시지를 혼합할 수 있다. 이 특징은 실제 물질(materials)과 인적 자원을 위험에 빠뜨리지 않고, 잠재적으로 위험한 상황을 시뮬레이션하는 데 매우 흥미로울 수 있다.

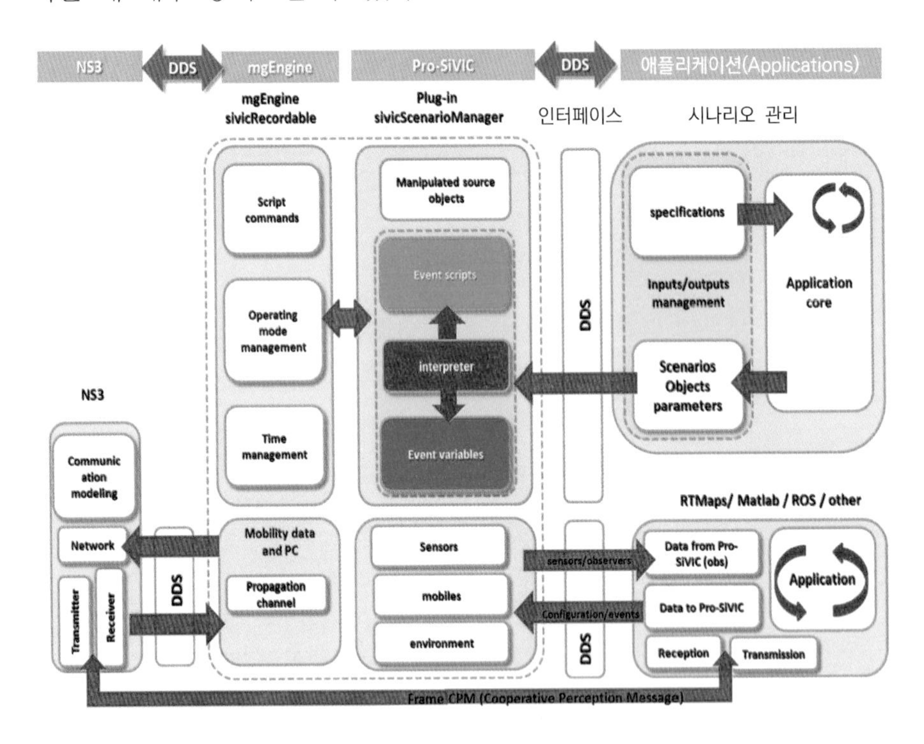

그림 4.27. Pro-SiVIC-MobiCoop의 실시간 작동 기능 다이어그램, NS-3 및 기타 타사 응용 프로그램에 상호 연결되어 있음.

전송된 프레임은 2015년 HERE에서 생성한 문서에 제공된, 설명을 기반으로 한다(Thandavarayan et. al 2020).

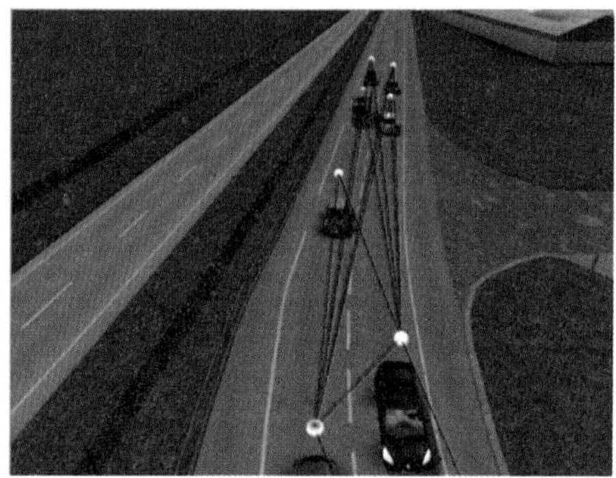

그림 4.28. 무지향성 안테나 및 적응형 전파 채널을 갖춘, Pro-SiVIC의 V2V 통신

4.6. 몇 가지 관련 사용 사례(Some relevant use cases)

4.6.1. 그래픽 자원(Graphic resources)

지금까지, 이 장에서는 연결 기반 자동화 모빌리티 서비스의 설계와 관련된 애플리케이션은 물론이고, ADAS의 프로토타이핑, 테스트, 평가 및 검증에 필요한, 주요 기능에 관해 설명하였다. 가능한 한, 현실에 가깝게 유지하기 위해, 일반적인 도로 장면과 특히 Versailles-Satory 테스트 트랙을 재현할 수 있는, 일련의 그래픽 자원을 생성하였다. 그림 4.29와 4.30은 획득한 환경의 물리-현실적 모델링 유형을 나타내고 있다. 이 절에서 제공할 응용 프로그램은 이러한 환경에서 테스트 되었다.

그림 4.29. Versailles-Satory "주 도로"와 "고속" 트랙 렌더링의 세부 수준

4.6.2. 커뮤니케이션 및 전반적인 위험(Communication and overall risk)

통신 시스템 응용 프로그램을 구현하기 위해서는, 두 안테나(송신 안테나와 수신 안테나) 간의 데이터 프레임 전송 동작(behavior)에 관한 충실한 모델을 갖는 것이 중요하다.

실제로, 전파 채널을 모델링하는 방법을 알아야 할 필요가 있다. VANET 유형 통신을 위한 802.11p 표준의 시뮬레이션 및 사용에 관한 수많은 연구는 NS2 또는 NS3 유형 모델링 라이브러리에 의존한다. 도로 환경의 복잡성으로 인해, 일부 경우 802.11p의 성능 측정값이 이론적인 모델과 상당히 다를 수 있음을 의미하는 것으로 알려져 있다. NS3 라이브러리에 의존하는 시뮬레이터가, 지면 반사를 확인하는 간접 전파 모델을 사용하도록 구성할 수 있다고 해도, Sébastien Demmel의 박사 학위 논문에서 수행된 실험 결과는 이 모델이 성능에서, 우리가 차례로 측정하고 관찰할 수 있는, 특정 변화를 나타내는 데 항상 적합하지는 않다는 것을 시사한다. 이러한 이유로, 경험적 및 통계적 모델링이 제시되었다. 이것은 시뮬레이션 결과를 보완하고 개선하는 좋은 방법이다. 이 응용 프로그램에서 사용된 것은 이 모델링이다.

그림 4.30. Versailles-Satory "Road" 트랙 렌더링의 세부 수준

Pro-SiVIC 플랫폼에서 이 모델을 구현하면, 일련의 차량에서 '비상 정지' 시나리오를 훨씬 더 현실적인 방식으로 재현할 수 있다(Gruyer 2013). 이 시나리오의 목적은, 충돌 위험 및 심각성을 줄이기 위해, 통신 수단 배치(deploying)에 관한 관심과 이점을 정량적으로 나타내는 것이다.

이 연구는, 장비 비율(모든 차량에 1), 그리고 이 장비의 공간 분포가 다를 수 있는 실험 계획이 필요하다. 이 시뮬레이션에서, 차량과 차량의 동역학(dynamic)은 매우 사실적인 방식으로 재현된다. 또한, 통신에는 802.11p 모델의 불완전성(지면 반사, 거리 및 상대 속도의 함수에 따른 프레임 손실률, 전송 대기시간 등)이 포함된다. 마지막으로, 각 차량에는 가변적일 수 있는 반응 시간(상황에 따라 시스템과 사람)과 전방 장애물을 탐지하는 기능이 있다. 이 시나리오에서, 차량은 제동 능력과 타이어 접지력 계수에 따라 비상 제동도 수행한다. 이를 통해 현실과 매우 유사한 거동(behavior)을 얻을 수 있다. 그림 4.31은 복잡한, 이 애플리케이션의 기능 블록선도이다.

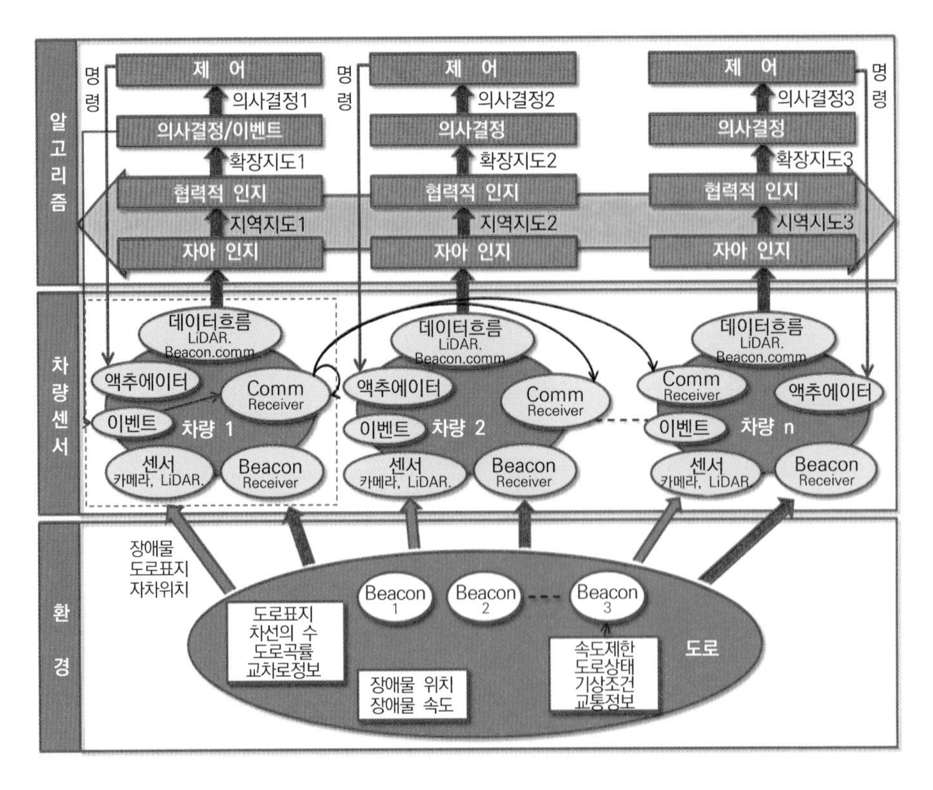

그림 4.31. 커뮤니케이션/글로벌 위험 평가 애플리케이션의 기능 블록선도

다양한 장비 비율로 여러 번 테스트한 결과, 이 장비 비율에 따라 충돌 횟수가 매우 심하게 감소하는 것이 관찰 및 측정되었다. 그러나, 충돌 횟수의 감소가 적절하게 관찰되고 정량화되었음에도, EES(Equivalent Energy Speed)가 거의 일정하게 유지되었음을 알 수 있었다(그림 4.33). 이는 충돌이 적을수록, 일부 구성(configuration)에서 나머지 충돌의 심각도가 더 높을 수 있음을 의미한다.

이 결과는, 충돌이 발생할 때 구현되는 전략에 대해 심각한 질문을 제기하기 때문에, 추가 연구가 필요하다. 그러나, 지금까지 이러한 테스트는 경보 전송 유형 시나리오에 대해서만 수행되었다(그림 4.32).

출발

차선이동(2차선)

비상제동

그림 4.32. 시나리오의 3단계: 두 차선에서 시작하여, 단일 차선 대기열로 수렴하고, 마지막으로 "선두(leader)" 차량의 비상 제동

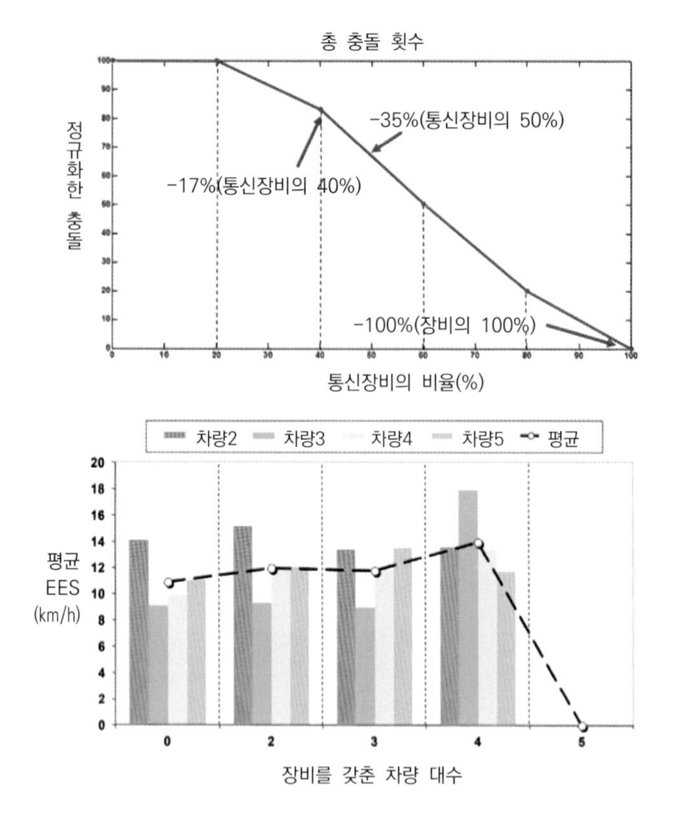

그림 4.33. 장비 비율에 따라 전체 라인 및 차량당 정규화된 충돌 횟수, 그리고 각 차량과 장비 비율에 대한 평균 EES(등가 에너지 속도)

이러한 연구들 덕분에, 통신 수단의 사용이 충돌 감소에 상당한 영향을 미친다는 것은 분명하다(Gruyer 2013). 이 결과는, 협력체제의 발전을 검증하는 중요한 첫걸음이었다. 다음 단계에서는, 충돌 횟수를 제한할 뿐만 아니라, 위험한 상황을 예측할 수 있는 솔루션을 모색하여 연구를 확장하였다. 문제는 최대 안전 수준 또는 최소 위험 수준을 보장할 수 있는지, 없는지이다. 이 경우, 경고 메시지를 보내는 것만으로는 더는 충분하지 않다. 현재 상황에 대한 보다 복잡한 정보를 처리할 수 있어야 한다. 이 정보는 자차의

Local Perception Dynamic Map(로컬 인지 동적 지도)에서 가져온 데이터의 전체 또는 일부에 해당한다.

내장된 인지 및 통신 수단이 장착된 각 차량은, 통신 수단이 장착된 다른 차량에 해당 지역 정보를 전송한다.

차량 또는 인프라 관리자가 다양한 로컬 인지 지도를 고려할 때, 확장된 인지 지도를 구축하여, 이벤트 및 도로 장면의 핵심 구성 요소(장애물, 도로, 자차, 환경, 운전자)의 존재와 이벤트(event)에 대한 자각(awareness)을 얻을 수 있다. 이 확장된 인지(perception)는 더 큰 인지 범위와 도로 장면의 핵심 구성 요소에 대한 풍부한 설명으로 나타날 수도 있다. 이 인지 범위의 확장은, 사고를 유발하는 상황으로 이어질 수 있는 사건(event)을 예측하고 예보하는 데 매우 중요하다. 이러한 미래 상황의 해석은, 위험 수준을 최소화하기 위해, 자차의 거동을 수정할 수 있는 결정을 허용할 것이다. 이 새로운 연구에서, 목표는 주로 이러한 확장된 인지로부터 전체 위험 수준을 추정하는 것이 가능한지, 특히 관련성이 있는지 알아내는 것이다. 또한, 전역(global) 위험이 있다면, 지역 위험과 비교하여, 이 전역 위험의 기여도를 정량화하는 것은 논리적인 것으로 보인다. 이 연구를 수행하기 위해, 우리는 위험 기준을 선택하거나 구축해야 했다. 우리의 선택은 TTC(Time To Collision)에 기반한, 고전적인 위험 지표를 사용하는 것이었다. TTC는 거리, 속도, 가속도 및/또는 방향에 따라 현재 동작을 수정하지 않는 한, 두 객체(차량 또는 기타) 간의 미래 충돌 이전의 특정 순간 t에서 남아있는 시간 간격의 양자화(quantization)를 나타낸다. 사실, TTC는 종종 위험의 개념을 대체하는 크기이다. 확장된 인지의 사용을 기반으로 하는, 글로벌 위험과 지역 위험 추정치의 성능을 비교하기 위해, 각 차량에 대해 계산된, 일련의 위험 대신에, 상황의 위험을 설명하는 단일 위험 값을 생성하는 것이, 더 타당하고 적절해 보였다. 시간이 지남에 따라 각 테스트에 대해 두 가지 위험 값을 구현하였다. 먼저, 단일 차량 x에 대해 계산된 전체 위험은 $R_{g,x}$이다. 이제 모든 차량에 대한 총체적으로 인지된 위험 R_g를 갖게 될 것이다. R_g가 높을수록, 운전 상황은 더 위험하다. 수행된 시나리오에서, 처음 4대의 차량은 최대 지연 시간이 5ms인 2Hz로 위치를 전송한다. 자차는 차선의 끝에 있으며, 각각 10Hz와 20Hz의 주파수로 자신의 위치 및 로컬 인지 지도를 업데이트한다. 확장된 인지 지도 자체는 10Hz의 주파수로 업데이트된다. 로컬 자차 인지 지도는 LiDAR 기술을 사용하여, 표적을 탐지 및 추적하여 만든다. 로컬라이제이션(localization; 위치 추정/측정)에는 비선형 칼만 필터(Extended Kalman Filter; 확장 칼만필터)를 사용한다.

위험값 0.7로 위험 임곗값을 설정하면, 충돌 5초 전에 운전자는 경고받을 것이다. 이 경고 시간은 짧아서, 위험을 최소화하는 조종(maneuver)을 실행하기 위해, 운전자는 반응(긴급 제동 또는 회피 조종)할 수만 있고, 상황을 예측할 수는 없다. 이 예측 요소는 후방 차량과의 가능한 충돌을 제한하는 데 중요하다. 이제, 그림 4.34에 제시된 결과를 관찰하고, 협력 응용 프로그램을 사용하여 얻은 결과를 관찰하면, 눈부신 이벤트 수정을 관찰할 수 있다. 실제로, 시나리오의 중간에서 차량 4와 5 사이의 지역적 위험은 위험 임곗값에 가깝지만, 전체 위험은 이 임곗값 미만으로 유지된다.

이 상황에서, 차량 5는 실제로 매우 위험한 상황에 부닥쳐 있다고 생각하지만, 다른 차량은 그렇지 않다. 따라서, 이것은 훨씬 더 전역적(global) 인지(perception)와 관련하여, 지역 위험 인지의 중요성을 약화한다. 따라서 두 가지 위험 지표(로컬 및 글로벌)는 모순되지만, 그런데도 두 가지 다른 관점에서 상황을 완벽하게 반영한다. 첫 번째 차량이 긴급 제동을 하는 순간, 차량 2의 위험도가 거의 동시에 상승하는 것을 확인할 수 있다. 그런 다음, 다른 차량도 캐스케이드(cascade)에서 각각의 위험 증가를 확인하며, 이는 일련의 비상 제동 반응으로 해석된다. 그러나, 위험 임곗값을 초과하는 로컬 및 글로벌 위험 지표의 교차를 관찰하면, 글로벌 위험이 로컬 위험보다 약 7초 전에 이 임곗값을 초과하는 것을 알 수 있다. 이 관찰은 차량 5의 반응 시간이 더는 7초가 아니라 2배, 즉 14초라는 것을 알려주기 때문에 매우 중요하다. 이것은 우리에게 더 나은 결정을 내리고, 글로벌 및 로컬 위험을 최소화하는 조종(maneuvers)을 시작할 수 있는, 충분한 시간을 제공한다. 이 동작은, 운전 자동화 시스템이 해제되어, 운전자가 제어권을 되찾아야 할 때 아주 중요하다. 운전자가 상황을 인지, 해석하고 이해할 시간이 길면 길수록, 더 적절하고 안전한 방식으로 행동할 수 있다.

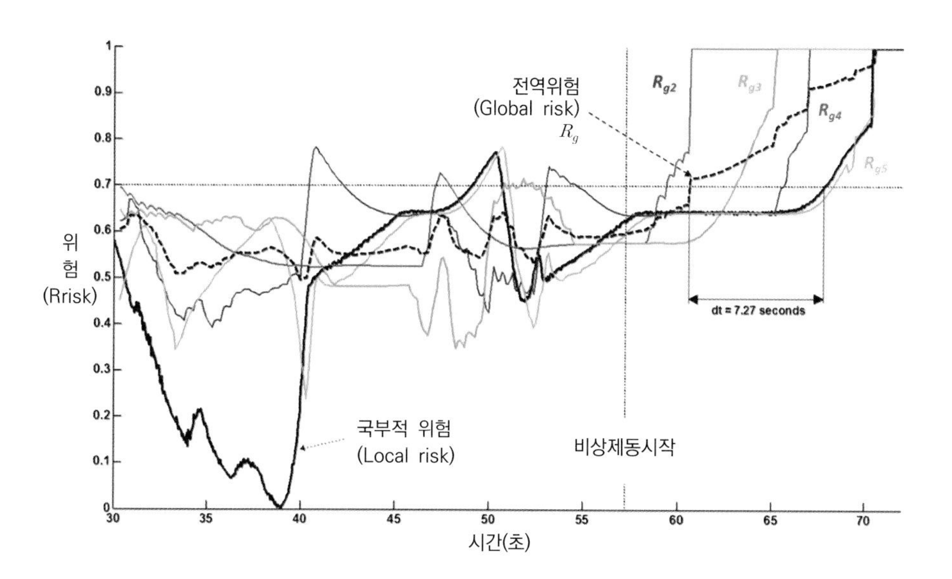

그림 4.34. 차량 차선 시나리오에서 지역 위험 및 전역 위험

4.6.3. 자동 주차 운전(Automated parking maneuver)

이 응용 프로그램은 Mines Paris Tech에서 최성우 박사의 박사 학위 논문 일부로 개발되었으며(Choi 2010), 목적은 실행할 운전(maneuver) 횟수 측면에서 최적일 수 있는, 자동 주차 운전 알고리즘을 제안하는 것이었다(Choi 2011).

이 응용 프로그램은 Matlab(그림 4.35)에서 처음 프로토타입으로 제작하였으며, 나중에 차량, 센서 및 액추에이터의 모델링 및 시뮬레이션을 위해 Pro-SiVIC를 사용하여 RTMaps에서 구현하였다.

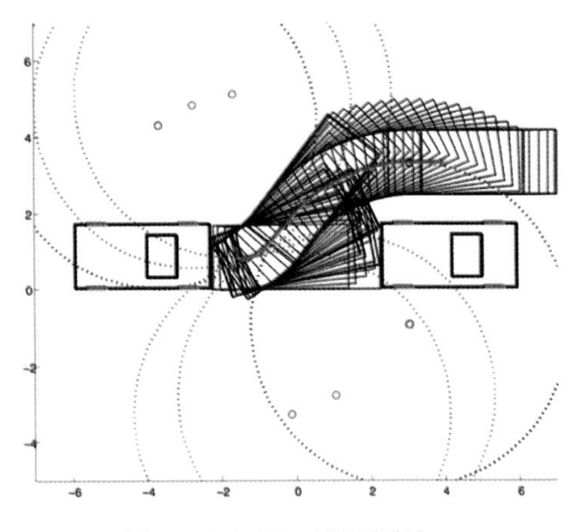

(a) Matlab으로 시뮬레이션

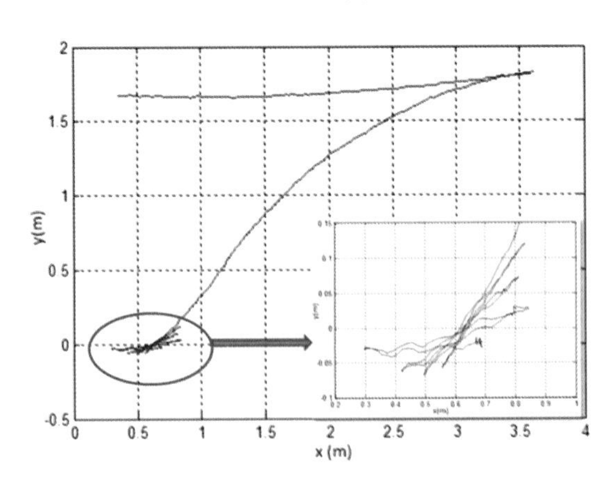

(b) 실제 조건에서의 결과(실제 실험)

그림 4.35. Matlab에서 자동화된 최적의 주차 애플리케이션 구현 및 실제 결과(최 2011)

그림 4.36은 실제 애플리케이션 모듈을 사용하여, Pro-SiVIC 환경에서 수행된 실험의 스크린샷을 제시하고 있다.

후에, 이 모듈은 Rocquencourt 소재, INRIA's Cycabs에 구현되었다.

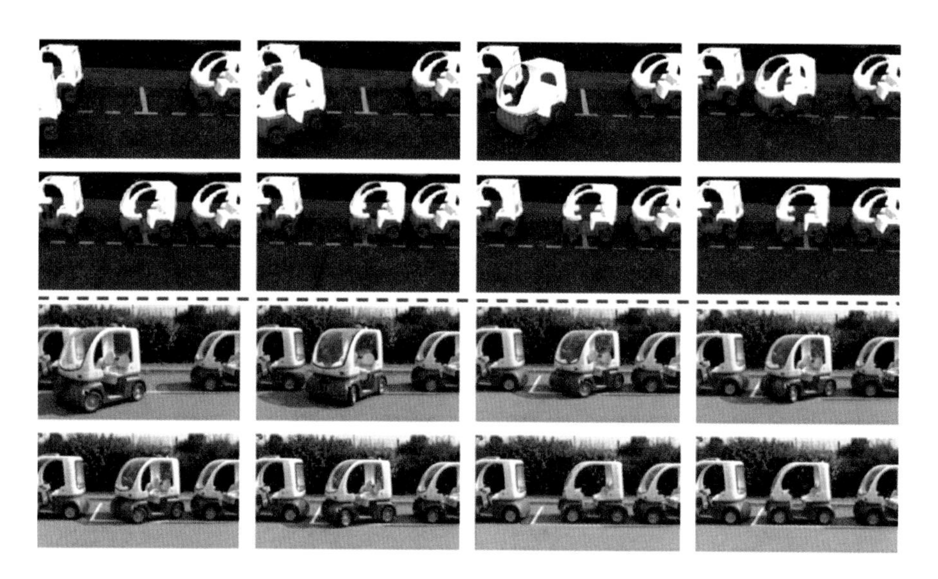

그림 4.36. Pro-SiVIC/RTMaps를 사용하여 실제 조건에서 자동화된 최적의 주차 애플리케이션 구현(Gruyer 2014a)

시뮬레이션 단계에서 실제 생활 조건에 이르기까지, 이들 테스트와 개발 주기 동안에, 시뮬레이션과 실제 생활 실험에서 동일한 거동(behavior)을 확인할 수 있었다. 이를 통해, 이러한 유형의 응용 프로그램을 평가하기 위한, 시뮬레이션의 개념과 대표 특성을 검증할 수 있었다. 이 자동 주차 개념은 일렬, 수직 및 헤링본 주차 조종에 대해 일반화되었다.

그림 4.37과 4.38은 차량 동역학의 복잡한 모델, 그리고 충분히 큰 여유 공간 탐지용으로 내장된, 원격 측정 센서를 사용하여 시뮬레이션 된 다수의 실험을 나타내고 있다.

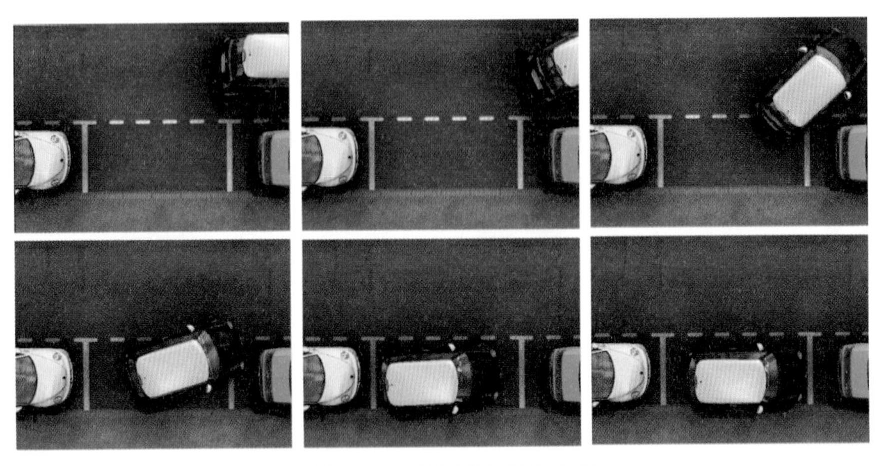

그림 4.37. 자동 일렬 주차 조종

그림 4.38. 자동 직각 주차 운전

4.6.4. 협력 주행과 자동화된 주행(Co-pilot and automated driving)

이전 애플리케이션에서, 제어는 단일 차량 및 로컬 저속 구성(configuration)에만 적용되었다. 유럽 FP7-ICT HAVE-it 프로젝트(Highly Automated Vehicles for Intelligent Transport) 및 Benoit Vanholme (2012)의 논문 작업의 하나로, 이 연구 범위는 차량단(vehicle fleet) 제어(전/후 및 좌/우 운전)를 목표로, 고속도로 환경에서 고속으로 주행하는, 고도로 자동화된 차량들의 전개(deployment)에 관한 연구로 확장되었다. 이 연구(그림 4.39)에서, 가상 협력 주행 모델은, 확장된 동적 인지 지도(근거리 및 원거리 표시 및 장애물)와 일련의 규칙(인간, 시스템, 교통)으로부터의 정보를 고려하도록, 제안되고 개발되었다. 예를 들어, 교통 규칙은 고속도로 코드 규칙(속도 제한, 도로 표시 준수, 좌측에서 의무 추월 등)에 해당한다. 이들 데이터와 제약 조건을 사용하여, 상황의 위험과 비용을 포함한 일련의 기준을 최소화하면서, 전/후 방향 및 좌/우 방향 운전 지침을 제안할 수 있었다. 이 작업은 (Vanholme 2013)에 자세히 설명되어 있다. 이 응용 프로그램에서 협력 주행은 고속도로 환경에서 고속으로 작동해야 하는 것 외에도, 여러 유형의 운전 모드(스포츠, 컴포트, 노멀)를 구현할 수 있어야 했다.

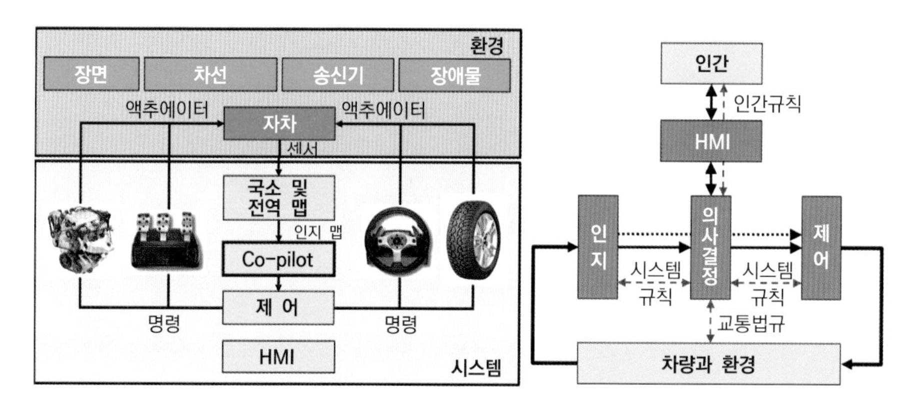

그림 4.39. 가상 협력주행(co-pilot) 설계에서 인정하는 모듈 및 규칙

시뮬레이션을 사용하여, 이러한 유형의 자동화된 차량용 중앙 가상 협력 주행(central virtual co-piloting) 기능의 프로토타입을 만들 때의 이점은, 개발 일부(단일 기능)에만 노력을 집중하고, 나머지 기능은 '완벽한(perfect)' 모드로 둘 수 있다는 점이다. 우리의 경우, 협력 주행 자체 개발에 노력을 집중했으며, '완벽한' 환경 인지를 사용했다. 인지 작업을 위해, 우리는 실제로 '기준(reference)' 센서(도로 표시 및 장애물)를 사용했으며, 시뮬레이션 된 실제(realistic) 센서 세트에서 파생된 처리단계를 사용하지 않았다.

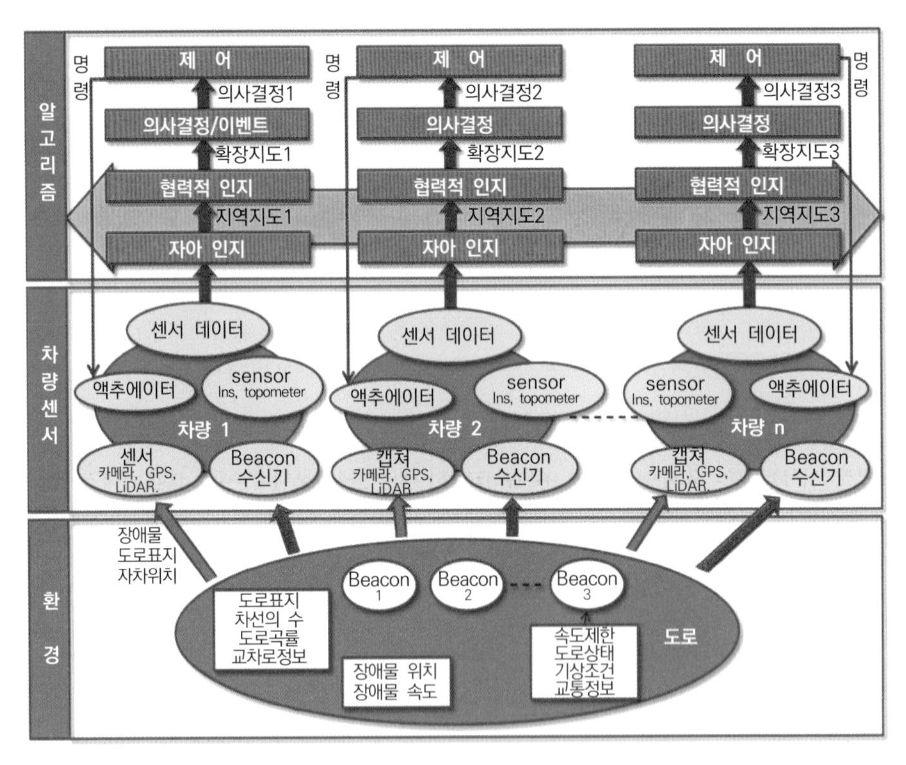

그림 4.40. 협력주행(co-pilot) 애플리케이션의 기능적 아키텍처(HAVE-it 프로젝트)

첫 번째 수준은, 속도 제한을 전송하는 신호와 같은, 도로변 장비와 환경에 관한 것이다(Gruyer 2009). 두 번째 수준은, 액추에이터와 인지(센서) 및 통신 장비를 갖춘 차량에 관한 것이다. 마지막으로, 세 번째 수준은, 고속 운전 자동화를 가능하게 하는 데 사용되는 다양한 애플리케이션에 전념하는 것이다. 이 '응용 프로그램' 계층에서는, 네 가지 처리 수준이 필요하다. 즉, 로컬 및 주변 환경에 대한 인지, 협력적 인지 또는 확장된 인지, 가상 협력주행, 차량의 액추에이터에 작용하는 명령/지시(commands/orders)를 생성할 수 있는 제어가 필요하다. 이 애플리케이션을 위해, 9대의 자동화 차량과 관련된 시연(demonstration)을 실행하였다.

각 차량에는 특정 운전 모드(스포츠, 노멀, 컴포트)를 위해 구성된 자체 협력 주행이 있다. 또한, 운전 공유 기능이 통합되어, 운전자가 언제든지 차량 중 1대의 운전 작업을 다시 제어할 수 있다. 이 메커니즘을 이용하여, 자율주행 차량만 순환하는 지역에서 인간 행동의 영향을 관찰할 수 있었다. 이 시연의 견고함은 이 차량단이 어떠한 유형의 중단도 없이, 오랜 시간 동안 작동하도록 함으로써, 또한 높이 평가되었다(차량이 일반 모드에서 400km 이상 주행). 이러한 장시간 실험에서, 충돌 또는 '사고에 가까운(near accident)' 상황(사고를 유발할 수 있는 이벤트 및 고위험 상황)을 유발하지 않고, 잠재적으로 상반되는 다양한 운전 모드(컴포트 및 스포츠)가 공존할 수 있음을 관찰할 수 있었다.

나중에, 협력 주행은 전용 하드웨어 아키텍처, 그리고 LIVIC 프로토타입 중 하나에서 실제 조건으로 테스트 되었다(그림 4.41). 이 매우 흥미로운 연구를 통해, 조종/궤적 계획 및 고속 자동 운전 시스템에 전념하는 복잡한 응용 프로그램의 모든 설계 단계를 프로토타이핑하고 검증하기 위한 수단으로서, 시뮬레이션 플랫폼의 사용을 검증할 수 있었다. 이후에, 다른 응용 프로그램은 '모델 없는(model-free)' 접근 방식(Menhour 2018)을 통한 차량 제어 문제, 협력 차량단(platoon)의 관리 및 전용 환경에서의 셔틀 관리를 위해, 동일한 작동 모드로 개발 및 테스트 되었다.

그림 4.41. 실제 차량 및 Pro-SiVIC 플랫폼을 이용하여 Satory 트랙에서 European Have-It 프로젝트가 개발한 협력주행(co-pilot)의 사용

4.6.5. 에코 모빌리티와 친환경 주행 프로필 (Eco-mobility and eco-responsible driving profile)

지금까지, Pro-SiVIC은 주로 센서 모델링 및 능동 ADAS 프로토타이핑에 사용되는 플랫폼으로 제시되었다. 몰입형 가상 현실 헬멧(OCULUS, HTC Vive)의 마케팅으로, Pro-SiVIC과 이 새로운 기술을 접속(interface)하는 것이 적절해 보였다.

목표는 Pro-SiVIC의 기능 영역을 확장하고, 시뮬레이션 루프와 관련된 실제 드라이버를 위한, 완전한 3D 몰입형 애플리케이션을 얻는 것이었다(그림 4.42). 또한, 에코 드라이빙과 에코 모빌리티 문제에 대한 Olivier Orfila (2015, 2017b)의 연구 덕분에, Pro-SiVIC에서 차량의 에너지 소비를 측정하는 새로운 센서를 구현할 수 있었다. 이 새로운 센서와 가상현실 헬멧의 사용으로, 몰입형 에코-드라이빙 애플리케이션(루프에 인적 요소 포함)을 설계, 테스트 및 평가하는 문제에 대응하는, 3D 몰입형 플랫폼을 설계할 수 있었다. 이 HIL(Hardware In The Loop) 플랫폼의 목표를 달성하기 위해, Pro-SiVIC에서 두 가지 기술 작업을 해결해야 했다. 첫 번째는 이미 존재하는 소비(consumption) 센서를 적용하는 것이었다. 두 번째는 가상현실 헬멧(처음에는 OCULUS 헬멧으로 만든 다음, HTC Vive 헬멧으로 제작)에서 3D 장면을 표시할 수 있는, 소수의 이미지를 실시간으로 생성하기 위한, 새로운 광학 센서를 설계해야 했다(그림 4.42).

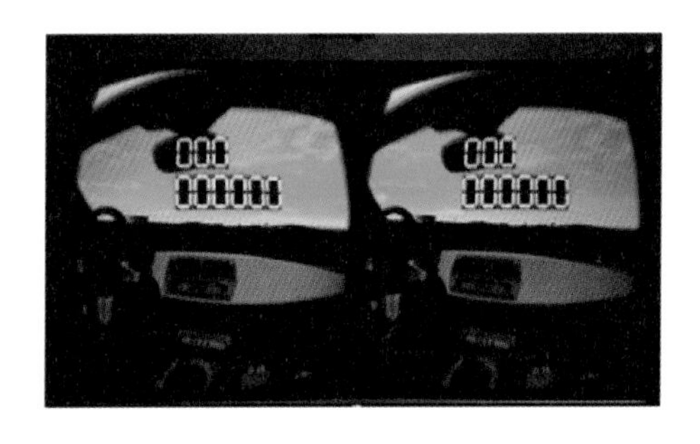

그림 4.42. OCULUS 및 HTC Vive 몰입형 VR 헬멧에서, 3D 재생을 위한 몇 개의 HD 이미지 생성

이를 위해, 적응된 시차(parallax)가 있는, 인간의 입체 비전(눈 간격 평균 64mm)를 재현했다. 이 3D '센서'에서 두 개의 이미지가 고해상도(1280×1024)로 생성되고, 동시에 단일 '듀얼 스크린' 이미지로 헬멧에 전송된다(그림 4.43). 이 전송은 DDS 통신 버스를 사용하여 실행된다. 헬멧에 있는 IR 센서와 관성 장치를 사용하여, 운전자의 머리 방향을 쉽게 파악

할 수 있다. 이 정보는 Pro-SiVIC에서 'Dual Screen' 센서의 외부 구성(configuration)을 제어하는 데 사용된다. 이 입체 모델에서는, 실제 운전자의 시각적 편안함을 최적화하기 위해, 작동 중에 주파수와 시차(parallax)를 조정할 수 있다. '이중 보기(dual view)' 플러그인에 내장된 게이지 및 미터 형태의 소비 및 속도 정보도 무한 거리에서 사용할 수 있다(그림 4.42 및 4.43).

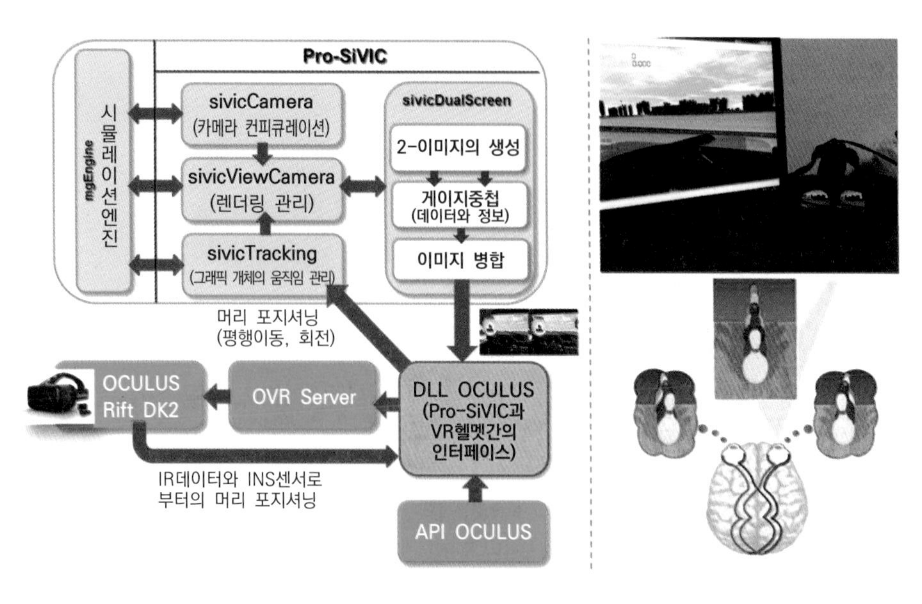

그림 4.43. 기능 블록선도: VR 헬멧과 Pro-SiVIC의 인터페이스

이 플랫폼의 몰입형 현실감을 높이기 위해, 운전자는 SECMA F16 차량, Logitech 조종석 및 DEVELTER 조종석과 같은 다수의 실험용 벤치를 이용하고 있다(그림 4.45).

SECMA 차량에서, 속도 및 조향 지침은 CAN 버스 및 RTMaps를 통해 Pro-SiVIC으로 전송된다(그림 4.44).

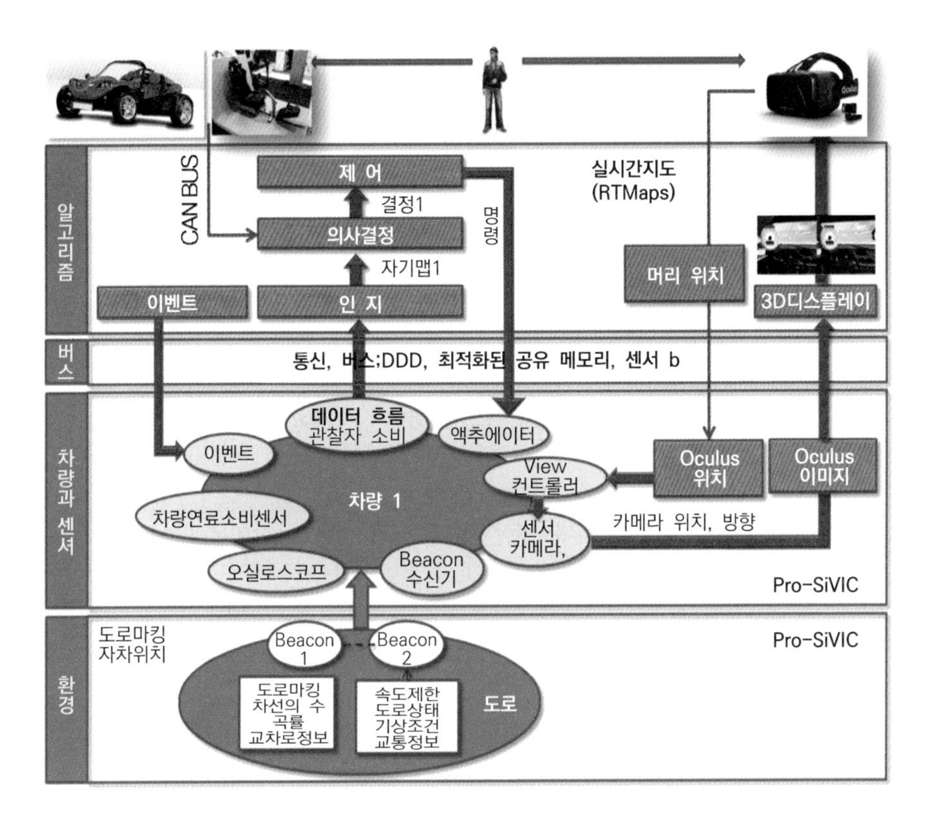

그림 4.44. "eco-SiVIC" 애플리케이션의 기능적 아키텍처:
에코 모빌리티 애플리케이션의 프로토타이핑, 테스트 및 평가용

그림 4.45. Pro-SiVIC(SECMA F16, 로지텍 드라이빙 시트, DEVELTER 드라이빙 플랫폼) 기반, 몰입형 에코 모빌리티 실험장치

이 에코 모빌리티 플랫폼의 첫 번째 연구 목표는, 운전자가 에코-드라이빙에 대해 자각하게 하고, 그들의 행동을 연구하여 모델, 에코 책임 속도 프로필(Orfila 2017a, 2019) 및 에코-드라이빙 조언(Geoffroy 2016)을 추출할 수 있도록 하는 것이다. 시나리오는 Satory 테스트 트랙의 가상 재생 설비(디지털 트윈)에서 수행하였다.

수행된 실험에서, 연료 탱크는 거의 비어 있었고(가솔린 0.15ℓ) 운전자에게 제약이 가해졌다. 최고속도는 90km/h로 제한되고, 도로를 이탈하면 벌칙을 부과하였다(10km/h에서 속도 제한 기구). 실험은 3단계로 진행되었다. 먼저 운전자는 가장 먼 거리를 커버하기 위해 정상적(normal)으로 운전해야 했다. 그런 다음, 에코-드라이빙 조언(40~50km/h의 일정한 속도 유지, 극단적인 가감속 제한, 핸들의 강한 조종 피하기)을 받았고, 에코-드라이빙 조언에 따라 최대 거리를 커버하기 위해 노력하고, 운전해서 되돌아와야 했다. 주행거리와 최적의 친환경 주행거리의 비율을 점수로 제시하였다.

4.7. 결론과 전망 (Conclusion and perspectives)

우리가 2002년에 이 시뮬레이션 플랫폼의 설계 작업을 시작했을 때, 자동차 산업은 책임과 운전 결정을 운전자에게 맡기는, 새로운 레벨 1 및 레벨 2(SAE 규격) 운전자 지원 시스템을 준비 중이었다.

2010년, Google이 RADAR, 비디오카메라 및 GPS와 같은 내장 센서 세트의 지원을 받는, 자동 파일럿 시스템이 장착된, 차량을 설계하여 캘리포니아에서 주행 실험을 할 때, 자동차 제조업체와 부품 공급업체의 야망은 크게 진전되었다.

그 이후로, 산업계는 궁극적으로 운전자를 대체할 시스템(레벨 3~5 자율주행 시스템) 개발에 막대한 투자를 해왔다. 따라서, 근본적인 안전 문제는 필수적이며 그러한 신기술을 완전히 검증하기 위해 새로운 방법론을 구현해야 한다(Gruyer 2017; Van Brummelen 2018).

교통사고의 93%가 인적 오류에 의한 것이라 하더라도, 중요한 운전 상황의 99.999%에서는 인간이 상황과 환경에 따라 의사결정을 내림으로써, 사고를 피할 수 있다는 점을 알아야 한다.

따라서, 새로운 자동화(레벨 3 및 4) 및 자율(레벨 5)주행 시스템의 성능을 인증하여, 현재 인간의 성능을 넘어설 방법에 대한 도전이 시작되고 있다. 이 인증의 과제는 또한 모든 상황에서, 이러한 새로운 형태의 이동성에 대한 사용자 안전을 보장하는 문제이다.

우리는 시뮬레이션이 모든 작동상황에서 새로운 인지 시스템(탐지, 모니터링, 인식(cognition))의 성능을 인증하고, 분석 및 결정을 하기 위한 후보자이자 필수 도구가 되고 있다고 생각한다.

우리가 ADAS의 프로토타이핑, 테스트, 평가 및 검증을 위한 센서, 차량 및 가상 환경의 시뮬레이션에 대해 수행한 작업, 특히 임베디드 인지 시스템은, 자동차 산업의 새로운 요구에 부응하고자, 시뮬레이션 솔루션인 Pro-SiVIC를 산업화하는 데 필수적이다.

실제로, 2002년 이 연구 프로젝트가 시작된 이후, 특히 2015년부터 프랑스 소프트웨어 퍼블리셔 ESI 범위에서 수행된, 시뮬레이션 작업 통합 이후, 우리는 현실적인 센서 모델을 개선하고, 이들을 작동 센서로부터 얻은 실제 데이터와 비교할 수 있었다. 이 비교 과정은 고객의 사용 사례를 기반으로 하였다. 그러나, 기술 선택의 관련성은 이미 많은 협업 프로젝트(ARCOS, LOVe, ABV, HAVE-it, eFuture, CooPerCom, ISI-PADAS, Holidcs 등)를 통해 검증되었다.

Pro-SiVIC 플랫폼은, 또한 공동 시뮬레이션을 관리할 수 있게 하는 FMI, 또는 3D 환경 자원 및 도로 네트워크를 생성하기 위한 Open-Drive 및 Open-Scenario와 같은, 새로운 표준의 산업화를 인정하면서 발전하였다.

미래의 과제는 Pro-SiVIC와 같은 솔루션이, 연결기반 자율주행 차량에 대한 실증, 검증 및 인증 프로세스/절차를 어떻게 일치시켜야 하는지를 결정하는 것과 관련이 있다.

지금까지 이들 절차로 인해, 물리-사실적 시뮬레이션이 제공하는 가치를 효과적으로 활용할 수 없었다는 점은 확실히 유감이다.

불행히도, 시뮬레이션은 시스템 크기 조정의 고급 단계에서 조력자로서, 또는 정의되고 알려진 필드에서 기능적으로 작동하는 이들 시스템의 검증에 너무 자주 사용되고 있다. 실제로 카메라, RADAR, LiDAR 등과 같은 일련의 인지 사슬을 기반으로 하는 새로운 의사 결정 시스템은, 무한한 가변성과 복잡성을 나타내는 개방형 환경에서 작동한다.

ACV용 ADAS의 평가, 검증 및 인증을 위한 시뮬레이션 도구의 향후 개발에는, 시스템이 설계에 따라 예상되는 성능 한계에 도달하는, 중요하고 드문 경우를 추출하고, 필요한 인증 관련 결정(마케팅 전)을 고려하고, 운전자가 운전 부하를 자동 시스템에 넘기도록 설득하는 작업이 포함될 것이다.

이 분야에서 시뮬레이션이 자동차 산업에 가장 큰 가치를 가져다줄 것은 확실하다.

chapter04 참고문헌

Bancroft, S. (1985). An algebraic solution of the GPS equations. IEEE Transactions on Aerospace and Electronic Systems, AES-21(1), 56-59.

Ben Jemaa, I., Gruyer, D., Glaser, S. (2016). Distributed simulation platform for cooperative ADAS testing and validation. ITSC 2016, Rio de Janeiro.

Blinn, J.F. (1976). Texture and reflection in computer generated images. CACM, 19(10), 542-547.

Blinn, J.F. (1977). Models of light reflection for computer synthesized pictures. Proceedings of the 4th Annual Conference on Computer Graphics and Interactive Techniques (SIGGRAPH 77), 192-198.

Blinn, J.F. (1982). A generalization of algebraic surface drawing. ACM Transactions on Graphics, 1(3), 235-256.

Brown, D.C. (1966). Decentering distortion of lenses. Photogrammetric Engineering, 7, 444-462.

Choi, S. (2010). Estimation et contrôle pour le pilotage automatique de véhicule : stop&go et parking automatique. PhD Thesis, Mines ParisTech.

Choi, S., Boussard, C., d'André-Novel, B. (2011). Easy path planning and robust control for automatic parallel parking. IFAC 2011, Milan.

Cohen M. and Wallace, J. (1993). Radiosity and Realistic Image Synthesis. Academic Press Professional, Cambridge.

Cook., L.R. and Torrance, K.E. (1982). A reflectance model for computer graphics. ACM Transactions on Graphics (TOG), 1(1).

Demmel, S., Lambert, A., Gruyer, D., Larue, G., Rakotonirainy, A. (2014). IEEE 802.11p empirical performance model from evaluations on test track. Journal of Networks, 9(6).

eMotive. (2010). Projet FUI eMotive, livrable du lot 3. Simulateur de système de détection.

Geoffroy, D., Gruyer, D., Orfila, O., Glaser, S., Rakotonirainy, A., Vaezipour, A., Demmel, S. (2016). Immersive driving simulation architecture to support gamified eco-driving instructions. 23rd ITS World Congress, Melbourne, 10-14.

Georges, G. (2016). Algorithmes de calcul de positions GNSS basés sur les méthodes des moindres carrés avancées. Thesis, University of Technology of Belfort-Montbeliard.

Grapinet, M., Desouza, P., Smal, J-C., Blosseville, J-M. (2012). Characterization and simulation of optical sensors. Transport Research Arena - Europe 2012, Athens.

Gruyer, D., Hiblot, N., Desouza, P., Sauer, H., Monnier, B. (2010). A new generic virtual platform for cameras modeling. Proceeding of International Conference VISION 2010, Montigny-le-Bretonneux.

Gruyer, D., Grapinet, M., Desouza, P. (2012). Modeling and validation of a new generic virtual optical sensor for ADAS prototyping. IV 2012, Alcalá de Henares.

Gruyer, D., Demmel, S., d'Andrea-Novel, B., Larue, G., Rakotonirainy, A. (2013). Simulating cooperative systems applications: A new complete architecture. International Journal of Advanced Computer Science and Applications (IJACSA), 4(12), 171-180.

Gruyer, D., Choi, S., Boussard, C., d'Andrea Novel, B. (2014a). From virtual to reality, how to prototype, test and evaluate new ADAS: Application to automatic car parking. IEEE IV201, Dearborn, Michigan.

Gruyer, D., Orfila, O., Judalet, V., Glaser, S. (2014b). New 3D immersive platform dedicated to prototyping, test, evaluation and acceptability of eco-driving applications. VISION 2014, Versailles.

Gruyer, D., Magnier, V., Hamdi, K., Claussmann, L., Orfila, O., Rakotonirainy, A. (2017). Perception, information processing and modeling: Critical stages for autonomous driving applications. Annual Reviews in Control, 44, 323-341.

Gruyer, D., Glaser, S., Chapoul, J. (2018). Simulation platform for the prototyping, testing, and validation of cooperative intelligent transportation systems at component level. 2018 Australasian Road Safety Conference, Sydney.

Hadj-Bachir, M. and de Souza, P. (2019a). LIDAR sensor simulation in adverse weather condition for driving assistance development [Online]. Available at: https://hal.archivesouvertes. fr/hal-01998668/document.

Hadj-Bachir, M., Abenius, E., Kedzia, J-C., de Souza, P. (2019b). Full virtual ADAS testing. application to the typical emergency braking EuroNCAP scenario [Online]. Available at: https://hal.archives-ouvertes.fr/hal-02000567/document.

Kedzia, J-C., de Souza, P., Gruyer, D. (2016). Advanced RADAR sensors modeling for driving assistance systems testing. EuCAP 2016, Davos.

Lafortune, E. (1996). Mathematical models and Monte Carlo algorithms for physically based rendering. PhD Thesis, Katholieke Universiteit Leuven, Belgium.

Lafortune, E., Foo, S-C., Torrance, K.E, Greenberg, D. (1997). Non-linear approximation of reflectance functions. Siggraph97, Los Angeles, CA.

Menhour, L., d'André-Novel, B., Fliess, M., Gruyer, D., Mounier, H. (2018). An efficient model-free setting for longitudinal and lateral vehicle control. Validation through the interconnected Pro-SiVIC/RTMaps prototyping platform. IEEE Transactions on Intelligent Transportation Systems, 19(2), 461-475.

Ngan, A., Durand, F., Matusik, W. (2005). Experimental analysis of BRDF models. Eurographics Symposium on Rendering (EGSR2005), Konstanz.

Orfila, O., Gruyer, D., Judalet, V., Revilloud, M. (2015). Ecodriving performances of human drivers in a virtual and realistic world. IEEE Intelligent Vehicles Symposium 2015

(IV 2015), Seoul.
Orfila, O., Glaser, S., Gruyer, D. (2017a). Safe and ecological speed profile planning algorithm for autonomous vehicles using a parametric multiobjective optimization procedure. FAST-ZERO 2017, Nara Kasugano International Forum, Nara, Japan, 18-22.
Orfila, O., Freitas Salgueiredo, C., Saint Pierre, G., Sun, H., Li, Y., Gruyer, D., Glaser, S.(2017b). Fast computing and approximate fuel consumption modeling for Internal Combustion Engine passenger cars. Transportation Research Part D, 50.
Orfila, O., Gruyer, D., Hamdi, K., Glaser, S. (2019). Safe and ecological speed profile planning algorithm for autonomous vehicles using a parametric multi-objective optimization. International Journal of Automotive Engineering (IJAE), 10(1), 26-33.
Pechberti, S. and Gruyer, D. (2018). Method for simulating wave propagation; simulator, computer program and recording medium for implementing the method. Patent no: US 10,133,834 B2.
Pechberti, S., Gruyer, D., Vigneron, V. (2012). Radar simulation in SiVIC platform for transportation issues. Antenna and propagation channel modeling. ITSC 2012, Anchorage.
Pechberti, S., Gruyer, D., Vigneron, V. (2013). Optimized simulation architecture for multimodal radar modeling: Application to automotive driving assistance system. IEEE ITSC 2013, The Hague.
Rondinone, M., Maneros, J., Krajzewicz, D., Bauza, R., Cataldi, P., Hrizi, F., Gozalvez, J., Kumar, V., Röckl, M., Lin, L. et al. (2013). iTETRIS: A modular simulation platform for the large scale evaluation of cooperative ITS applications. Simulation Modeling Practice and Theory, 34(2013), 99-125.
SENSORIS (2015). Vehicle sensor data cloud ingestion interface specification (v2.0.2) [Online]. Available at: https://lts.cms.here.com/static-cloud-content/Company_Site/2015_06/Vehicle_Sensor_Data_Cloud_Ingestion_Interface_Specification.pdf.
Thandavarayan, G., Sepulcre, M., Gozalvez, J. (2020). Generation of cooperative perception messages for connected and automated vehicles. IEEE Transactions on Vehicular Technology, 69(12), 16336-16341.
Van Brummelen, J., O'Brien, M., Gruyer, D., Najjaran, H. (2018). Autonomous vehicle perception: The technology of today and tomorrow. Transportation Research Part C: Emerging Technologies, 89, 384-406 [Online]. Available at: https://doi.org/10.1016/ j.trc.2018.02.012.
Vanholme, B. (2012). Highly automated driving on highways based on legal safety. PhD Thesis, Université d'Evry Val d'Essonne, Éry.
Vanholme, B., Gruyer, D., Lusetti, B., Glaser, S., Mammar, S. (2013). Highly automated driving on highways based on legal safety. IEEE Transaction on Intelligent Transportation Systems, 14(1), 333-347.

협력 지능형 교통체계(C-ITS)에 대한 표준

Standards for Cooperative Intelligent Transport Systems (C-ITS)

이 장에서는 클라우드(cloud)에서 차량, 다른 도로 사용자, 도로 인프라, 도시 인프라, 교통관제 센터 및 서비스 관리 플랫폼 간의 데이터 교환을 가능하게 하는, 표준화된 기술의 문제를 다룬다. ETSI, CEN 및 ISO에서 유럽 용어를 충족하도록 표준화한, 이들 기술은 '협력 ITS'(C-ITS)라는 이름으로 알려져 있으며, 데이터의 처리와 보안, 구성(organization) 및 처리를 위한 여러 기술과 기능을 결합한다. 가장 잘 알려진 것은 이동하는 차량(ITS-G5, 주파수 대역 5.9GHz 이내)에 적합한 WiFi 형태를 기반으로 하는, 단거리 국지 통신(short-range localized communication) 기술이다. 이들 기술은 통신 인프라(V2X)의 지원 없이, 차량들이 서로 및 도로-인프라와 직접 통신할 수 있도록 지원한다. 이들은 주로 도로 안전과 관련된 애플리케이션에 사용되며, ADAS는 이들로부터 직접적인 혜택을 받을 것이다. 협력 ITS 기술에는 셀룰러 네트워크(LTE, 5G), 그리고 지리적으로 지역화된 데이터 구성 기능(Local Dynamic Map) 및 기타 여러 표준화를 기반으로 하는, 장거리 중앙 집중식 통신(long-range centralized communication) 기술도 포

※ 제5장은 Thierry ERNST가 집필하였음

함된다. 상호 운용성을 보장하기 위해, 이들 기술을 그룹화하고 통합 통신 아키텍처(ITS 스테이션 아키텍처)에 통합한다. 이 장에서, 이들 아키텍처의 동기(motivation), 기원, 사용 사례 및 방대한 기능 세트에 대해 상세하게 설명할 것이다.

5.1. 현황과 목표 (Context and goals)

5.1.1. 지능형 교통 체계 (ITS; Intelligent transport systems)

앞으로는, 상품과 사람의 이동성은 도로 안전 개선(교통사고 희생자 수를 획기적으로 줄이기 위한 유럽연합 집행위원회의 목표), 도로 교통의 지속적인 증가에 대응하여 도로망의 효율성 개선, 환경(오염, 도로 또는 주차된 차량이 차지하는 공간), 그리고 기타 여러 요소에 대한 이동성의 영향을 줄이는 문제와 같은, 주요 과제에 대응해야 할 것이다.

이러한 문제를 해결하기 위해서는, 매우 다양한 환경, 특히 경로를 따라 분산된 도로변 인프라 장비 또는 차량에 내장된 센서에서 생성된 데이터를 안정적이고 효율적으로 결합하는 것이 중요하다.

정보통신 기술(ICT)의 활용으로 개선이 기대된다. 이러한 기술들을 교통에 적용할 때, 우리는 지능형 교통 체계(ITS)를 언급한다.

ICT와 이를 가능하게 하는 서비스 덕분에, 차량은 서로 다른 개체가 연결되고 서로 협력하는 시스템 일부가 된다. 이를 지능형 모빌리티라고 할 수 있다, 이유는 정보, 데이터의 수집 및 교환을 할 수 있으며, - 통신망의 최적화된 관리뿐만 아니라 - 사용 사례를 구축하고 상품(구매 및 원격 모니터링)과 사람(복합 운송, 카풀, 차량 공유, 셀프-서비스 자전거)에 대한,

새로운 이동성 서비스를 전개할 수 있기 때문이다.

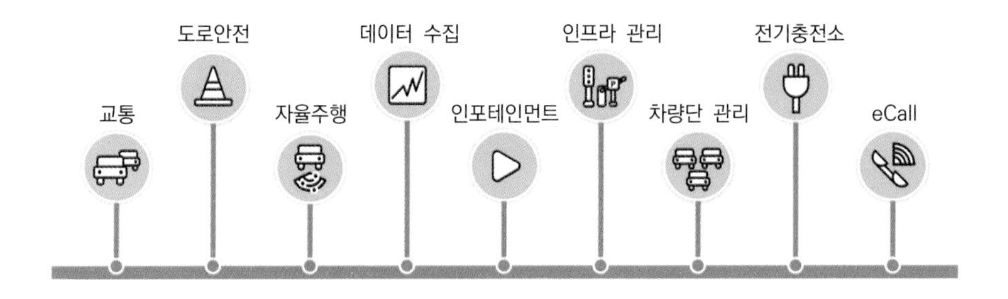

그림 5.1. ITS 서비스의 예

이들 서비스 중 일부는 그림 5.1에 제시되어 있다. 이들 새로운 서비스는 지리적 위치 파악 서비스(일정, 경로, 충전소 또는 주차 공간 찾기, 예약, 긴급 전화, 전자 통행료 등)와 관련된, 클라우드 플랫폼을 통해 접근(access) 할 수 있다.

다른 서비스는 차량 센서(정속 제어, 후방 레이더, 사각지대 탐지 등)와 도로변 인프라(교통 신호등에서 차량 감지를 위한 자기(magnetic) 루프, 속도 측정 카메라 등)에 점점 더 의존하고 있다.

이처럼 더욱 다양하고 연결된 서비스는, 점점 더 자율적이며, 그러나 무엇보다도 연결되고 협력적인 미래의 자동차(연결 기반 자율주행 자동차)를 예고하고 있다. 실제로, 이러한 기술의 최근 발전은 차량, 도로 및 도시 기반 시설, 도로 사용자(운전자, 승객 및 취약한 도로 사용자)와 관리 및 서비스 플랫폼 간의 데이터 교환을 가능하게 한다.

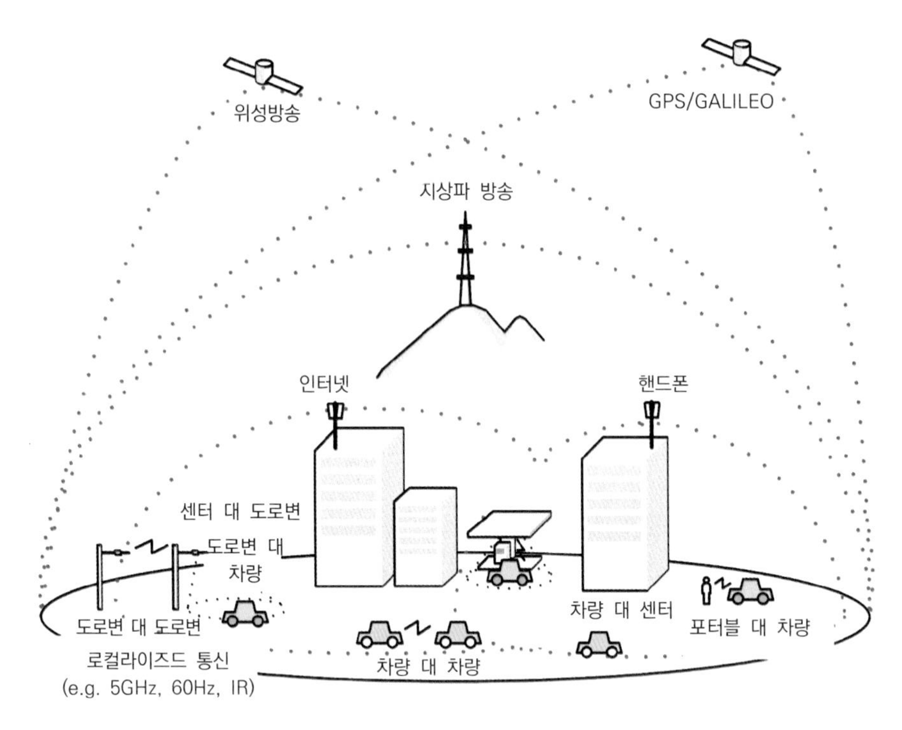

그림 5.2. 다양한 접근(access) 기술

이러한 데이터 교환은 다양한 통신 기술(그림 5.2)을 통해 이루어질 수 있다. 특히, 클라우드에 확장된 연결을 제공하는 장거리 통신 기술(셀룰러, 위성), 그리고 차량이 도로 환경(V2X)과 국지적으로 데이터를 교환할 수 있도록 하는, 단거리 통신 기술(WiFi, 적외선)을 통해 이루어질 수 있다.

5.1.2. 상호 협력적인 연결 자동차 (The connected and cooperative vehicle)

최신 차량은 이미 연결된 개체이다. 연결성을 통해 다양한 텔레매틱스 서비스(내비게이션, 원격 유지 보수, 긴급 호출, 차량 관리 및 감시 등)를 제공할 수 있다. 점진적으로, 차량이 통신할 수 있는 도로 환경에 몰입할 수 있도록 하여 차량, 차량 위치 및 도로 환경에 관한 정보의 품질과 신뢰성을 개선한다. 가까운 장래에, 차량은 V2X(Localized Communication Technology)를 통해 서로 간에, 그리고 도로변 및 도시 인프라 장비와 직접 상호 작용할 것이다.

차세대 차량에는, 센서를 사용하여 운전자를 보조하는(거리 유지, 차선 변경 등) 운전 지원 시스템(ADAS)도 장착되고 있다. 유럽과 북미 등 선진국 시장에서는, 2012년부터 공공기관이 승용차와 상용차에 운전 지원 시스템(Electronic Stability Control, ESC)의 사용을 의무화하고 있다. 또한, 자동 제동장치의 사용이 점차 확대될 전망이며, 차량 및 도로 측 인프라 기술(레이더, 카메라 및 기타 센서, 통신)에 대한 더 많은 수요로 이어질 것이다.

이러한 ADAS는 통신 기술의 통합 덕분에 계속 발전하고 협력적일 것이다. 센서들은 정확한 위치 파악 및 고화질 매핑(mapping)으로 보완되거나, 인프라와 일치하도록 특별히 설계된, 센서 시스템과 결합될 것이다. V2X 통신은 주변 차량과 도로 측 인프라 모두에서 수집한 정보를 전송하므로, 특히, 예기치 않은 교통 상황(사고, 차선에 보행자 존재 여부, 작업 구간, 비상 차량의 개입, 기상 조건 등)이 발생하는 동안에 자체 센서의 용량을 초과하는 거리(약 100~200m)에서 차량의 인지 기능을 강화할 것이다.

아직 멀었지만, 이러한 기술(센서, ADAS, V2X 통신, 연결성)의 결합이 자율주행차의 도래를 선도할 것이다. 이를 위해서는, 통신 기술의 기여가 필수적일 것이다. 초기에는, 저속에서 원격으로 차량을 관리하는 것이 가능할 것이다(주차장 원격 제어, 전기 충전소 접근, 장애물 회피 및 길가의 안전 등): 이들 기술은 이미 자율 셔틀 이용의 맥락에서 수행되고 있다. 그런 다음 운전 위임이 승인된 상황(고속도로, 자동 주차 등)에서, 교통 상황이 위임 기능을 사용하기에 적합한지, 그리고 내장된 고화질 지도의 존재 여부를 확인, 제어하고, 환경에 대한 차량의 동적 인식을 개선할 것이다.

조만간, 차량이 완전 자율성(레벨 5)에 도달하면, 이러한 도구들을 통해 차량단 대열 주행(대열 주행 차량단의 모든 차량을 동기화하여 가속, 감속, 끼어들기 허용 등)을 수행할 수 있을 것이다.

어떤 경우이든, 차량 센서, V2X 통신 및 셀룰러 연결에서 얻은, 데이터의 융합은 차량을 더 안전하게 만들 것이다.

이러한 새로운 기술의 전개를 가속하는 데 도움이 되는 요소는, 더욱더 엄격한 규정으로의 전환이라는 점을 강조하는 것이 중요하다. 도로 교통의 안전 부족은 교통사고의 주요 원인 중 하나일 뿐만 아니라, 높은 비용을 수반하고 전반적인 경제 발전을 저해한다. 최첨단 교통 관리 시스템을 구축하고, 도로 안전의 중요성에 대한 일반의 인식을 높이기 위해, 많은 계획들이 수행되고 있다. 전 세계적으로 부주의한 운전 사고로 인해, 연간 백만 명의 사망자를 처리하기 위해(McKinsey 연구 2018), 정부는 자동차 제조업체가 2022년까지 의무화될 AEB(자동 비상 제동) 시스템과 같은 특정 자동 안전 기능을 채택하도록 규제하거나, 권장하고 있다. 미국의 모든 신차. 제조업체가 이 기능을 연속적으로 채택하면, 유럽의 EuroNCAP(Euro New Car Assessment) 프로그램에서 추가 점수를 얻을 수 있다. V2X 통신 시스템을 안전 지원 시스템으로서 통합하는 작업은 이미 2024년 프로토콜에서 진행 중이다.

5.1.3. 사일로 통신 시스템(Silos communication systems)

앞 절에서 보았듯이, 많은 ITS 서비스는 전자 통행료 징수, 내비게이션, 차량 모니터링, 교통 정보, 긴급 전화(eCall), 도로 안전 등과 같이, 연결성을 기반으로 한다.

다양한 통신 솔루션은, 때로는 독점 프로토콜이며, 가끔은 국가 또는 국제 표준을 따르거나, 또는 사실상의 표준을 기반으로 하며, 공급되는 서비스의 요구 사항에 따라 제공된다. 특정 통신 시스템은 서비스 유형별 또는 개별 이해 관계자(개별 차량 제조업체, 개별 차량단 관리자, 개별 연결 서비스 공급자 등)별로 배정, 전개된다.

이로 인해 다수의 차량 통신 시스템이 설치되며, 특히 특화된 차량에서는 더욱 그러하다. 개별 시스템들은 시도되고 테스트 된 간단한 기술을 기반으로 한다. 그러나 기능, 성능 및 안전 수준은 매우 제한적이다. 또한 이러한 개별 통신 시스템은 시스템별로 고유한 기술(무선 기술, 통신 프로토콜, 데이터 형식, 서버)의 선택에 따라 설계된다. 따라서 여기에는 많은 단점이 있다. 예를 들면, 시스템과 공급업체 간의 데이터 교환을 위한 상호 운용성 부족 및 복잡성, 통신 자원(resource) 공유 없음, 최적화되지 않은 전력 소비, 인체 공학적 문제, 높은 통신 비용(다수의 SIM 카드, 다수의 청구서), 서로 다르고 때로는 호환되지 않는 접근 방식(특히 차량 데이터에 대한 보안 액세스 및 개인 데이터 존중과 관련하여), 등.

따라서, 서로 다른 통신 시스템을 수렴할 수 있게 하는 기술적 돌파구가 없는 경우, 무질서한 방식으로 증식하는 경향이 있음이 분명해진다.

5.1.4. 협력 지능형 교통 체계
(C-ITS: Cooperative Intelligent Transport Systems)

'협력 ITS'(C-ITS)라는 신기술은 특히, 도로 차량(개인 차량, 다용도 차량 등), 도로변 및 도시 기반 시설(신호등, 가변 메시지 표지판, 톨-게이트, 등), 유목민(nomad) 시스템(스마트폰, 태블릿 등) 및 클라우드 액세스 서버(교통관제 센터, 차량단 관리 플랫폼, 데이터베이스 등) 사이의 데이터 교환을 가능하게 한다.

도로 교통의 안전성과 효율성을 개선할 뿐만 아니라, 새로운 모빌리티 서비스를 제공할 수도 있다. 따라서 그들은, 서로 다른 사일로(silo)에서 개발된, 통신 시스템의 수렴 필요성에 대응한다.

이해 관계자와 솔루션 공급자 간의 수렴 및 상호 운용성을 보장하기 위해, 이러한 신기술들은 통신 및 데이터 교환 아키텍처('ITS 스테이션' 아키텍처[ISO 21217], 국제 표준화 기구(2020) 참조, 국제 표준화 기구(2014) 참조)에서 표준화되고 그룹화된다. 이들에 대해서는 5.2절과 5.3절에서 더 상세하게 설명할 것이다.

5.1.5. 협력 ITS 서비스의 다양성
(Diversity of Cooperative ITS services)

통합된 'ITS 스테이션' 통신 아키텍처와 통신 및 데이터 교환 기능의 표준화 덕분에, 초기에 고유한 사용 사례(예: 신호 및 탐색)를 위해 배포된 통신 시스템이, 서로 데이터를 교환하며 '협력적(cooperative)'일 수 있다.

이러한 방식으로, 인프라 운영자는 장착 차량(차량 유형, 엔진, 축중, 탑승자 수, 접근 권한 등)에서 직접 나오는 많은 정보를 수집할 수 있다. 따라서, 도로 이용자에게 다음과 같은, 새로운 서비스를 제공할 수 있을 것이다. 도로 인프라 운영자가 인증한 정보(교통 상황, 진행 중인 도로 공사, 위험 구간, 구호 경로 등)와 부가 가치 서비스(주차 예약, 관광 정보, 신호등, 예약 차선 등). 또 도로 기반 시설 운영자는 기반 시설 유지 관리(도로, 교량, 그리고 터널의 결함의 탐지 및 사전 정비)를 개선하고, 장비(가변 메시지 표지판, 신호등, 톨-게이트 또는 주차 시설 등)를 더 잘 활용할 수 있으며, 궁극적으로 그들을 풍부하게 활용할 것이다.

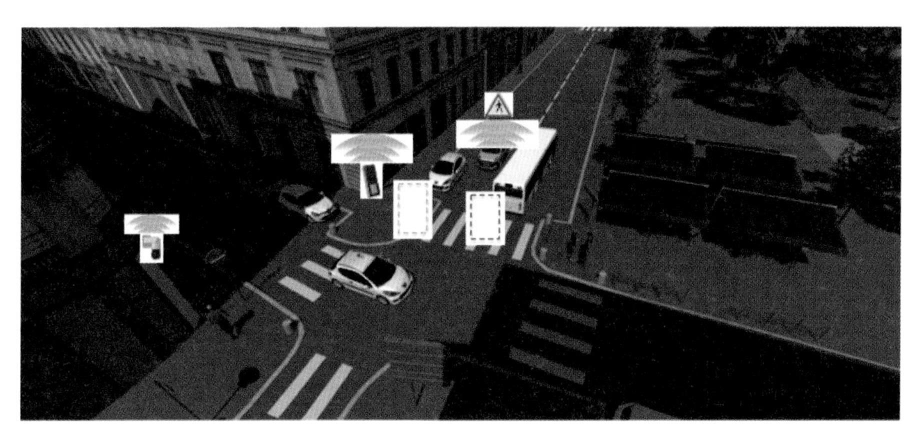

그림 5.3. 인프라와 차량 간의 통신 덕분에 도로 안전이 향상되었다.

협력 ITS의 기술과 표준은 도로 환경(도로변/도시 기반 시설의 모든 유형의 센서, 또는 차량에 내장된 모든 유형의 센서)에서 사용할 수 있는 자료(data)를 수집, 정리하여, 다른 이해 관계자(다른 차량, 기타 도로 사용자, 도로 인프라, 서비스 제공자, 차량 관리자 등)에게 전송할 수 있다.

그림 5.4. 현지화된 통신 덕분에, 차량 간에 시간이 중요한 데이터 공유(1/2)

그림 5.5. 현지화된 통신 덕분에, 차량 간에 시간이 중요한 데이터 공유(2/2)

특히 사고를 방지하고 도로 교통을 최적화하기 위해, 차량과 도로 인프라 간의 데이터 교환과 같은, 많은 애플리케이션이 가능하다.

C-ITS 서비스(1일 차 서비스)의 첫 번째 배치(batch)는 이미 유럽 전역

에서 파일럿 배포(deploy)의 대상이다(5.5절 참조)(C-Roads 2019; InterCor 2021; Scoop 2019; Indid n/a). 이 외에도 아래에 제시되는 혁신적인 서비스들은 동일한 기술의 사용 범위와 특성(일반성, 개방성, 유연성, 상호 운용성 등)을 나타내고 있다.

- **도시 지역의 도로 안전을 개선하는 서비스**(그림 5.3~5.5 참조)
  - 버스 앞 도로를 횡단하는 보행자를 버스 또는 기반 시설이 감지, 그리고 추월을 위해 버스에 접근하는 차량에 정보 보급
  - 도로 기반 시설 또는 도로를 횡단하는 사람에 연결된 공공 조명에 의한 탐지, 접근 차량에 대한 정보 전파 및 광도 변화
  - 속도 적응 및 다른 경로 선택을 가능하게 하는, 저속 개입 특화 차량(청소부, 부피가 큰 물건 수집 등)의 알림
- **특정 구역에 대한 차별화된 접근을 가능하게 하는 서비스**
  - 도시 기반 시설(개폐식 블록, 장벽)을 이용하여, 주간(daytime), 개체(배송), 차량의 동력화 또는 수송 인원에 따라, 특정 지역에 접근이 허가된 차량과 사람의 탐지,
  - 센서 또는 카메라를 사용하여 주차 공간 및 예약을 탐지하고, 표준화된 지역 통신을 통해 정보를 배포한다.
- **여러 서비스를 제공하는 공유 커뮤니케이션 플랫폼의 혜택을 받을 수 있는, 기존 부가가치 서비스**
  - 충전소 예약 및 접속 : 위치 확인, 예약, 청구서 지급,
  - 공유 차량 예약 및 출입 인증,
  - 저속 자율주행을 가능하게 하는 센서가 장착된, 차량에 대한 자동 커플링.

- **모빌리티와 직접적인 관련은 없지만, 모빌리티 데이터를 포함해야 하는 새로운 고부가가치 서비스**
  - 공기 품질 분석,
  - 지역 일기 예보,
  - 예측 유지 보수.
  - 건설 현장, 화재, 사고, 공항 구역, 창고, 광산 등과 관련된, 그리고 취약계층(보행자, 자전거, 경차 등)의 안전 향상을 위해, 아울러 여행 경비 및 운영 비용의 최적화를 위해서, 다양한 이해 관계자 간의 정보 공유가 가능한 서비스.

5.1.6. 표준화 기관 (Standardization bodies)

'협력 ITS' 서비스 배포에 필요한 기능은, 여러 표준화 기관, 특히 유럽(CEN, ETSI, ISO)에서 구체적으로 정한다.

- 유럽표준화위원회(CEN, 프랑스어: Comité européen de normalisation)와 국제표준화기구(ISO)는 국가표준화기구(프랑스의 경우 AFNOR)를 회원으로 하는 다-학문적(multi-disciplinary) 기구이다. CEN 및 ISO의 작업은 국제 수준에서 국가를 대표하는 국가 표준화 위원회에서 모니터링한다.

협력적-ITS와 관련된 표준을 개발하는 기술 위원회는, ISO TC 204(ITS 기술 위원회), CEN TC 278(ITS 기술 위원회) 그리고 가장 최근에는 CEN TC 226(도로 장비 기술 위원회)이다. 이들 기술 위원회는 ITS의 특정 측면(비상 호출, 대중교통, 전자 통행료, 유목민(nomadic) 시스템, 통신, 도시 응용 프로그램 등)을 개별적으로 처리하는 여러 작업 그룹으로 구성된다. 협력적인 ITS(공동 그룹 ISO TC 204 WG16 및 CEN TC 278 WG18) 전용 작업 그룹의 작업은 다른 작업 그룹의 작업에 점점 더 많은 영향을 미치고 있다. ISO 및 CEN에서 생성한 표준은 누구나 접근할 수 있지만, 무료는 아니다.

- ETSI(European Telecommunications Standards Institute)는 구성원이 법률, 산업 또는 학자로 구성된 통신을 전문으로 하는 유럽 기구이다. 'ITS' 기술 위원회는 5.9GHz 대역 주파수에서 ITS-G5 무선 기술을 기반으로 하는, V2X 지역화 통신 표준 개발에 전념하고 있다. ISO나 CEN과 달리 조직의 규모에 따라 참가비를 지불해야 한다. 그러나 게시된 표준은 무료로 접근할 수 있다.

- IEEE(Institute for Electrical and Electronics Engineers) 및 SAE(Society of Automotive Engineers)는 북미 및 기타 일부 지역에 배포된 V2X 현지화 통신 표준(IEEE P1609 WAVE/DSRC 통신 기술, ETSI의 유럽 통신 기술 ITS-G5와 동일). IEEE 및 SAE 사양은 '협력 ITS'라는 용어를 사용하지 않으며 다음 절에서 설명하는 'ITS 스테이션' 통합 통신 아키텍처를 참조하지 않는다. 이러한 IEEE 및 SAE 표준 중 일부는 유럽 규격에도 포함되어 있다. IEEE 회의에 참여하는 것은 무료이며, 모두가 접근할 수 있지만, ISO의 경우와 같이 표준에 대한 비용을 지불해야 한다.

5.1.7. '협력 ITS' 표준의 기원 (Genesis of the 'Cooperative ITS' standards)

다양한 ITS 사용 사례에 적용할 수 있는 통신 아키텍처의 필요성은, ISO TC 204 내에서 이미 2000년에 대두되었다. 특정 기술 및 통신 프로토콜을 사용하는 시스템 간의 상호 운용성의 어려움을 인식하고, 2001년 ISO TC 204 커뮤니케이션 전담 실무위원회(WG 16)를 발족하였다.

다수의 접근 기술을 통합하는 통신 아키텍처가 첫 번째 회의에서 등장했다. 이러한 초기 아키텍처 구축 작업은, 원래 작업 그룹의 이름인 'CALM'(지상 이동 통신 액세스)으로 알려져 있다.

아키텍처의 최초 버전은 이미 지역화된 통신을 위한, 다수의 접근 기술을 통합하고 있다. 5.9GHz 주파수 대역(ISO 21215)의 차량 간 통신전용 WiFi 변형, 60GHz 주파수 대역의 밀리미터파(ISO 21216) 및 적외선(ISO 21214). 동일한 기술을 중앙 집중식 통신(위성, 셀룰러)에도 적용하고 있다.

2006년에 '협력 ITS' 표준을 준수한다고 주장하는 여러 연구·개발 프로젝트가 '협력 시스템'((ITS라는 용어를 특별히 사용하지 않음)에 전념하는 프로젝트에 관한 요청에 대한 응답으로, 유럽 위원회의 6차 연구·개발 프로그램의 틀 안에서 시작되었다. 특히, CVIS, SafeSpot, Coopers의 세 가지 주력 프로젝트가 시작되었다. 2008년부터는, 특정 기술(GeoNet 안에서 차량 통신, SeVeCom 안에서 보안 통신, PreDrive C2X 안에서 도로 안전 서비스 등)에 초점을 맞춘, 소규모 프로젝트가 시작되었다.

CVIS(Cooperative Vehicle–Infrastructure System) 프로젝트가 가장 인상적이었다. ISO TC 204에 대한 'CALM' 통신 표준의 개념을 증명하고, 많은 새로운 주요 이해 관계자의 피드백과 참여 덕분에 발전할 수 있었다. 이 프로젝트의 특수성은 다양한 접근 기술의 사용을 요구하는 광범위하게 다양한 사용 사례(도로 안전, 도로 교통 효율성 및 부가가치 서비스)를 고려하는 점이었다.

동시에, SafeSpot 프로젝트(주로 자동차 제조업체와 장비 제조업체를 통합)와 Coopers 프로젝트(도로 인프라 운영자를 통합)는 이러한 주요 이해 관계자 그룹 각각의 주요 관심사에서 더욱더 구체적인 일련의 사용 사례에 초점을 맞췄다(도로 안전 및 도로 교통 효율성). 전자는 지역화된 통신을 고려했다면, 후자는 중앙 집중화된 통신에 관심을 가지는 경향이 있었다.

첫 번째 결과물에서, 이들 프로젝트는 상호 운용성을 보장하기 위해, 통합 커뮤니케이션 아키텍처 개발에 관한 관심을 입증했다. 작업을 조화시키고, 요약 문서를 개발하는 것을 목표로 하는, 새로운 프로젝트(특정 지원 조치)인 COMeSafety는 표준화, 유럽 프로젝트, 그리고 Car2Car Communication Consortium과 같은 산업 협회의 프레임워크 안에서, 이러한 주제에 대해 작업하는 사람들을 모았다. COMeSafety 결과물에는 제공되는 서비스에 대한 세부 정보, 그리고 이러한 요구를 충족하기 위한 통신 기술이 포함된다. 오늘날 우리가 알고 있는, 'ITS 스테이션' 통신 아키텍처의 기본은, 실제로 이러한 모든 요구 사항을 충족하는 데 필요한 다양한 기술에 기반을 두고 있다.

ETSI가 적합성 테스트 사양을 개발해야 할 필요성이 충분하므로, ISO TC 204 참여자는 ETSI 안에 'ITS' 기술 위원회의 창설을 제안했다.

그 창설은 2008년에 확정되었으며, ETSI는 ITS 용으로 예약된 5.9GHz 주파수 대역에서 차량 사이의 지리적 위치측정 데이터 배포를 가능하게 하는, 표준의 개발을 신속하게 전문화하였다.

2009년에, 유럽 위원회는 ETSI와 CEN에 Cooperative ITS의 신속한 배포에 필요한 표준을 생성하도록 명령하였다(표준화 명령 M/453, 유럽 위원회(2019) 참조). 2010년에는, 이 명령에 근거하여, ISO TC 204(WG 18)와 CEN TC 278(WG 16)이 협력하여, 특히 통신의 특정 측면을 다루는 ETSI TC ITS 및 ISO TC 204 WG16의 작업에 추가로, 필요한 Cooperative ITS service의 사양을 개발하기 위한 'Cooperative ITS' 작업 그룹을 발족시켰다. 사실, CEN과 ETSI 간의 작업 구분은 명확하지 않다. 이유는 ISO TC 204 WG16은 2001년부터 아키텍처와 다양한 통신 기술에 대해 작업해 왔지만, ETSI CT ITS는 처음부터 ITS-G5 접근 기술을 사용하는 차량(CAM, DENM)의 주도로 Cooperative ITS service에 대해서만 작업해왔기 때문이다. 2012년에, CEN과 ETSI의 두 그룹은 이미 개발된 표준, 현재 개발 중인 표준, 그리고 앞으로 개발할 표준[C-ITS 릴리스 1] (Intelligent Transport Systems(2013) 참조)을 포함한, 보고서를 유럽 위원회에 제출하였다. 특히, 이 보고서는 나중에 우선순위와 빠진 기준을 식별할 수 있게 하였고, 그뿐만 아니라 유럽 위원회가 전문가로 구성된 전담팀(ETSI의 'Specialist Task Forces'(STF) 및 CEN의 'Project Teams')이 새로운 표준을 개발하도록 자금을 지원하게 하였다.

2013년부터 작성된 CEN/ETSI 보고서 [C-ITS 릴리스 1](Intelligent Transport Systems 2013) 그리고, 무엇보다도, CEN TC 278 웹사이트(C-ITS 소책자 2020)에서 제공하는 Cooperative ITS 표준에 대한 설명 소책자는, 출판 당시 활용 가능한 모든 C-ITS 표준의 상당히 완벽한 목록을 제시하고 있다.

5.2. 'ITS 스테이션' 아키텍처 (ITS station architecture)

5.2.1. 일반 사항 (General description)

차량, 도로 인프라 및 제어 센터, 그리고 잠재적으로 다른 엔티티 간의 데이터 전송을 가능하게 하는 '통합' 통신 아키텍처를 제시하는 표준은 2010년 ETSI(EN 302 665) 및 ISO [ISO 21217](ISO 2020)에서 효과적으로 도입하였으며, 이들은 COMeSafety 조치의 결론을 기반으로 한다.

원래는 똑같았던, ETSI 버전은 2010년 발행 이후 고정된 상태로 유지되고 있지만, ISO 버전은 주로 용어와 관련된 특정 요소를 명확히 하고, 하이브리드 통신을 지원하는, 통신 관리와 같은 새로운 기능을 제공하기 위해 초판 이후 계속 개정해 왔다.

용어는 온라인 [ITS-S 용어](International Organization for Standardization 2014 참조)에서도 사용할 수 있지만 2014 버전에서만 사용할 수 있다. 따라서 불완전하므로, 21217 표준(2020 버전 또는 그 이후)의 최신 업데이트를 구하는 것이 좋다.

'ITS 스테이션(ITS-S)'으로 명명된 아키텍처는 '기능적' 아키텍처 유형이므로, 모든 사용 사례, 통합 환경(차량, 인프라, 제어 센터 등), 통신,

보안 및 데이터 관리 프로토콜 및 기술.

ITS 스테이션(ITS-S)으로 명명된 아키텍처는 '기능적(functional)' 아키텍처 유형이므로, 모든 사용 사례, 통합 환경(차량, 인프라, 제어 센터 등), 통신, 보안 및 데이터 관리 프로토콜, 그리고 기술에 가능한 한 광범위하게 적용할 수 있도록, 의도적으로 추상화한다. 그림 5.6은 일반적으로 사용되는 단순화된 뷰(view)의 아키텍처를 나타내고 있다. 그림 5.7은 좀 더 상세하지만, 그래도 여전히 상대적으로 요약 조감도를 보여주고 있다.

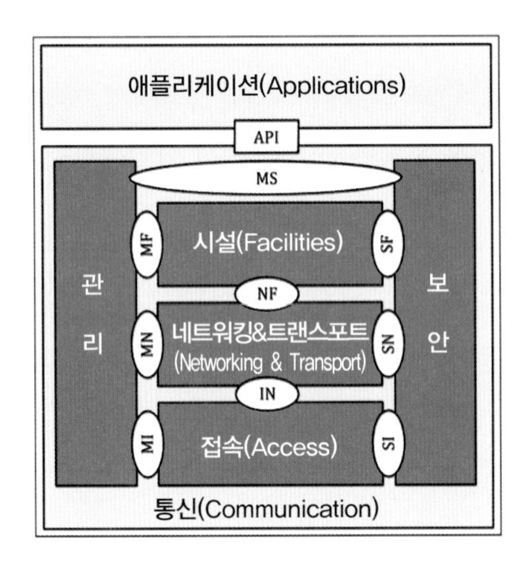

그림 5.6. ITS 스테이션 아키텍처를 단순화한 블록선도(ISO 21217)

기능성의 표현은, 네트워크에 연결된 장치가 수행해야 하는 다양한 기능을 표시하는데, 일반적으로 사용되는 7개의 중첩된 계층에서 OSI 모델을 따르며, 이들은 서비스 액세스 포인트(SAP)를 통해 인접 레이어와 인터페이스 하면서 서로 격리한다.

'ITS 스테이션' 모델에서, OSI 모델의 기능성을 수행하는 기능은 '계층 간' 기능을 수행하는, 2개의 수직 엔티티(entity)에 의해 완성되는, 4개의 수평 계층으로 그룹화된다.

- '**접근**(access)' 계층에는 예를 들면, 무선 측면(ITS-G5, 셀룰러, 적외선 등)을 담당하는 프로토콜과 같은, 접근 기술이 포함된다.
- '**네트워킹 및 전송**' 계층에는 네트워크 통신 프로토콜(GeoNetworking, IPv6, 6LowPAN)과 전송 프로토콜(BTP, TCP/UDP 등)이 포함된다.
- '**시설**' 계층에는 데이터 전송, 구성 및 융합(V2X 메시지처리, 일반 메시지처리, 서비스 게시 및 검색, LDM, PVT 등)을 위한 공유 기능이 포함된다.
- '**응용 프로그램**' 계층은 데이터 처리 기능에 사용되며, 특히 응용 프로그램과 관련이 있다.
- '**보안**' 엔티티(entity)는 4개의 수평 계층(비밀 및 인증서 관리, 인증 및 암호화 기능 등)에서 사용할 수 있는 원자적(atomic) 보안 관리 기능을 재결합한다.
- '**관리**' 엔티티(entity)는 각 ITS 스테이션 장치의 기능성, 통신 및 ITS 스테이션의 수명 주기에 대한 관리 기능을 제공한다.

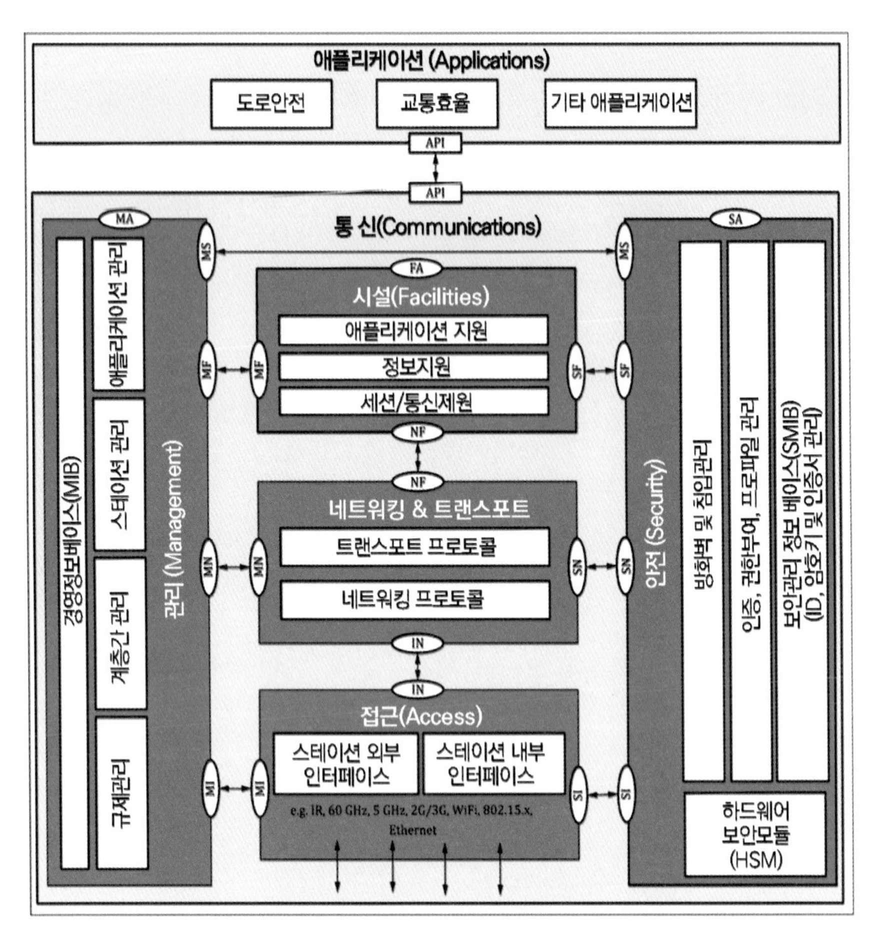

그림 5.7. ITS 스테이션 아키텍처를 단순화한 블록선도(ISO 21217)

그림 5.6 및 5.7에서 볼 수 있듯이, 인접 계층과 엔티티(entity) 간의 인터페이스(SAP)는, 관련된 엔티티 쌍의 첫 글자(initial)를 따서 명명하였다(예: 관리 엔티티(M)와 네트워킹 및 전송 계층(N) 간의 SAP의 경우 'MN').

5.2.2. ITS 스테이션 통신 장치(ITS station communication units)

표준은 아키텍처의 기능을 구현하는, 특정 방법을 강요하지 않는다. 필요한 다양한 기능을 하나의 장치에서 구현할 수도 있고, 또는 여러 개의 통신 장치(ITS 스테이션 통신 장치 – ITS-SCU)에 분산하여, 내부 네트워크(ITS 스테이션 내부 네트워크)를 통해 연결하는 것도 가능하다. 이러한 서로 다른 통신 단위는 아키텍처 기능 블록의 서로 다른 하위 집합과 함께 작동할 수 있지만, 그림 5.8에 제시된 바와 같이 모두 '보안' 및 '관리' 엔티티(entity)를 포함하고 있다.

- **ITS-S 라우터** (router): 이 통신 장치는 데이터 전송 기능 전용이므로, 무선 신호 라우팅 및 처리가 포함된다. 이것은 관리 및 보안 기능뿐만 아니라, ITS 스테이션의 하위 계층만 호출한다.
- **ITS-S 경계 라우터** (border router): 이 통신 장치는 외부 라우팅 기능, 즉 ITS 스테이션이 통신하는 외부 세계에 연결하는 전용이다. 기본 ITS-S 라우터와 비교하여, 통신의 보안과 데이터(방화벽 등)에 대한 접근을 보장할 수 있도록 향상된 기능을 갖추고 있다. 차량에서, ITS-G5를 사용한 로컬 통신 또는 셀룰러 네트워크를 사용한 중앙 집중식 통신은 ITS-S 경계 라우터에 의해 제공된다.
- **ITS-S 게이트웨이** (gateway): 이 통신 장치는 ITS 스테이션과 연결된 센서 네트워크(Sensor&Control Network – SCN) 간의 데이터 전송을 보장한다, (예: 차량의 CAN 버스 또는 도로 인프라의 자기(magnetic) 루프). 잠재적으로 독점적인 내부 네트워크에 있는 이러한 센서는 외부로부터 지점 간(point-to-point) 직접 액세스할 수 없어야 한다. 따라서, SCN에서 사용할 수 있는 데이터에 관한, 보안 및 차별

화된 액세스를 보장하는, 애플리케이션 수준에서 게이트웨이를 통과해야 한다.

- **ITS-S 호스트**(host): 이 통신 장치는 공유(시설 계층) 또는 특정 애플리케이션(애플리케이션 계층)의 데이터 처리 기능을 수행한다.

5.2.3. ITS 스테이션의 유형 (Types of ITS stations)

우리는 전통적으로 OBU(On - Board Unit)에 대해 말하고, 최근에는 협력 ITS 표준 준수를 가능하게 하는 기능을 통합하는 장비를 말할 때는 차량 ITS 스테이션을 말한다. 도로변 인프라에 관한 한, 우리는 전통적으로 RSU(Road - Side Unit)를 말하고, 더 최근에는 도로변 ITS 스테이션을 말한다.

현재, Cooperative ITS 표준은 구체적으로 4가지 유형의 ITS 스테이션(또는 '역할')을 언급하며, 엄격히 정확하게는 ITS Station Unit(ITS-SU)이라고 해야 한다.

그림 5.8은 각각의 구현 방법에 대한 예를 보여주는, 이러한 네 가지 유형의 ITS 스테이션 장치를 나타내고 있다.

- **차량 ITS 스테이션(V-ITSS-S)**: 차량 유형 및 구현 모드(하나 이상의 ITS-SCU 통신 장치에서)와 관계없이, ITS 스테이션 아키텍처를 준수하는 장비가 차량에 배치되는 경우.
- **도로변 ITS 스테이션(R-ITS-S)**: ITS 스테이션 아키텍처에 부합하는 장비가, 구현 모드의 구분 없이, 도로변 인프라(신호등, 카메라, 가변 메시지 표지판 등)에 배치된 경우. (갠트리(gantries)에 설치되고, 광섬

유로 연결되고, ITS-S 호스트(PC)에 의해 제어되는, 다수의 ITS-S 라우터로 구성된, 20km 길이의 도로가 단일 'ITS 스테이션 장치'를 구성한다고 상상할 수 있다.)

- **중앙 ITS 스테이션(C-ITS-S)**: ITS 스테이션 아키텍처에 부합하는 서비스가 클라우드(교통관제 센터, 인증 기관, 차량단 관리 플랫폼 등)에 배치되는 경우.
- **개인용 ITS 스테이션(P-ITS-S)**: ITS 스테이션 아키텍처를 준수하는 서비스가, 스마트폰과 같은 모바일 장치에 배포되는 경우.

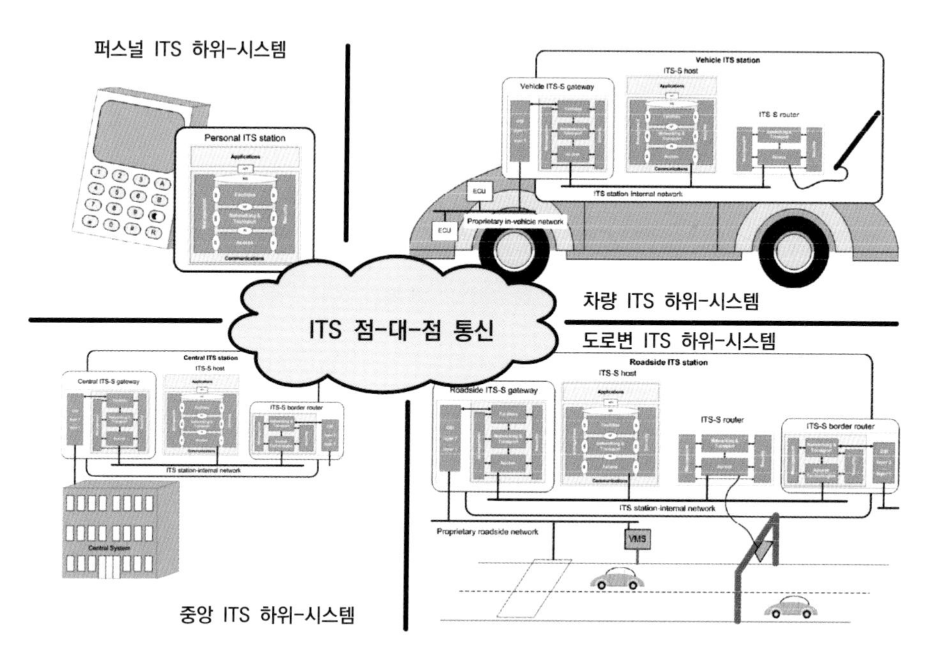

그림 5.8. ITS 스테이션의 유형

5.3. ITS 스테이션 아키텍처의 특징
(Features of the ITS station architecture)

ISO 표준에 관한 문서를 찾는 어려움과 이에 대한 현재의 좁은 지식을 고려하여, 이 장에서는 ISO 표준에 지정된 기능성과 ETSI가 지정한 기능성에 관한 핵심 사항을 자세하게 설명하기로 하였다. 더 완전한 내용을 보려면 [C-ITS Release 1](Intelligent Transport Systems 2013), [ITS-S Terminology](International Organization for Standardization 2014) 및 (C-ITS Brochure 2020) 문서를 참조하면 된다. 이들이 이 장에서 언급하는 표준에 관한 내용이다.

5.3.1. 통신 기술의 결합(Combination of communication technologies)

'협력 ITS' 표준을 사용하여, 미리 정의된 무선 기술에 의존하지 않는 서비스를 정의할 수 있다. 따라서, 현재 관련이 있는 기술은 기존에 배포된 기술에 완전히 의문을 제기하지 않고서도, 한 기술에서 다른 기술로 원활하게 전환하는 동시에, 상호 운용성을 보장하면서도, 새롭고 더 효율적인 기술로 대체될 수 있다. 그러나 각 이해 관계자, 국가 또는 지역이 인구 밀도, 우선순위로 제공되는 영역, 비용 등에 따라 적절한 선택을 할 수 있는 여지를 남겨둔다. 하나 또는 다른 기술을 활용하는 방법을 알고, 이러한 새로운 서비스의 최대 보급률을 보장하기 위해, 하나 또는 다른 기술을 사용하거나 이들을 결합할 가능성을 제공한다.

서로 다른 이해 관계자 간의 교환은, 다양한 통신 기술을 사용하고, 통신 네트워크의 핵심을 거치거나 거치지 않고 서로를 보완하는, 두 가지 통신 모드에 따라 수행할 수 있다.

- 첫 번째 경우, 데이터 교환은 통신 네트워크(셀룰러, 위성 등)를 통해 이루어지므로, 중앙 집중식 통신(또는 네트워크화 통신)이라고 한다. 이러한 기술들은 도로 인프라 장비를 제어 센터에 연결하거나, 차량과 연결된 서비스 플랫폼(내비게이션, 물류, 차량단 모니터링, 전자결제 및 기타 텔레매틱스 서비스 등) 간의 연결을 보장하는 데 사용된다. 따라서, 차량이 통신 네트워크의 무선 범위 안에 있어야만 한다. 한 지역에 네트워크를 배포하는 데는 수년이 걸리며, 전체를 포괄하지 않기 때문에 항상 무선 범위 안에 있는 것은 아니다(백색 영역); 또한, 네트워크가 오작동하거나, 성능이 떨어질 수도 있다(회색 영역, 도심 협곡, 네트워크 부하 등).
- 두 번째 경우, 교환은 차량과 환경(다른 차량, 도로 및 도시 기반 시설, 보행자) 간에 직접적으로 지역화된 통신을 통해 이루어지며, 따라서 통신 네트워크를 거치지 않는다.

그리고, 우리는 일반적으로 V2X 통신에 대해 말한다. 차량이 다른 차량이나 동일한 무선 기술과 쌍을 이루는 기반 시설 장비에 가까이 있어야 한다.

5.3.2. 중앙 집중식 통신(Centralized communications)

처음부터, ITS 스테이션 아키텍처는 형식(3G/4G/5G)과 관계없이 다수의 '중앙 집중식 통신(centralized communications)' 접근 기술, 특히 위성 및 셀룰러 기술을 통합하였다. 셀룰러 기술에는 모든 통신 계층, 특히 '접근(access)' 및 '네트워킹 및 전송(networking & transport)' 계층을 포괄하는 자체 아키텍처를 보유하고 있다.

ISO 표준은 이러한 기술들의 통합을 정의하는 데에만 적용되며, 이들을 '채널(channel)'로 사용하는 것, 즉 '접근(access)' 계층을 위한 접근 기술은 거의 없다. 관리 주체와의 상호 작용이 필요한, 더 자세한 통합은 아직 문서로 만들어지지 않았다.

ISO 17515-2 표준은 최근 3GPP에 의해 표준화된 LTE(4G)에서 D2D 모드(디바이스 2 디바이스)의 통합을 자세히 설명하고 있다. 이 모드(PC5)를 사용하면, 2대의 차량이 동일한 중계 안테나로 서비스를 받을 때, 통신 네트워크의 핵심을 통과하는 것을 피할 수 있다. 이 모드는 여전히 통신 인프라의 지원이 필요하지만, 차량에서 차량으로의 통신 경로를 단축하여 종단 간(end - to - end) 지연을 줄일 수 있다. 그러나, 이 기능을 사용하려면 비용이 드는 D2D 기능을 제공하기 위해 셀룰러 네트워크를 업데이트해야 하며, 물론 셀룰러 네트워크가 적용되는 영역에 있어야 한다.

5.3.3. 지역적 통신(V2X) (Localized communications: V2X)

기존 텔레매틱스 서비스에 일반적으로 사용되는 중앙 집중식 통신과 달리 - 차량이 클라우드에 연결되어야 하며, 각 서비스 제공자 또는 소유자에 대한 특정 통신 솔루션으로 만족할 수 있는- 차량 간 및 도로 인프라와의 지역화된 데이터 교환에는 어디에서나 상호 운용성을 보장하며, 일치하는 솔루션이 필요하다. 따라서, 지역화된 데이터 교환은 특정 표준을 따라야만 한다.

이를 염두에 두고, 주파수 대역(5.9GHz)은 북미, 유럽 및 기타 지역의 ITS 서비스용으로 예약되었다.

표준화 기구(IEEE, ISO 및 ETSI)는 5.9GHz 주파수에 적합한 단거리 통신 솔루션(수백 미터)을 개발하였다.

WiFi 무선 기술은 이동하는 차량에 적용되었다. 이것은, 통신을 설정할 때 지연을 생성하는 연결 기능을 제거한, WiFi의 일반적인 사용을 단순화한 것이다. 초보자를 위해, 차량용 WiFi에 관해 설명할 것이다. 반면에 더 많은 정보를 가진 대중들은 IEEE 802.11p 표준을 알고 있을 것이다.

따라서, ISO TC 204는, IEEE(P1609) 및 ETSI(ITS-G5)에 의해 표준화된 지역 편차를 조화시키면서, 'ITS 스테이션' 통신 아키텍처에 802.11p 접근 기술을 통합하기 위한, 추상화 계층을 제공하는 ISO 21215(M5) 표준을 개발하였다.

- 유럽에서, ITS-G5는 현재 V2X 통신을 위해 배포된 무선 기술이다. 이 기술은 ITS 서비스 전용 5.9GHz 주파수 대역에서 작동한다. ETSI 표준은 이 주파수 대역의 사용을 결정하며, 그중 하나의 채널(CCH)은 시간이 중요한 도로 안전 서비스용으로 예약되어 있다. 다른 ETSI 표준은 GeoNetworking(메시지가 결정된 지리적 영역에 도달할 때까지 다중 홉(hop) 전파를 사용하는 '방송(broadcast)' 모드의 통신) 및 이 전파 모드(CAM, DENM, CPM 등)와 관련된 특정 V2X 메시지인 CCH의 데이터 교환 프로토콜을 명시하고 있다. 다른 전송 모드, 특히 IPv6을 사용하는 다른 채널의 사용은 완벽하게 명시되지 않았다.
- 북미에서는, V2X 통신이 동일한 5.9GHz 주파수 대역에서 구현되지만, ETSI보다 앞선 IEEE P1609 표준(WAVE/DSRC/WSMP 아키텍처)에 일치한다. 이 기술을 일반적으로 DSRC라고 하는데, 그 이유는

5.8GHz 주파수 대역(RFID 기술)에서 전자 통행료 징수를 위해 CEN에서 개발한 표준인 유럽 DSRC와 혼동하지 않도록 하기 위해서이다.

60GHz 주파수 대역의 밀리미터파(ISO 21216), 적외선(ISO 21214) 및 광통신(ISO 22738)과 같이 ITS 스테이션에 이미 통합된, 다른 기술들 덕분에 현지화된 통신을 실행할 수 있다. 다음과 같은 다른 기술도 연구 중이다.

- 통신 인프라를 거치지 않고 차량 간 직접 통신을 가능하게 하는, 5G에서 파생된 신기술(3GPP에서 개발한 Cellular V2X)도 많은 관심을 받고 있지만, ITS-G5/DSRC와 달리 아직도 광범위하게 배포하는 데 필요한 성숙도 수준에는 도달하지 못했다. 실제로, 배포를 고려하기 전에 몇 가지 단계가 여전히 필요하다. 표준을 완성하고, 기술을 대규모로 실험하고, 표준과 관련하여 솔루션의 적합성을 검증할 수 있는 적합성 테스트를 개발하고, 그리고 무엇보다 전용 주파수 대역을 확보해야 한다.
- 마지막으로 IEEE의 P1609 그룹은 최신 기술 발전을 통합하기 위해 차량용 WiFi의 진화 작업을 시작했다. Cellular V2X와는 다르게, 이 기술은 현재 이들 지역의 5.9GHz 주파수 대역에 배포된 ITS-G5 및 P1609 기술과 호환된다.

5.3.4. 하이브리드 통신 (Hybrid communications)

미디어는, 기술의 고유한 특성(통신 기반 시설의 사용 여부)이나 성숙도를 고려하지 않고, 다양한 형태의 기술에 대해 매우 혼란스럽게 이야기한다. 우리의 의견으로는, 기술은 서로 보완적이며, 지역마다 다른 속도로 배포되는데, 반면에 적외선 또는 광통신(LiFi/VLC)과 같은 특정 상황에 더 적합한, 다른 기술들은 정기적으로 나타날 것이다. 따라서, 상호 운용성을 보장하고, 한 기술에서 다른 기술로 전환하고, 더 광범위한 연결을 제공하려면, 이러한 기술들을 지능적으로 결합해야 한다.

물론, 서로 다른 전송 모드와 기술을 동시에 사용하는 것이 가능하며, 하이브리드 통신이 여기에 해당한다.

- **차량의 장착 여부, 또는 특정 무선 범위 안에 있는지에 따라, 다른 상황에서 동일한 서비스에 대해** : 특정 경우에 저하된 모드에 있지만, 동일한 서비스가 지역 통신 또는 중앙 집중식 통신을 사용하여 제공될 수 있다. 그러나 서비스를 전혀 제공하지 않는 것이 바람직하다.
- **서로 다른 통신 특성을 갖는 별개의 서비스 또는 데이터 흐름의 경우**: 각 서비스 유형에 대해 하나의 통신 모드가 다른 통신 모드보다 관련성이 더 높다. 두 가지 모드를 모두 갖춘 차량은, 모든 요구 사항을 충족할 수 있을 것이다.

따라서, 주어진 순간에, 각 차량은 클라우드에 연결하는 것 외에도, 다른 차량이나 그 주변 환경(도로 인프라, 궁극적으로 다른 도로 사용자와 및 도시 인프라)과 데이터를 지역적으로 교환할 수 있는, V2X 통신 시스템을 장착할 수 있다.

예를 들어, 도로 안전을 개선하기 위한 경고 서비스는 간선 도로 경로에서는 V2X 지역화 통신(ITS-G5 사용), 농촌 지역에서는 중앙 집중식 통신(셀룰러 네트워크 사용)을 사용하여 최적화된 방식으로 수행할 수 있다. 반대로, 셀룰러 네트워크가 제공되지 않는 지역은, 서비스 범위를 보장하기 위해 도로변에 ITS-G5 장비를 배치할 수 있다.

그림 5.9는 여러 통신 기술을 결합할 때의 이점을 보여주고 있다. 차량 A(파란색)가 얼음 조각을 감지한다. 이 정보는 같은 도로를 주행하는 다른 차량들이 그들 스스로 빙판 구역을 발견하기 전에 속도를 줄이게 하는데 쓸모가 있다.

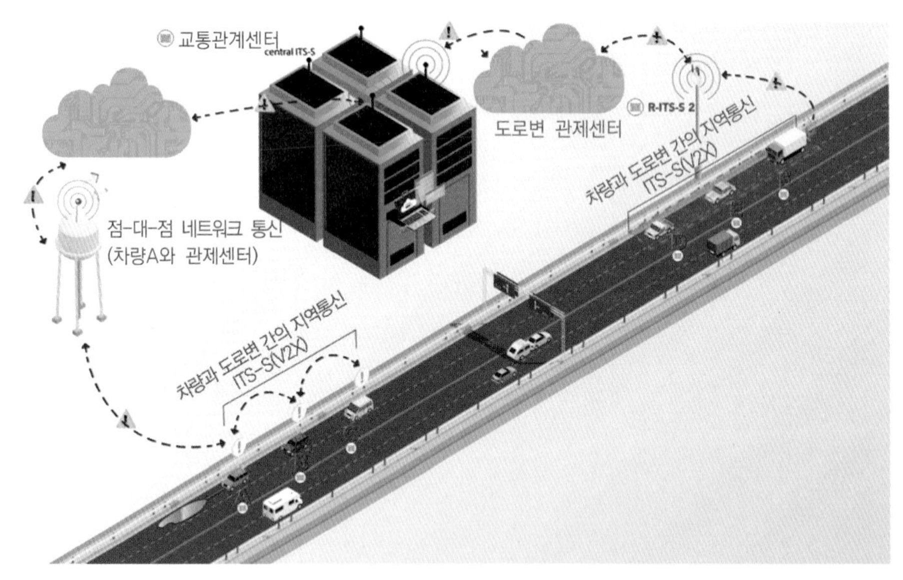

그림 5.9. 위험 상황 경고를 위한, 하이브리드 통신의 사용

파란색 차량을 따라오는 차량들에 대한 시간-결정적 정보를 나타낸다. 이들이 장비를 갖추고 무선 범위 안에 있으며, 지역화된 통신(예: DENM

메시지)을 사용할 수 있다면, 정보는 이들에게 즉시 전달되어야 한다. 그러나, 이 정보는 나중에 같은 도로 구간을 주행하게 될, 다른 모든 차량에 대한 특정 시간 프레임과 관련이 있다. 관련 차량 모두가 적시에 정보를 받는 것이 필수적이며, 이는 중앙 집중식 통신을 통해서만 가능하다, 나중에 셀룰러 네트워크(특정 지역을 여행하는 차량에 대한 가입이 필요함)를 통해, 또는 차량에 장착되었을 때 전송을 보장하는, 해당 지역의 상류에 배치된, 도로변 ITS 스테이션(R-ITSS-S/RSU)을 통해, 이 정보를 중계하는 교통관제 센터에 알린다. 예를 들어, 산악 지역에서는, 전략적 교차로에 RSU를 배치하는 것을 고려할 수 있다.

이 예에서, 단일 유형의 기술을 사용하여, 모든 차량에 경고를 전달하는 것이 어렵다는 것은 명확하다. 이를 달성하기 위해서는, 지역화된 통신이 모든 차량과 모든 지리적 영역에 배포되어야 하거나, 셀룰러 네트워크가 모든 곳에서 사용 가능해야 한다.- 절대 그렇지는 않을 것이다((3G, 4G 또는 5G). 기술을 결합하면, 연결된 도로 인프라 또는 저밀도 또는 원격 지역에 셀룰러 네트워크를 배포하는 비용을 최소화하면서, 경고 전송을 극대화할 수 있다.

또한, 한 기술에서 다른 기술(세대 또는 특성이 다름)로의 원활한 전환을 구성할 수 있다.

이 기술-결합 하이브리드 접근 방식은, 표준 및 솔루션의 개발을 단순화하고, 지속할 수 있게 하여 비용을 낮출 뿐만 아니라, 무엇보다도 데이터 공유를 기반으로 하는, 혁신적인 서비스 개발을 가능하게 한다.

5.3.5. 광범위한 통신 (Extensive communications)

여러 통신 기술을 동시에 사용하면, 차량 주변에서 사용할 수 있는 모든 접근 기술을 동적으로 활용하므로, 확장된 연결성을 제공한다. 따라서, 연결성은 단일 접근 기술을 사용할 때보다 더 탄력적이다.

이것은 다른 엔티티(entity)(센서가 설치된 차량 내부, 승객이나 상품, 다른 차량, 보행자 또는 자전거 타는 사람과 같은 다른 도로 사용자, 도로의 센서, 도로 또는 도시 기반 시설 장비)와 정보를 교환할 가능성을 극대화한다는 사실 외에도, 무엇보다도, 이를 통해 언제 어디서나 가능한 한 효과적으로 클라우드에 대한 연결을 유지할 수 있다. 이는 점점 더 많아지는 사용 사례에 필수적이다.

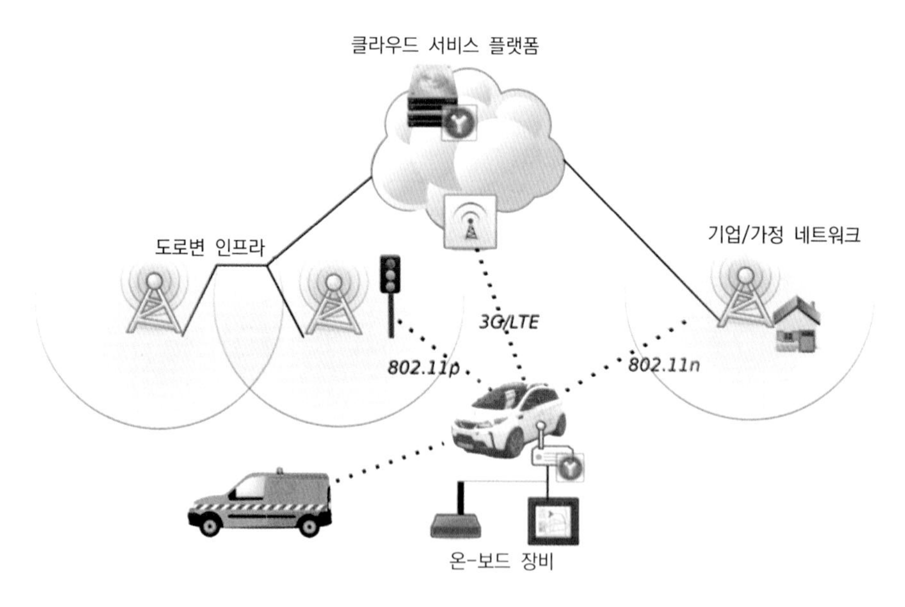

그림 5.10. 광범위한 연결성을 제공하기 위한 다중 접근 기술(현지화 통신 및 중앙 집중식 통신)의 조합

5.3.6. 통신 관리 (Communications management)

여러 통신 모드 또는 기술을 사용할 수 있으려면 각 데이터 흐름에 가장 적합한 통신 프로필(프로토콜 목록)을 선택할 수 있어야 한다.

이를 달성하기 위해, ITS 스테이션 아키텍처에 최첨단 기능성을 통합하여, 자원 소비(CPU, 대역폭 등)에 동시에 이바지하는 애플리케이션에 의해 표현되는, 통신 제약 조건을 기반으로, 실제로 사용 가능한 접근 기술과 특성에 따라 각 데이터 흐름에 가장 적합한, 프로토콜 스택을 동적으로 선택할 수 있다. 기술 보고서(ISO 21186-2)는 현재 여러 표준으로 구분되는 기능성의 주요 원칙을 제시하고 있다.

- ISO 17423 표준은 애플리케이션 프로세스(ITS-S 애플리케이션 프로세스-ITS-S AP)가 전송해야 하는, 각 데이터 흐름에 대한 통신 측면에서 제약 조건 및 요구 사항을 정의할 수 있게 한다. 우선 순위, 전송 모드(방송(broadcast) 또는 지점 간(point - to - point)), 영구 연결, 대기 시간, 데이터의 양, 비용, 보안 수준 및 적용할 서비스(기밀성, 타임 스탬프 등). 이것은 애플리케이션이 '관리' 엔티티로 전송한 통신 매개변수를 통해 수행할 수 있다. 응용 프로그램은 미리 결정된 프로토콜 집합(통신 프로필)의 사용을 부과할 수도 있다. 이는 매우 구체적인 사용 사례, 또는 규정을 충족하는 데 필요할 수 있지만, 프로필이 적용되지 않을 때(예: 요청된 기술의 무선 범위 부족)는 유연성이 떨어진다.
- ISO 24102-6 표준은 응용 프로그램에서 표현된 제약 조건을 충족하는 데 필요한 일반 기능을 정의한다. 이것은 ITS 스테이션의 각 계층

에 존재하는 기능성(능력)과 ITS 스테이션의 환경을 감독하여, 실제로 사용 가능한 통신 기술과 성능 수준(무선 유효범위, 네트워크 부하 등)을 결정한다. 통신 프로파일이 선택되고, 조정을 보장하기 위해 각 계층에 명령이 전송된다.

- CEN 17496 표준은 레지스터에서 각 프로토콜의 특성을 찾기 위한 고유 식별자 개념을 기반으로, 여러 통신 프로필을 지정한다. 그 결과, 상호 운용성을 쉽게 하는, 공통 저장소가 생성된다. 또한, C-ITS 서비스에 관한 기술 사양 작성을 단순화한다. 이전 ISO 버전(ISO 21185)도 존재하며, 이 두 버전은 향후 개정판에서 결합될 것이다.
- ISO 21210 표준은, ITS 스테이션 간의 통신 환경(context)에서 IPv6 사용을 정의한다. 이 프로토콜은 지점 간(point - to - point) 또는 연결 모드 통신에 필수적이다. IPv6은 IP 주소 부족을 극복하기 위해, IPv4에서 IPv6으로 인터넷을 전환해야 하는 상황에서, 통신 인프라 및 서비스의 지속 가능성을 보장한다.

IPv6이 프로토콜이 아니라 프로토콜 패밀리라는 것을 알고 있는, ISO 21210 표준은 ITS 스테이션의 유형에 따라 필요한 IPv6 기능성을 표시하는 것을 가능하게 하고, 또한 ITS 스테이션 간의 상호 운용성을 보장한다. 그렇지 않으면, 다른 행위자들이 서로 다른, 양립할 수 없는 선택을 할 수 있다. 이 목적을 위해, 이 표준은 현재 세션(MobileIPv6/NEMO)을 중단하지 않고, 한 접근 기술에서 다른 접근 기술로 통신을 전송하는 메커니즘을 권장한다.

5.3.7. 메시징 (Messaging)

사용 가능한 문헌은, 거의 독점적으로 도로 안전과 관련된, 시간이 중요한 C-ITS 서비스에 중점을 둔다. 다른 서비스보다 먼저 파일럿 배포에 참여했기 때문에, 가장 인기 있는 서비스이다(5.5절 참조).

이들 시간이 중요한 서비스는 방송 모드의 지역화된 통신(V2X)과 다음과 같은 메시지에 의해 전송되는 데이터를 기반으로 한다.

- **CAM**(Cooperative Awareness Message)(ETSI EN 302 637-2): 이 메시지를 통해, 차량은 충돌을 피하고자 인근 ITS 스테이션에 자신을 알릴 수 있다. 이를 위해, 메시지는 차량에서 고주파수(최대 초당 10회)로 방송되며, 차량의 위치, 속도, 가속도, 조향각 및 기타 유형의 정보가 포함된다.
- **DENM(분산형 환경 알림 기본 서비스)**(EN 302 637-3): 차량에서 보내는 이 메시지는, ITS 스테이션에 얼음 조각, 도로의 장애물, 정차된 차량, 등과 같은. 도로 네트워크상의 위험에 대해 ITS 스테이션에 경고한다.
- **신호 위상 및 시간(SPAT) 및 지도 데이터(MAP)**(ISO 19091): 도로 인프라에서 발신되는 이 메시지를 통해, 다른 차량에 신호등의 위상과 지속 시간뿐만 아니라, 각 위상이 적용되는 차선을 결정하기 위해, 교차로 매핑을 알릴 수 있다.
- **협동적인 협력 메시지(CPM)**(작업 진행 중): 이 메시지는 자율주행 차량이 교차로에서 자신의 인지(perception)를 개선하기 위해, 센서 정보를 교환할 수 있도록 한다.

이들 메시지에는 모두 가명을 사용하여 익명성을 보장하면서, 보낸 사람을 인증할 수 있는 인증서가 포함되어 있다(임시 식별자는 메시지를 특정 차량 또는 사람과 연결할 수 없도록 함).

그러나, 앞 설에서 지역화, 중앙 집중화 및 하이브리드 통신에 대해 논의한 내용을 고려하여, 다른 유형의 메시지를 구별하고, 다음 네 가지 메시징 범주를 정의하는 것이 중요하다.

- 방송 전송 모드(CAM, DEMN, CPM, SPAT/MAP)에 따른, 지역화된 통신(차량 간 및 도로 인프라와의)을 기반으로 하는, C-ITS 메시지 처리(messaging): 이들 메시지가 현재 지정되는 표준에는 미리 결정된 통신 프로파일(이 경우 ITS-G5, GeoNetworking 및 BTP)과 연관되는, 단점이 있다. 현재 사양의 약점은 표준을 검토하지 않고, 다른 통신 프로필을 사용하여 이러한 메시지의 전송을 보장할 수 없다는 점이다.
- 점 - 대 - 점 전송 모드를 사용하는, 중앙 집중식 통신(차량과 관제 센터 간)을 기반으로 하는, C-ITS 메시징: 이전 항목에서 설명한 대로 CAM, DEMN, CPM, SPAT/MAP 메시지는 이 전송 모드에 적합하지 않다. 그러나, C-ITS 서비스의 일부 배치에서는 성능을 떨어뜨릴 수 있는 표준 해석 또는 왜곡을 대가로, 셀룰러 네트워크를 통해 이들 동일한 메시지를 전송하려고 시도한다. 가장 큰 단점은 메시지의 서명이 현재 GeoNetworking 수준에서 직접 수행되고, 후자가 셀룰러 네트워크를 통해 전송되기 위해 IP 메시지에 캡슐화되어야 한다는 사실에서 연유한다.

- '이력 기반' 메시징(C-ITS 아님)은 중앙 집중식 전송 모드와 각 서비스에 대한 특정 통신 프로토콜에 의존한다. 이들 메시지는 Cooperative ITS 용으로 설계되지 않았으며, ITS 스테이션 아키텍처 및 해당 기능성을 준수하지 않는다. 그러나, ITS 스테이션 아키텍처는 ITS 스테이션의 고급 기능을 사용하지 않고, 따라서 혜택을 받지 않고, 이들 서비스의 데이터 전송을 해결하는 '기존 응용 프로그램'의 통합을 가능하게 하여, 이들 서비스의 연속성을 보장한다.
- ITS 스테이션의 고급 기능, 특히 하이브리드 통신, 보안, 데이터 처리(LDM, 발행-구독 등) 및 기타 공유 기능성(시설) 관리의 이점을 활용하는, 일반 C-ITS 메시징. 이 메시징 서비스는 ISO 17429 표준에 정의되어 있다. 이 표준은 캐스케이드로 추가할 수 있는 데이터 앞에 오는 일반 메시지 헤더(Facilities Service Header - FSH)를 지정하고, 해당 데이터가 정의된(사전 식별자 및 기본 데이터 사용) 데이터 사전에 따라 구성된다. 이 메시징은 모든 통신 모드(방송 또는 지점 간)에서 작동하며, ISO 17423 및 ISO 24102-6 표준을 사용하는 애플리케이션 프로세스(ITS-S AP)에 의해 표시된 전송 제한 사항에 대한 지식 덕분에, 모든 통신 프로필에 적용된다. (앞 절 참조).

이들 메시징 서비스는 임시(ad hoc) 표준을 개발할 필요 없이, 있는 그대로 사용하거나 보완할 수 있는, 응용 프로그램 서비스에 사용할 수 있다.

스케일링(scaling) 고려 사항 및 서비스의 지속 가능한 개발을 위해, 일반적인 메시징을 사용하고, 각 서비스에서 사용하는 데이터 형식을 게시하는 것이 좋다. 이는 상호 운용성을 보장할 뿐만 아니라 다른 서비스에 대해 동일한 형식의 재사용을 쉽게 한다.

5.3.8. 데이터 구성 및 식별 (Data organization and identification)

많은 서비스 또는 사용 사례에서 유사한 데이터를 사용한다. 지금까지, 서비스 대부분에서 일반적으로 사용하는 위치 및 날짜/시간 스탬프 데이터를 포함하여, 각 서비스에 대해 고유한 형식을 정의하는 경향이 있어, 비-호환성, 복잡성 및 불필요한 노력을 초래한다. 따라서, 기본 데이터의 정의를 포함하는 데이터 사전을 정의하고(ASN.1에서), 데이터 사전에 전역적으로 고유한 식별자를 할당해야 한다. 표준화 작업은 각 응용 분야, 또는 각 표준화 기관에 특정한 데이터 사전을 생성할 수 있는 데이터 관리 모델의 사양을 고려해야 한다.

데이터 사전에는 설명이 게시된 데이터 형식, 또는 독점적 형식(대중이나 이를 정의한 커뮤니티 외의 다른 커뮤니티에 알려지지 않은 형식)이 포함될 수 있다. 그러나, 각 데이터 형식에 대해, 전역적으로 고유 식별자를 얻기 위해서는, 등록 요청이 필요하다. 이 프로세스는 현재 ISO 및 IEEE에서 논의 중이며, 데이터, 메시지, 응용 프로그램의 식별자 그리고, 덜하지만, 이들의 프로토콜 및 시설의 식별자를 포함한다(통신 프로파일 및 이들을 충족하는 ITS의 능력을 정의하기 위해서는, 이들의 식별과정(identification)이 필요하다.).

사전(dictionary)의 개념 덕분에, 새로운 서비스가 각각의 형식을 다시 정의하지 않고, 사전에 게시된 데이터 형식을 검색하고 참조하는 것이 쉬워졌다. 당연히, 게시된 데이터 형식이 특정 요구 사항을 충족하지 못하는 상황이 있는데, 이 경우 전체 커뮤니티의 이익을 위해, 새로운 형식을 정의하고, 등록을 진행하는 것으로 충분하다.

표준 측면에서 아직 구축 중인 이 접근 방식은, 위에서 언급한 두 가지 필수 기능성과 관련이 있다.

- **지리적으로 지역화된 데이터베이스**(Local Dynamic Map – LDM) (ISO 18750/ETSI EN 302 895): ITS 스테이션에서 수집하고, 이들 데이터의 관련 날짜 및 장소를 식별하기 위한 속성과 함께 시설 계층에 저장된 데이터이다. 기록된 데이터는 다소 역동적이다(인접한 차량 위치, 도로상의 장애물, 도로 공사 구간, 주목할 만한 지점). LDM은 앞 절에서 설명한, 모든 C-ITS 서비스에 사용된다.
- **데이터 발행-구독 메커니즘**: 애플리케이션 프로세스(ITS-SAP)가 임의로 데이터를 발행할 수 있도록 한다(예: 센서에 의해, 또는 입력으로 얻은 데이터에서 새로운 병합 데이터를 생성하는 융합 알고리즘에 의해 수행될 수 있는 작업). 이는 지식 기반을 풍부하게 하고, 다른 애플리케이션 프로세스가, 동일한 ITS 스테이션으로부터 이익을 얻도록 하고, 또는 메시징 서비스를 통해 인접 또는 원격 ITS 스테이션과 데이터를 공유한다. 이러한 메커니즘은 LDM(ISO 21184)에 저장된 데이터나, 또는 메시징(ISO 17429)으로 처리되는 데이터에 접근하는 데 필요하다.

5.3.9. 보안이 확보된 통신 및 데이터 접근 (Secure communications and access to data)

통신 및 데이터 보안은 ITS 스테이션 아키텍처의 핵심 요소이다. 기본 원칙은 ITS 스테이션이 트러스트 도메인(BSMD: Bounded – Secured – Managed – Domain)이라는 점이다. 표준은, ITS 스테이션 구현이 이 규칙을 준수하도록 하는 방식을 정의하지 않는다. 이는 각 통합 환경에, 각 운영 체제에, 그리고 서로 다른 통신 장치(ITS - SCU) 간의 조직에 고유하기 때문이다.

그러나, 통신 및 데이터 보안에 필요한 기능은, 데이터를 송수신하는 모든 기능에 액세스할 수 있도록 '보안(security)' 엔티티 아래에 그룹화된다(ISO 전문 용어에서는 응용 프로그램 프로세스 -ITS-S AP라고 함). 이들은, 애플리케이션 서비스, 통신 서비스 관리 또는 ITS 스테이션의 수명주기를 잘 참조할 수 있으므로, ITS 스테이션의 엔티티에서 또는 모든 계층에서 찾을 수 있다.

'보안(security)' 엔티티는 인증 기관에서 획득한 인증서에 대한 접근 권한을 얻기 위한 기능을 포함하며, 공개 - 개인 키 메커니즘을 기반으로 한다. 인증서는 '방송' 모드에서든 또는 '포인트 투 포인트 세션' 모드에서든, 수신기와 송신기의 인증을 보장하기 위해, ITS 스테이션 간의 교환에 사용된다.

- 첫 번째 경우(V2X 현지화된 통신 기반 C-ITS 메시징)에는, 메시지의 내용을 모든 사람이 볼 수 있다. IEEE P1609.2 인증서는 콘텐츠가 수정 없이 수신기에 도달했으며, 송신기가 요청된 역할에서 합법적임을 보장한다. 메시지는 '네트워크' 계층(GeoNetworking) 수준에서 서명된다.
- 두 번째 경우에는, IEEE P1609.2 인증서와 TLS 1.3 프로토콜(확장자를 포함한 RFC 8446)을 사용하여, ITS 스테이션(ISO 21177) 간에 보안 세션이 구성된다. 무엇보다도, 인증서를 통해 전송 신청 프로세스(ITS-S AP)를 식별할 수 있다.

또 다른 원칙은, 애플리케이션 프로세스가 자신의 역할 및 부여된 권한과 일치하는 데이터에만 접근할 수 있다는 점이다. 이 확인은 인증서를 제시하여 수행할 수 있다.

5.3.10. 표준의 진화 (Evolution of standards)

새로운 용도가 계속해서 생겨나고 있다. 특정 요구 사항이 있을 수 있으며, 개별 사용 사례의 특정 요구 사항을 충족하는, 새로운 메시지 및 데이터 형식의 정의에 대한, 새로운 서비스의 개발로 이어질 수 있다. 새로운 접근 기술도 계속해서 등장하고 있으며, 다른 분야에서 널리 사용되는 기존 기술을 ITS 스테이션 아키텍처에 유용하게 통합할 수 있다.

다행스럽게도, ITS 스테이션 아키텍처는 새로운 기능성을 통합할 수 있게 한다.

단기 및 중기적으로 필요한 작업(일부는 이미 진행 중)은 다음에 중점을 둘 것이다.

- 새로운 접근 기술(5G, Cellular V2X, LiFi, LoRa, Bluetooth 등)과 센서 네트워크의 통합
- 데이터 조직 기능성: 데이터 사전, 데이터 형식 및 식별자 레지스트리의 공식 정의(ISO 5345 및 ISO 5146 표준이 개발 중임)
- 데이터 구성을 사전으로 활용하고, 하이브리드 통신을 관리하는 새로운 세대의 서비스 정의
- 유럽 전역의 파일럿 배포에서 얻은 피드백을 고려하여, 정기적인 표준 검토.

5.4. ITS 스테이션 아키텍처의 특징 (Features of the ITS station architecture)

ITS 스테이션 아키텍처는 모든 연결 및 협력 이동성 사용을 위해, 통합 아키텍처 안에서 서로 다른 기술 브릭(brick)을 최적으로 결합한다. 횡단 관리 및 보안 기능으로 보완될 뿐만 아니라, 서로 독립적인 서로 다른 계층이 있는, 모듈식 아키텍처의 원칙에는 많은 이점이 있다.

- 차량, 차량 장비, 사용자 또는 동료(다른 차량, 도로 인프라)와 관련된 모든 형태의 커뮤니케이션을 일관되게 구성한다. 이러한 통신은, 도로 안전과 관련된 시간이 중요한 메시지이거나, 높은(사이버) 보안 수준이 필요한 교환일 수 있지만, 대기 시간에 대한 제약은 없다. 이 조화로운 조직은, 네트워크 통신 또는 장비의 다양성과 관련된 비용을 줄이고, 차량 안에서 새로운 애플리케이션의 개발 및 배포를 촉진하며, 차량의 안전을 손상하지 않으면서, 차량 장비와 관련된 사용 사례를 허용한다.
- 고정된 통신 인프라(지역 통신)의 지원 없이, 원격 통신 인프라(중앙 집중식 통신)와 직접 교환을 사용하는, 원격 기계 간의 종단 간(end-to-end) 통신을 수행한다.
- 흐름별(by flow) 통신 흐름 관리: 각 데이터 흐름의 우선순위를 지정하고, 특성에 따라 처리하며, 가장 적절한 접근 기술을 지향할 수 있다.
- ITS 고유의 기술(V2X 현지화 통신, LDM 포함)을 기존 인터넷 기술(IPv6, 보안, 서비스 검색 등)과 결합한다.
- 출판, 녹음 및 구독 기능성과 함께, 요소를 식별할 수 있는 데이터 사전을 사용하여, 데이터 공유 및 융합은 물론이고, 애플리케이션

서비스의 개발을 단순화하는, 공유 서비스(시설)를 보유하고 있다.

5.5. 협력 ITS 서비스 배포
(Deployment of Cooperative ITS services)

현지화된 통신(V2X) 기반 서비스를 사용하기 위해서는, 도로 인프라와 차량에 대해 서로 다른 제조업체의 상호 운용 가능한 솔루션을 조정하여 배포해야 한다. 실제로, 배치 첫해에는 유용한 이벤트가 발생하는 상황에서 2대의 장착 차량이 서로 만날 것 같지 않다. 배치 속도를 높이려면 지정된 차량단의 차량을 특정 지역에서 순환하도록 장비하고, 동시에 첫 장비 차량이 기술의 혜택을 받을 수 있는, 주목할만한 장소의 도로 인프라(RSU/도로변 ITS 스테이션)에 장비를 배치해야 한다. 이것이 바로 프랑스 당국이 주요 고속도로에 C-ITS 기술을 배치하여, 도로 운영자의 차량(수백 대의 차량, 특히 순찰 차량)에 우선순위를 부여한 이유이다.

유럽 전역에서 수행된 첫 번째 실험은 2013년과 2014년에 완료되었다. 초기 목표는 도로 안전 관련 사용을 위한 V2X 통신 개념을 검증하는 것이었다. 이것은 프랑스의 SCOREF 프로젝트의 경우에 두드러지게 나타났다. 유럽 수준에서 DriveC2X 및 FOTSIS 프로젝트, 특히 미국, Ann Arbor(미시간)에서 2,000대 이상의 차량이 이러한 실험에 참여했다.

이러한 실험에 따라, 프랑스의 SCOOP, 독일의 ITS Corridor, 오스트리아의 eCoAT, 스칸디나비아 국가들의 NordicWay를 포함하여 다수의 유럽 국가에서 대규모 파일럿(pilot) 배포(각각 수천 대의 차량과 수백 개의 통신 도로 인프라 장비)가 시작되었다. 실제 사용 조건에서 전문 사용자와 함께 기술의 관심을 검증하고, 그리고 무엇보다 대규모 배포 이전에, 이해 관계자의 전체 생태계를 구현하기 위한 목적이었다.

이러한 파일럿 배포는 모두 동일한 C-ITS 표준 세트를 기반으로 하지만, 사용된 버전(모든 배포가 동시에 시작된 것은 아님)과 우선순위 서비스 및 기술에 대한 현지 선호도가 일치하지는 않았다(일부 국가에서는 ITS-G5와의 V2X 지역화 통신, 다른 나라들에서는 LTE와의 중앙 집중식 통신 또는 이 둘의 하이브리드를 선호하였다.).

이러한 배포는 조화를 이룬다. 우선순위 서비스는 유럽 위원회[C-ITS 플랫폼](유럽 위원회(2017) 참조)의 'C-ITS 플랫폼' 틀 안에서 2017년부터 정의되었으며, 유럽 파일럿(pilot)에서 구현되었다. C-Roads(2019)는 도로 안전 서비스에 중점을 두지만, InterCor(2021)는 물류 중심 서비스에 중점을 두고 있다.

프랑스에서는, 2014년 당시 교통부 장관 Cuvillier가 2014년 2월 Mobility 2.0의 날과 VEDECOM Institute의 출범을 기념하여, 프랑스 시범 배치(Scoop 2019)의 시작을 발표하였다. 원래 계획은 도로 인프라 장비 200대와 차량 3,000대를 배치할 계획이었다(공공 및 민간 도로 인프라 운영자, 특히 DIR Ile de France, DIR Ouest, DIR Atlantique, SANEF 및 Vinci의 차량 1,000대; Renault에서 판매한 일련의 1,000대, 그리고 PSA가 Renault만큼 많이). 2016년 중반, 도로 인프라 및 도로 인프라 사업자의 차량을 장착하기 위한 첫 번째 입찰 공고가 발표되어 2019년까지 계속되었다. 3,000대의 차량 목표는 달성하지 못했지만, SCOOP 파일럿의 일부로 2020년에 효과적으로 배치된 다수의 차량으로, 프랑스는 유럽의 배치 선도자가 되었다.

SCOOP에 이어, 새로운 배포 프로그램인 InDiD(Infrastructure digitale demain)(Indid n/a)는 1천만 유로의 예산으로 2019년 말에 시작되었다. 5년에 걸쳐 생태연대 전환부(Ministry of Ecological and Solidarity Transition)가 조정하는 이 프로젝트는 지역사회(그르노블 메트로폴리스, 파리시, 엑마르세유 메트로폴리스, Isère 및 Bouches-du-Rhône 지구), 도로 인프라 운영자(DIR, APRR, Vinci, Atlandes, SANEF 및 ASFA) 및 사용자 커뮤니티(Valeo, Renault, PSA, TomTom)를 포함, 25개 파트너를 모았다. 2019년에 새로운 공공 계약(DIR Est, DIR Nord)이 시작되었으며, 다른 계약을 준비 중이다.

대규모 배치는 2023년부터 대규모로 이루어져야 하며, 유럽 위원회에서 부과할 수 있다. 실제로 배치 조건을 설정하는 위임법의 임박한 투표가 2019년 3월 13일에 발표되었다. 2010 ITS 지침 외에도, 이 텍스트는 ITS-G5 기술 및 3G/4G 셀룰러 네트워크('성숙(mature)' 기술로 분류), 미래 발전(LTE-V2X 및 5G)을 위한 길을 닦는 것을 강조하였다. 이 텍스트는 2019년 여름에 의회 의원들이 투표할 예정이었으나 [C-ITS 지침](유럽 위원회(2019b) 참조), 진행 중인 배치에 대해, 의문을 제기하지 않고 투표를 무기한 연기하였다. 특히, C-Roads 구축 프로그램의 일부로서 도로 인프라에 수행된 배치는 순조롭게 진행되고 있다. 대규모 배치에 필수적인 것은 아니지만, 지침의 프로젝트는 2021년에 전면으로 복귀해야 한다. 무엇보다도, 이 지침의 비준을 통해 상호 운용성을 보장하는 프레임워크를 구축하고, 아직도 배포를 주저하는 사람들을 격려할 수 있다.

호주와 이스라엘도 유럽 표준에 따라 C-ITS 서비스를 배포하기로 하였다. 유럽 C-ITS 표준은, 유럽 표준을 기반으로 하는 배포가, 지역화된 V2X(ITS-G5) 또는 중앙 집중식(셀룰러) 통신 기술을 사용하여 교대로 수행할 수 있으므로, 북미 표준보다 더 유연한 것으로 간주하고 있다. 호주의 경우, 기술의 하이브리드화(특정 축에서는 ITS-G5, 다른 곳에서는 셀룰러 기반 서비스)를 사용하여, C-ITS 서비스를 배포하도록 추진하는, 영역의 범위를 고려하여, 유럽 방식의 유연성을 선택하였다.

'하이브리드' 솔루션은 유럽에서 C-ITS 서비스 파일럿 배포의 일부로 효과적으로 구현되고 있다. 노르웨이(NordicWay)에서는, C-ITS 서비스가 주로 셀룰러 네트워크를 통해 제공되는 반면, 프랑스(SCOOP)에서는 주로 ITS-G5와 함께 제공된다. 배포를 촉진하고 가속하는 것 외에도, 이 하이브리드 접근 방식은 상호 운용성이 보장되는 조건에서 모든 이해 관계자를 만족시킬 수 있다.

제조사의 경우, 현재 몇 천 대에 불과한 V2X 기술이 탑재된 차량이 몇 년 안에 수백만 대에 이를 것으로 추산되고 있다. V2X 서비스 배포와 관련하여, 자동차 제작사들이 발표한 이니셔티브는 다음과 같다.

- Volkswagen은 2019년 말부터 '골프(Golf)' 모델의 새로운 시리즈를 마케팅하고 있다. 이것은 EuroNCAP 프로그램에 따라, 정당화되는 도로 안전 개선을 위해, ITS-G5 기술을 기반으로 V2X 서비스를 통합하였다. Volkswagen은 유럽에서 V2X 기술의 보급을 가속하기 위해, 이 기술을 차량 구매자에게 무료로 표준 기능에 포함하고 있다.
- 미국에서는 2017년부터 Cadillac이 Sedan CTS 모델에 IEEE P1609(DSRC) 표준을 기반으로 하는, V2X 통신 기술을 적용하였다.

이듬해, 자동차 제조업체는 2023년까지 신차 포트폴리오 범위 안에서 기술을 확장할 계획을 발표하였다. 현재까지 V2X가 장착된 100,000대 이상의 Toyota 및 Lexus 차량이 판매되었다. 현대 자동차는 2021년까지 Genesis G90 모델에 V2X를 배포하기 위해 Autotalks와 제휴하였다.

그러나 모든 자동차회사가 반드시 현지화된 통신 기술(ITS-G5/DSRC)의 배포에 의존하는 것은 아니다. 일부는, 셀룰러 네트워크(5G)를 사용하여 차량 간 데이터 교환을 수행하기를 원하므로, 텔레콤 인프라에 의존한다. 이는 주로 데이터 전송 지연, 그리고 셀룰러 네트워크의 불균등한 가용성으로 인해, 도로 안전 애플리케이션에 한계를 나타내고 있다.

마지막으로, 자율주행 셔틀(Navya, EasyMile, Milla)과 관련된 수많은 실험은, V2X 통신 기술(SPaT/MAP 및 CPM 메시지)을 사용하여, 개방 도로에서 실험 현장에 존재하는 신호등 교차로를 확보하고 있다.

결론적으로, 환경과 협력하는 커넥티드 카의 많은 사용 사례는, 다양한 상황에서 다양한 엔티티(entity) 간에 데이터를 교환할 수 있는 능력을 기반으로 하며, 각 통신 흐름의 유형(우선순위, 전송 지연 및 지연 시간, 안전 수준, 데이터의 양, 서비스 연속성 등)에 대한 특별한 사항을 요구하고 있다. 이러한 요구 사항은 한 가지 유형의 통신 기술만으로는 충족할 수 없다. 상호 운용성을 보장하기 위해 표준화된 아키텍처 범위 안에서 지능적으로 결합되어야 한다. 차량과 다른 도로 사용자, 도로변 및 도시 인프라, 클라우드 서비스 센터 간의 데이터 교환이 특징인, '협력 ITS' 서비스는 ITS 스테이션의 통신 아키텍처와 해당 데이터, 보안 및 관리 기능을 기반으로 한다. 이들 기능성은 ISO TC 204, CEN TC 278 및 ETSI TC ITS에 의해 표준화되었다. 이러한 표준 덕분에, 연결되고 협력적인 모빌리티 시장이 급격히 가속될 것이다. 이러한 가속화는 기본 통신 표준의 성숙도와 Cooperative ITS 서비스의 관심을 확인하기 위해, 유럽 전역에서 시작된 파일럿 배포를 따른다. 장기적으로, 이 배치는 전체 차량단과 노보변 및 도시 기반 시설(신호등, 가변 메시지 표지판, 주차장, 전기 충전소, 거리 가구 등)에 영향을 미칠 것이다. 이들 표준은 연결 기반, 자율 협력 차량, 그리고 특히, 지역 통신(V2X)의 정밀 배치를 촉진할 것이다. 그리고 지역 통신(V2X)은 ADAS(운전 지원 시스템)에 점차 통합될 것이다.

참고문헌

C-ITS Brochure (2020). Cooperative Intelligent Transport Systems (C-ITS) Guidelines on the usage of standards, June [Online]. Available at: https://www.itsstandards.eu/app/uploads/sites/14/2020/10/C-ITS-Brochure-2020-FINAL.pdf.

C-Roads (2019). C-Roads - The platform of harmonized C-ITS deployment in Europe [Online]. Available at: http://www.c-roads.eu.

European Commission (2009). Standardisation mandate addressed to CEN, CENELEC and ETSI in the field of information and communication technologies to support the interoperability of co-operative systems for intelligent transport in the European community [Online]. Available at: https://ec.europa.eu/growth/tools-databases/mandates/index.cfm?fuseaction=search.detail&id=434.

European Commission (2017). C-ITS platform phase II: Cooperative Intelligent Transport Systems towards Cooperative, Connected and Automated Mobility. Final report [Online]. Available at: https://ec.europa.eu/transport/sites/transport/files/2017-09-c-its-platformfinal-report.pdf or https://ec.europa.eu/transport/themes/its/c-its_en.

European Commission (2019a). EU Road Safety Policy Framework 2021-2030 - Next steps towards "Vision Zero". Staff working paper, SWD(2019), 283 final [Online]. Available at:

https://ec.europa.eu/transport/sites/transport/files/legislation/swd20190283-roadsafetyvision-zero.pdf.
European Commission (2019b). Specification for the provision of cooperative intelligent transport systems (C-ITS). Draft delegated regulation [Online]. Available at: https://ec.europa.eu/info/law/better-regulation/initiatives/ares-2017-2592333_en.
European Commission (2020). Progress and findings in the harmonisation of EU-US security and communications standards in the field of cooperative systems: EU-US task force - Reports from HTG1 and HTG3 [Online]. Available at: https://ec.europa.eu/digital-single-market/en/news/progress-and-findings-harmonisation-eu-us-security-andcommunications-standards-field [Accessed December 2020].
Indid (n/a). Infrastructure Digitale de Demain. Deployment plan of Cooperative ITS services in France, 2018. "Connecting Europe Facility" (CEF) Project, financed under European Grant number INEA/CEF/TRAN/M2018/1788494. Available at: https://ec.europa.eu/inea/en/connecting-europe-facility/cef-transport/2018-fr-tm-0097-s.
Intelligent Transport Systems (2013). Final joint CEN/ETSI-Progress Report to the European Commission on Mandate M/453. CEN TC ITS & ETSI TC ITS [Online]. Available at:https://www.etsi.org/images/files/technologies/Final_Joint_Mandate_M453_Report_2013-07-15.pdf [Accessed December 2020].
Intelligent Transport Systems (2020a). C-ITS Secure Communications. CEN TC278 Project Team PT1605 official web page [Online]. Available at: https://www.itsstandards.eu/highlighted-projects/c-its-secure-communications [Accessed December 2020
Intelligent Transport Systems (2020b). C-ITS Secure Communications. CEN TC278 Project Team PT1605 annex web page [Online]. Available at: http://its-standards.eu/PTs/PT1605 [Accessed December 2020].
InterCor (2021). Interoperable Corridors deploying cooperative intelligent transport systems [Online]. Available at: https://intercor-project.eu [Accessed December 2020].
International Organization for Standardization (2014). Terminology extracted from standard ISO 21217, 3rd edition [Online] Available at: https://www.iso.org/obp/ui/#iso:std:iso:21217:ed-3:v1:en [Accessed December 2020].
International Organization for Standardization (2020). ITS station communication architecture for Intelligent Transport Systems. ISO TC 204. International Standard ISO number 21217,last edition 2020 [Online]. Available at: https://www.iso.org/standard/80257.html.
Scoop (2019). French pilot deployment of Cooperarive ITS Services 2015-2019 [Online]. Available at: http://www.scoop.developpement-durable.gouv.fr.

ADAS의 이점에 대한 보행자 지향의 통합: 모로코 사례 연구

The Integration of Pedestrian Orientation for the Benefit of ADAS: A Moroccan Case Study

6.1. 개요 (Introduction)

교통사고를 은유적으로 '도로 전쟁'이라고 하는 것은 과장도 자의적인 것도 아니다. 이러한 사고는 매년 수천 명의 사람이 사망하는 주요 원인 중 하나이기 때문이다.

'운전(driving)'이라는 용어는 자동차 운전뿐만 아니라, 사회적 운전을 의미하는 것으로 밝혀졌다. 후자를 통해 우리는 모로코의 현재 도로 안전 상황을 제시할 것이다. 모로코에서 발생하는 사고 건수를 감안할 때, 상황은 확실히 혼란스럽다. 예를 들어, 2011년 모로코에서 도로 교통 사고 및 피해자에 대한 설문 조사 결과에 따르면, 이는 사고가 65,461건에서 67,082건으로 2.48% 증가했으며 사망자는 11.75%(3,778명에서 4,222명으로 증가), 중상은 9.36% 증가(11,414에서 12,482로 증가), 경상은 2.84%(87,058명에서 89,529명으로 증가) 증가하였다. 이 놀라운 기록[MOU 12]은

※ 제6장은 Aouatif AMINE, Abdelaziz BENSRHAIR, Safaa DAFRALLAH 및 Stéphane MOUSSET이 집필하였음.

교통사고가 ‘도시뿐만 아니라 보행자 도로, 시골, 고속도로, 국도, 보조 도로, 시골 도로 등’ 모로코 전역에서 발생함을 나타내고 있다.

행동이 교통사고의 결정적인 요소라는 사실을 인식함으로써, 기술 및 인간 과학자를 전문가 수준으로 끌어올린다. 이러한 분야는 종종 기술주의 패러다임에 취하여 무시되어 왔으며, 행동(behavior)과 관련하여 우리에게 정보를 제공할 수 있는, 동일한 과학을 통해 질문할 여지를 남기지 않았다.

사고를 유발하는 도로변 기반 시설(예: 도로 및 차량의 상태)과 관련된 요소의 중요성을 과소평가하지 않고, 이제 성찰은 인적 요소(인간 행동: 운전자와 보행자, 기타 취약한 사용자 모두의 행동)에 진지하게 초점을 맞추어야 한다. 운전자의 높은 비율이 고속도로 법규를 위반하고, 졸린 상태에서 운전하며, 모든 상황을 통제할 수 있는 자신의 힘에 대한 망상적 믿음을 가지고 있다.

이 장에서는 운전자가 운전하는 동안 도움을 주고, 보행자의 안전을 개선하기 위한 연구를 소개한다. 이 연구는 모로코에서 도로 안전 프로젝트의 일환으로 수행되었으며, “장비, 교통, 물류 및 수자원부(METLE, Ministère d'Équipement, Transport, Logistique et de l'Eau)”의 재정 지원을 받았으며, 국립 과학 및 기술 연구 센터(CNRST, Center National pour la Recherche Scientifique et Technique)와 공동으로 연수를 수행하였다. 보행자와 관련된 치명적인 사고를 줄이기 위해, ADAS(첨단 운전자 지원 시스템), 특히 보행자 사고의 완화를 위한 많은 연구가 진행되고 있다. ‘보행자 충돌 회피 완화’(PCAM) [GAN 06, HAM 15]. 이를 위해 PCAM 시스템에 관한 연구는 보행 방향을 예측하는 것보다 보행자를 감지하는 데 중점을 두는 것이 바람직하다. 따라서 이러한 시스템에 보행자 방향을 포함할 계획은 아주 적다. 또한 기존 PCAM 시스템은 도로 표지판과 표시가 포함된 잘 구조화된 지역을 위해 설계되었지만, 저소득 및 중간 소득 국가에서는 모로코와 같이 일반적으로 도로 구조가 부실하다.

이 장에서는 모로코를 사례 연구로 선택하였다. 모로코의 '환경, 교통, 물류 및 수자원부(METLE)'에 따르면, 2016년 모로코에서 발생한 치명적인 도로 사고의 28%는 보행자와 관련이 있다[MET 17]. 이러한 맥락에서 우리는 두 도시(라바트와 케니트라)에서 모로코 보행자에 대한 새로운 데이터 세트를 수집하였다. 이 데이터를 분석한 결과, 보행자가 차량과 도로를 공유하는 곳, 특히 구조가 좋지 않은 지역에서 운전자와 보행자가 교통법규를 덜 준수한다는 사실을 발견하였다. 이러한 행동으로 인해 모로코에서는 보행자 사고율이 높다.

이 연구의 목적은 특히 도로변 인프라에 보행자 안전 조치가 부족하여 보행자가 안전하지 않은 방식으로 건너도록 유도할 때, 가장 취약한 도로 사용자인 보행자를 보호하는 것이다.

이를 위해, 보행자 차량사고를 예방하고, 보행자에게 미치는 피해를 줄이기 위해, 다수의 고급 자동차 제조업체에서 보행자 충돌 회피 완화 시스템(Pedestrian Crash Avoidance Mitigation Systems, PCAM)을 사용하고 있다.

ADAS 시스템이 자율주행차와 관련된 사고를 예방하는 데 상당한 성공을 거두었음에도, 보행자 관련 사고를 줄이는 데는 그다지 눈에 띄지 않았다. 2018년 3월 미국 애리조나주에서 우버 자율주행 차량이 보행자와 충돌, 죽게 한 최초의 자율주행 차량이 되었다. 보고서에 요약된 국가교통 안전위원회 조사 결과, 사고 차량은 보행자 분류 필수 기능인 횡단보도를 이용하지 않아, 피해자를 제대로 분류하지 못한 것으로 드러났다[NAT 18].

그림 6.1은 사고 몇 초 전, 구글어스가 촬영한 위성사진으로, 사고 4.2초 전부터 사고까지 차량과 보행자의 위치를 볼 수 있다. 이 이미지에 따르면, 보행자가 도로 한가운데를 대각선으로 건너는 것도 확인할 수 있다.

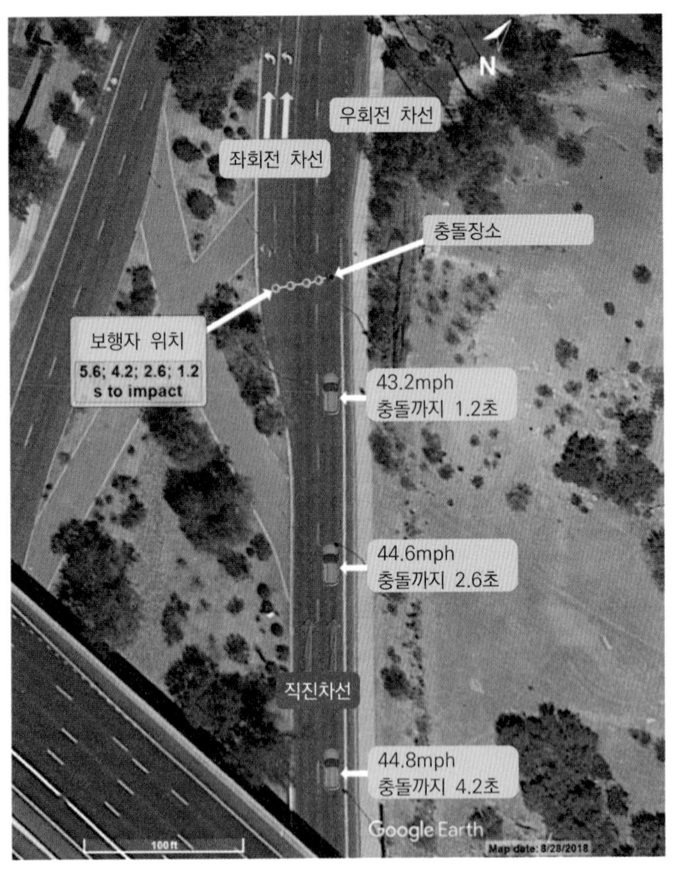

그림 6.1. 사고 위치와 보행자의 궤적 및 차량, 사고 5.6초 이전의 차량 속도를 보여주는 항공 사진 [NAT 18]

이러한 맥락에서, 우리는 제멋대로인 보행자, 그리고 덜 구조화된 도로를 모두 고려한, 새로운 PCAM 시스템을 제공하고 있다.

이 연구에 관한 우리의 주요 기여는 다음과 같다.

- SafeRoad라고 하는 최초의 모로코 보행자 경향성 데이터베이스를 생성하였다. 이것은 움직이는 차량 내부에 내장된 카메라의 비디오 녹화를 사용하여, 여러 모로코 도시에서 수집한 장면으로 구성하였다.
- 그리고 Capsule 네트워크를 사용하여, 보행자 지향 방향을 감지하는 새로운 기술을 제안하였다. 이 기술은 제멋대로인 보행자를 감지하고 운전자에게 보행자의 존재를 경고하기 위해 ADAS에 통합될 수 있다. 이 기술에 대한 학습 및 평가는 당사의 SafeRoad 데이터베이스와 Daimler 데이터베이스에서 수행하였다.

6.2. 첨단 운전자 지원 시스템 (ADAS: Advanced Driver Assistance System)

ADAS는 안전 운전과 직결되는 시스템으로, 충돌 가능성이 있는 운전자에게 미리 경고해, 도로 안전을 향상하고, 이를 완전히 회피하거나, 불가피한 경우 피해를 줄이는 것을 목표로 하고 있다. 이러한 유형의 시스템은 차량이 다른 물체와 충돌할 위험이 있는지를 판단하기 위해 다양한 센서(레이저, 레이더, 카메라 등)가 필요하다. 이러한 시스템의 유망한 추세는 운전자 행동을 분석하고 이를 자동으로 조정하는 시스템을 만드는 것이다. 이러한 시스템에는 다음이 포함된다.

- **차선이탈 경고**(LDW: Lane Departure Warning): 차량이 차선을 이탈하는지를 평가하여, 운전자에게 경고한다. 이 시스템은 차량의 좌/우

를 스캔하여, 차량이 차선이나 도로를 벗어나는 순간을 감지한다. 조향핸들의 움직임을 제어함으로써, 시스템은 차선 변경이 의도적인지 아닌지를 알 수 있다. 변경이 비자발적일 경우, 시스템은 시각적 또는 촉각적 경고(조향핸들 진동)로 운전자에게 경고한다.

- **교통 표지판 지원**(TSA: Traffic Sign Assist): 이 응용 프로그램은 교통 표지판을 자동으로 감지하고, 이러한 표지판에 포함된 정보를 처리하여, 운전자에게 법적 속도 제한 및 우선 순위 규칙을 알려준다.
- **사각지대 감지**(BSD: Blind Spot Detection): 차량 옆 영역을 감시한다. 그 기능은 시각 또는 청각 신호를 사용하여, 사각지대에 있는 물체에 대해 운전자에게 경고하는 것이다. 그 목적은, 특히 교통량이 많은 상황에서 차선을 변경할 때 사고를 피하는 것이다.
- **적응형 순항 제어**(ACC; Adaptive Cruise Control): 상대 거리가 너무 작아지면, 운전자에게 경고하거나 차량 속도를 늦춤으로써, 전방 차량과의 거리 간격을 제어한다. 이 메커니즘은 사전 설정된 거리 매개변수에 의존하며, 비상 제동이 필요한 경우 경고 메시지를 발행한다.
- **보행자 충돌 회피 완화**(PCAM : Pedestrian Crash Avoidance Mitigation): 차량의 진행 방향에 있는 보행자와 자전거를 인식할 수 있는 사전 충돌 시스템이다. 정면 충돌 가능성을 운전자에게 경고하는 것이 좋다. 위험이 극도로 높아지면, 시스템이 자동으로 브레이크를 작동시킬 수 있다.

우리의 연구는 주로 PCAM에 초점을 맞추는 반면, 현재 사용 가능한 시스템은 보행자 감지에 중점을 두고 있다. 보행자의 보행 방향을 인식하는 것은, 보행자 차량 사고를 줄이는 데 중요한 자산이 될 수 있다. 특히 보행자가 제멋대로이고, 도로가 제대로 구성되지 않은 상황이, 이 연구의 기원이 되었다.

6.3. 모로코 사례에 적용 가능한 제도의 제안

'소프트 사용자(soft user)'로 간주되는 보행자는, 가장 취약한 도로 사용자이다. 보행자를 보호하기 위해, 다수의 고급 자동차 제조업체에서는 충돌 방지 완화 시스템(PCAM)을 사용하여, 보행자 차량사고를 예방하고 잠재적인 피해를 줄인다.

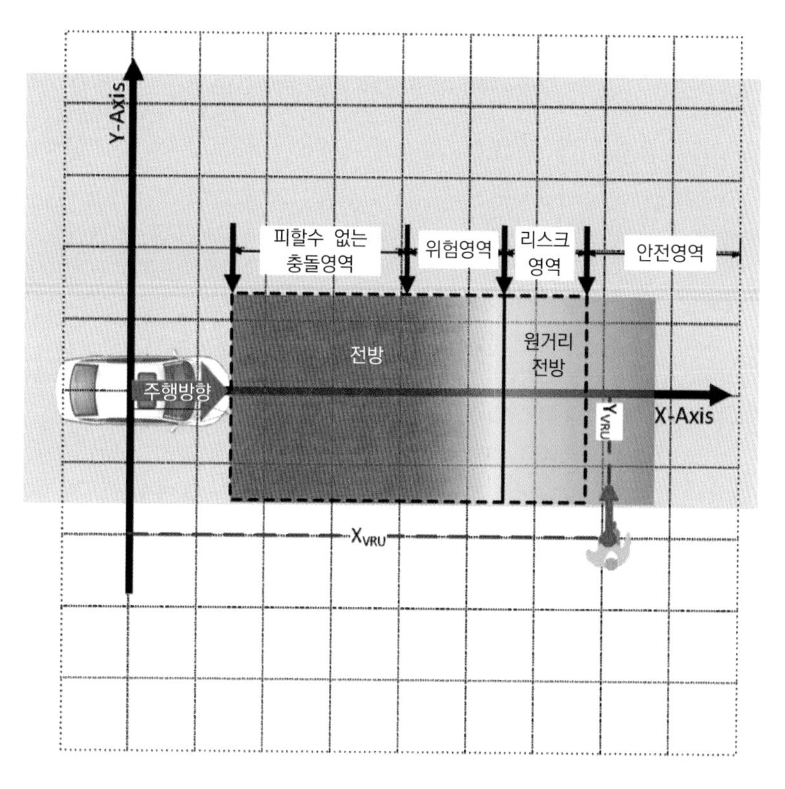

그림 6.2. 차량과 보행자 사이의 4가지 위험 구역 [TAH 17]

이 시스템은 시각적 방법을 사용하여, 보행자를 감지하고, 보행자와 차량 사이의 거리를 계산한다. 이 거리와 차량의 속도에 따라 4개의 구역을 정의할 수 있다(그림 6.2 참조). [TAH 17]에 명시된 바와 같이, 보행자의 위험도는 이러한 요인에 따라 결정될 수 있다.

- 빨간색으로 표시된 첫 번째 영역(그림 6.2)은 사고가 불가피한 영역이다. 즉, 이 영역에서 가장 세게 브레이크를 밟아도 보행자가 감지되면 이 경우 ADAS의 존재가 쓸모가 없다. 이 구간의 길이를 결정하기 위해서, 차량의 최소 정지 시간($TTS_{\min}$)을 계산한다. 이 시간은, 현재 속도(v_{cur}), 현재 가속도(a_{cur}), 그리고 운전자의 반응 시간(T_{DRD})을 기준으로, 차량을 제동하기 위한 최대 감속도($d_{\max}$)를 사용하여, 차량을 정지시키는 데 필요한 시간과 같다.

$$TTS_{\min} = -\frac{v_{brk}}{d_{\max}} + T_{DRD} \quad [6.1]$$

(v_{brk})는 운전자 반응 후의 차량속도이며 다음과 같다.

$$v_{brk} = a_{cur} \times T_{DRD} + v_{cur} \quad [6.2]$$

이 $TTS_{\min}$ 동안 주행한 거리는 차량이 정지할 때까지의 최소 거리($DTS_{\min}$)를 나타낸다. 따라서 구간의 길이는 다음과 같이 정의된다.

$$DTS_{\min} = D_{DRD} + \left(-\frac{v_{brk}^2}{2 \times d_{\max}}\right) \quad [6.3]$$

D_{DRD}는 운전자의 반응 후 주행한 거리이다.

$$D_{DRD} = \frac{1}{2} \times a_{cur} \times T_{DRD}^2 + v_{cur} \times T_{DRD} \quad [6.4]$$

- 두 번째 구간은 위험 구간이다. 이 구간에서 운전자가 제시간에 경고를 받으면, 특정 사고를 피할 수 있다. 이 구역의 길이는 T_{dz} 시간 동안 주행한 거리로 정의되며, 이는 최소 정지 시간 $TTS_{\min}$에 운전자에게 경고하는 데 필요한 시간 T_{alert}를 더한 값과 같다.

$$T_{dz} = TTS_{\min} + T_{alert} \quad [6.5]$$

- 세 번째 구간은 두 번째 구간과 같이 위험이 임박하지는 않지만, 보행자가 나타날 경우, 운전자에게 경고해야 하는 위험 구간을 나타낸다. 이 구간의 길이는 차량이 부드럽게 제동하는 데 걸리는 시간 T_{mod}에 따라 달라지며, 다음과 같이 표시된다.

$$T_{risk} = T_{dz} + T_{\mathrm{mod}} \quad [6.6]$$

- 마지막은 경보가 필요하지 않은 안전지대이다.

우리는 차량과 보행자 사이의 이 4가지 심각도 영역에서 영감을 받아, 방향에 따라 제멋대로인 보행자가 있을 때 운전자에게 경고하는 시스템을 설계하였다. 안전지대에서 부적절하게 차량 사이를 횡단하는 보행자는 사고의 위험을 높일 수 있습니다. 이것은 보행자의 존재에 대해, 운전자에게 경고해야 할 필요성을 설명한다.

다음과 같은 경우, 보행자가 제멋대로인 것으로 정의할 수 있다.

- 보행자가 보행자와 차량 사이의 거리를 줄이는 각도로 도로를 횡단하여 충돌 위험을 높인다. 대각선 횡단보도는 보행자 방향을 다음과 같이 표시한다. 왼쪽-뒤, 오른쪽-뒤, 왼쪽-앞, 오른쪽-앞.

- 보행자가 다른 차량과 도로를 공유할 때, 세계보건기구(WHO) [WOR 13]에서 지적한 바와 같이 사고 위험은 2배 증가한다. 특히 보행자가 교통의 방향으로 걷는 경우([PAI 19] 및 [SPA 06]에서 교통 방향에 반대로 걷는 것보다 더 위험한 것으로 표시됨), 이 경우 차량은 보행자에게 보이지 않기 때문이다. 보행자가 도로를 걷는 것을 나타내는 방향은 뒤로(back), 그리고 앞으로(ahead)이다.
- 보행자 전용 통로에서 멀리, 직각으로 횡단한다. 이 횡단은 보행자가 차량 방향으로 향하고 있는 경우에도 중요할 수 있다. 방향은 오른쪽(right), 왼쪽(left)으로 표시된다.

이들의 경우, 충돌 위험은 차량의 방향을 기준으로, 보행자의 방향에 따라 달라지며, 이는 당사 시스템의 이점을 설명한다.

Capsule 네트워크를 사용하여 보행자의 방향을 인식한다.

도로 안전을 위한 메타 플랫폼인 “SafeRoad” 프로젝트의 맥락에서, 모로코의 두 도시(라바트와 케니트라)에서, 이동 차량에 장착된 CMOS 센서를 포함한 산업용 카메라를 사용하여, 5,160개의 보행자 이미지 데이터베이스를 수집하여, 모로코 보행자의 행동에 관한 연구를 수행하였다. (그림 6.3)

이 자료수집은 다양한 조명 조건에서 3시간 동안, 사진 촬영을 통해 이루어졌다. 라바트가 모로코의 수도이기 때문에, 두 도시의 선택은 지리적 위치를 기반으로 하였다. 그것은 크고 잘 구조화된 도로를 유지하고 지상에 보행자 표시와 표지판을 포함하고 있다. 하지만, 촬영 중 건널목이 있음에도 불구하고 보행자가 무단횡단을 하여 도로 한복판에서 차량 사이에 위험에 빠지는 경우를 촬영하였다. 예를 들어,

그림 6.4는 도로 한복판에서 택시를 부르려는 여성의 경우를 나타내고 있다. 그녀는 택시에 접근하기 위해 도로 한복판에서 차들 사이를 건너고, 차들 사이에 멈춰서 택시로 갔다가 같은 방식으로 원래 위치로 돌아온다.

그림 6.3. 모로코 보행자의 데이터베이스를 컴파일하기 위해 차량 내부에 사용된 카메라의 이미지

그림 6.4. 보행자가 도로 중앙으로 대각선으로 진입하는 모습을 보여주는 이미지

이것이 유일한 사례는 아니며, 그림 6.5와 같이 모로코에서 가장 세련된 도시 중 하나인 모로코 수도에서 다수의 보행자가 부적절하게 건너가고 있다.

그림 6.5. 라바트(모로코 수도)의 제멋대로인 보행자를 보여주는 이미지

두 번째 촬영은 케니트라 시에서 진행되었다. 케니트라는 수도에서 49km 떨어진 672km^{2}의 면적을 가진 라바트 지역의 도시이다. 그러나 Kénitra에서 사진 촬영을 하는 동안, 우리는 그림 6.6에서 볼 수 있듯이, 횡단보도나 신호기가 없는, 부실한 도로 구조를 발견했다.

그림 6.6. Kénitra에서 교통 표지판이나 교통 신호가 없는 열악한 구조화된 도로의 예

또한, 보행자는 도로에 차량의 유무를 고려하지 않고, 차도를 건너는 경우가 있다. 그림 6.7은 사진 촬영 중에 발생한 이러한 예를 나타내고 있다.

그림 6.7. Kénitra시의 보행자 행동 이미지

우리 시스템은 위험 구역에 있는 보행자를 감지하여, 보행자가 차량의 경로를 향하고 있는지 확인하고, 차량과 보행자 간의 충돌 시간과 두 도로 사용자 간의 충돌 가능성을 계산한다. 이 확률의 결과에 따라 운전자에게 경고할지 여부를 결정한다.

이를 위해서는, 먼저 보행자를 탐지하고 방향을 결정하는 것이 필요하다. 이 장에서는 이것이 어떻게 수행되는지 설명하는 데 중점을 둘 것이다.

앞서 언급했듯이, 새로운 100% 모로코 보행자 데이터베이스가 컴파일되었다. 이 이미지는 CMOS 센서와 2.3MP 해상도 및 초당 최대 60개 이미지의 빈도를 포함하는 산업용 카메라를 사용하여, 3시간 동안 1분짜리 비디오 녹화에서 추출되었다. 그러나 고품질을 보장하기 위해 속도를 초당 30개 이미지로 제한하기로 하였다. 이어서, 보행자를 감지하고 추출하기 위해 YOLO(You Only Look Once) 알고리즘[RED 16]을 사용하였다. 데이터베이스는 총 5,160개의 보행자 이미지를 48x48픽셀로 크기 조정하였다.

기본 아이디어는 보행자가 이동하는 방향에 따라 보행자를 분류하는 시스템을 설계하는 것이다. 이를 위해 그림 6.8과 같이 4가지 방향 등급(우측, 좌측, 앞쪽, 뒤쪽)을 정의하였다.

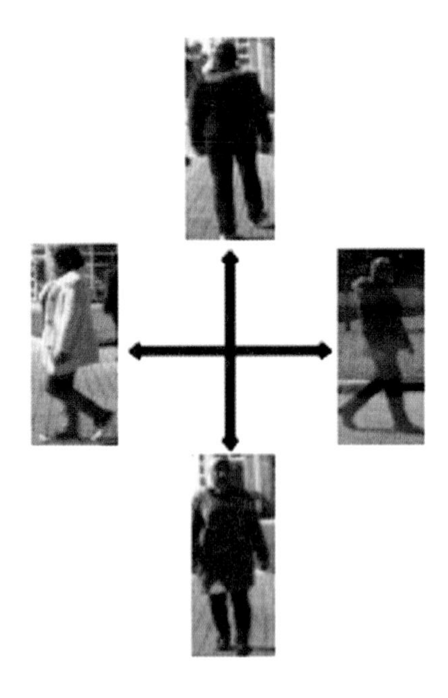

그림 6.8. 사용된, 4가지 보행자 방향

분류 작업의 경우 신경망은 특히 합성곱 신경망(Convolutional Neural Networks: CNN) 수준에서 최근 몇 년 동안 큰 성공을 거두었다. 후자는 이미지 및 비디오 인식 분야에서 폭넓은 적용을 경험했다. 그러나 CNN (Convolutional Neural Networks)에는 네트워크 크기를 줄이기 위한 'Pooling'이라는 계층이 있다. 그러나 이 계층은 입력 이미지에서 개체의 위치와 방향에 대한 정보 손실을 생성한다. 솔루션으로, Sara Sabour와 Geoffrey Hinton이 그들의 논문 [SAB 17]에서 Capsule 네트워크를 제안하였다. 캡슐은 활동 벡터가 개체의 위치 매개변수를 나타내는 뉴런 그룹이며, 이러한 벡터의 길이는 입력 이미지에서 개체가 존재할 확률을 나타낸다. 합성곱 네트워크와는 다르게, 캡슐은 로컬라이제이션 및 엔티티의 위치에 관한 세부 정보를 보존한다. 즉, 이미지의 약간의 회전은 활성화 벡터에서 약간의 변경을 의미한다. 앞서 언급한 이유로, 우리는 보행자의 보행 방향 분류를 위해, 캡슐 네트워크를 사용하기로 결정하였다.

[SAB 17]에 제시된 캡슐 네트워크는, 인코더 부분과 디코더 부분을 포함하고 있다. 인코더 부분은 2개의 컨볼루션 계층과 완전 연결 계층을 포함하며, 이 부분의 주요 역할은 분류이다. 반면에 디코더 부분은 완전히 연결된, 3개의 계층을 포함하고 있다. 이들 계층은 올바른 특성을 학습했는지를 확인하기 위해, 입력 이미지를 재구성하는 데 사용된다.

인코더 부분에 속하는 첫 번째 컨볼루션 계층은, 입력 영상에서 특성 맵을 추출하는 것이 가능하다. 그런 다음, 결과는 캡슐 기본 계층이라고 하는 두 번째 컨볼루션 계층에 대한 입력으로 작동한다. 이 계층에는 8차원의 캡슐 32개가 들어 있다. 이 계층의 벡터는 엔티티(entity)의 존재 확률을 나타내므로, 0과 1 사이의 값을 가져야 한다. 이를 위해, squash라는 함수를 적용하여, 0과 1 사이의 벡터를 정규화한다. 세 번째 계층의 주요 역할은 분류이지만, 이 계층에는 클래스당 하나의 캡슐이 포함되어 있으며, 각 캡슐에는 모든 클래스에 대한 구성원 확률이 포함되어 있고, 가장 높은 확률을 가진 클래스가 캡슐에 할당된다.

두 번째 계층의 캡슐(캡슐 기본 계층)은 변환 행렬 'W_{ij}'를 곱한 자체 출력 벡터 'u_i'를 사용하여, 세 번째 계층의 출력 벡터 '$\hat{u}_j / i$'를 예측한다.

$$\hat{u}_{j/i} = W_{ij}\, u_i \quad [6.7]$$

변환 행렬 'W_{ij}'는 기본 캡슐 계층의 학습 프로세스 동안에 역전파(back-propagation)를 사용하여, 네트워크에 의해 점진적으로 학습된다. 합의의 결과로, 'a_{ij}'는 다음의 스칼라 곱을 사용하여 계산된 두 번째 계층의 캡슐 i를 통해, 예측값 '$\hat{u}_j/i$'를 입력하고, 그리고 세 번째 계층 'v_j'의 캡슐 j를 통해 실제 값을 입력한다.

$$a_{ij} = \hat{u}_{ij} \cdot v_j \quad [6.8]$$

각 예측 벡터에 대해, 'b_{ij}'라는 라우팅 가중치가 사용된다. 두 계층의 모든 캡슐에 대해 0으로 재설정한다. 그런 다음, 두 번째 계층의 각 캡슐에 대해 이 라우팅 가중치에 softmax 함수 'c_{ij}'가 적용된다. 모든 예측 벡터의 가중치 합 's_j'는 세 번째 계층에 속하는 각 캡슐에 대해 계산된다.

$$s_j = \sum_i c_{ij}\, \hat{u}_{j/i} \quad [6.9]$$

그런 다음, 스쿼시 함수가 이 가중치 합에 적용되어, 출력 벡터 v_j 세 번째 계층 캡슐이 생성된다.

$$v_j = \frac{\| s_j \|^2}{1 + \| s_j \|^2} \frac{s_j}{\| s_j \|} \quad \text{[6.10]}$$

마지막으로, 라우팅 가중치 b_{ij}는 실수 벡터와 재구성된 벡터 p 사이의 일치를 추가하여 업데이트된다.

$$\boldsymbol{b}_{ij} = \boldsymbol{b}_{ij} + \boldsymbol{a}_{ij} \quad \text{[6.11]}$$

이 전체 프로세스는, 라우팅 알고리즘의 반복을 나타낸다. 올바른 예측의 경우, 라우팅 가중치 b_{ij}가 증가하므로, 다음 반복을 위한 출력 벡터의 길이가 증가할 뿐만 아니라, 이러한 벡터로 표시되는 개체의 존재 확률도 증가한다.

그런 다음, 벡터의 길이는 손실 마진 L_k를 계산하여, 개체가 존재할 확률을 계산하는 데 사용된다. 각 클래스 k에 대해 마진 손실이 계산된다.

$$\boldsymbol{L}_k = \boldsymbol{T}_k \max(0, \boldsymbol{m}^+ - \| \boldsymbol{v}_k \|^2)^2 + \lambda(1 - \boldsymbol{T}_k) \max(0, \| \boldsymbol{v}_k \| - \boldsymbol{m}^-)^2 \quad \text{[6.12]}$$

여기서:

- $T_k = 1$; 엔티티가 존재하면

- m^+와 M^-: 각각 0.9 및 0.1과 동일한 하이퍼 매개변수

$-\lambda = 0.5$

Capsule 네트워크(CapsNet)를 기반으로 하는 보행자 보행 방향 분류 시스템[DAF 19]은, 그림 6.9와 같이 인코더 부분에 4개의 계층을 포함하고 있다.

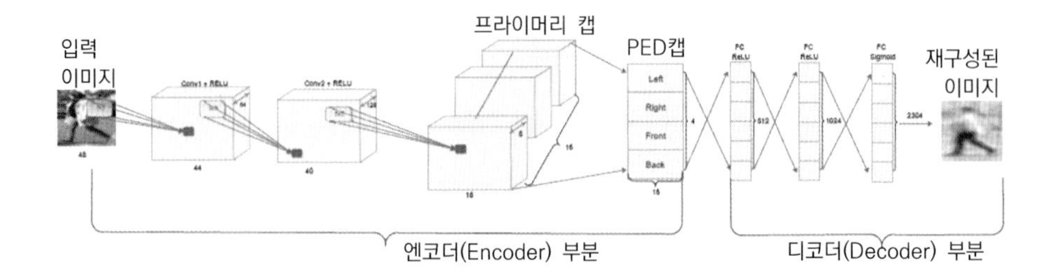

그림 6.9. 보행자 보행 방향 탐지에 사용되는 CapsNet 아키텍처

처음 두 계층은 각각 64×5×5 및 128×5×5 필터를 포함한, 컨볼루션 계층이다. 첫 번째 계층은 48×48의 회색 이미지를 입력으로 받아, 이미지의 특성을 추출하고, 두 번째 계층의 입력으로 보낸다.

세 번째 계층은 8차원의 캡슐 16개가 들어 있는 캡슐의 기본 계층이다. 이 계층에 속한 각 캡슐은 처음 두 개의 컨볼루션 계층에서 추출된 특성을 입력으로 받는다.

네 번째 계층은 'PedCaps'라고 하며, 16차원의 4개의 캡슐을 포함하며, 각 캡슐은 클래스(4가지 방향 클래스)를 나타낸다. 이 계층은 입력 이미지를 언급된 네 가지 클래스 중 하나로 분류하는 데 사용된다.

입력 이미지를 재구성하기 위한 디코더 부분은, 각각 512, 1,024 및 2,304 필터의 완전히 연결된 3개의 계층을 포함하고 있다. 이미지 재구성은 PedCaps 계층의 실제 레이블을 사용하여 수행한다.

접근 방식을 테스트하기 위해 자체 데이터베이스, 그리고 평가 목적을 위한 공개 Daimler 데이터베이스[ENZ 09]를 사용하였다. 네트워크는 표 6.1에 제시된 여러 캡슐 네트워크 아키텍처를 사용하여 테스트하였다. 표 6.1

에 제시된 결과에 따르면, 두 번의 라우팅 반복을 사용하여 기능 맵의 수를 256에서 128로 줄이고 캡슐의 수를 32에서 16으로 줄이면 정확도는 92.62%에서 96.87%로 상승한다. 이 시스템에 사용된 아키텍처는, 각각 64개의 필터와 128개의 필터가 있는 2개의 컨볼루션 계층, 그리고 캡슐의 기본 계층에 16개의 기본 캡슐을 포함하는, 세 번째 아키텍처로, Daimler 데이터베이스의 경우 정확도가 97.60%이다.

표 6.1 다양한 아키텍처에 따른 보행자 보행 방향 분류의 세부 정보

아키텍처	컨볼루션 계층 No.	필터 No.	프라이머리 캡슐 No.	손실	정확도
A1	1	256	32	0.07	90.62%
A2	1	128	16	0.016	96.87%
A3	1	64	8	0.02	96.66%
A4	2	Conv1 : 256. Conv2 : 128.	16	0.06	95.20%
A5	2	Conv1 : 64. Conv2 : 128.	16	0.014	97.60%

제안된 접근 방식을 이미지 분류에 널리 사용되는 일부 CNN 아키텍처와 비교하였다. 표 6.2는 정확도가 각각 95.52% 및 96.45%인 Daimler 데이터베이스에서 AlexNet 및 ResNet 아키텍처에 대해 얻은 결과를 나타내고 있다. 반면에 Capsule 네트워크에서 얻은 정확도는 이 두 CNN 아키텍처를 초과하였다. 모델은, 위에서 언급한 정확도 비율을 나타내는, 참 긍정의 백분율을 계산하여 평가한다. 우리가 가지고 있는 실제 정보는, 방향에 따라 태그가 지정된 보행자의 이미지 형태이다. 보행자 이미지에 대한 모델의 예측이, 우리가 실측 정보에서 가지고 있는 방향에 적합하다면, 참

긍정(true positive)을 구성할 것이다. 표 6.3, 6.4 및 6.5는 Daimler 데이터베이스의 세 가지 아키텍처의 혼동 행렬을 제시하고 있다.

표 6.2 Daimler 데이터베이스에서 AlexNet, ResNet 및 CapsNet 아키텍처의 정확도 비교

아키텍처	정확도
AlexNet	95.52%
ResNet	96.45%
CapsNet	97.60%

표 6.3 Daimler 데이터베이스의 CapsNet 아키텍쳐 혼동 행렬

	전 방	후 방	좌 측	우 측
전 방	1	0	0	0
후 방	0.008	0.983	0	0.008
좌 측	0.020	0.020	0.950	0.008
우 측	0.016	0.045	0.012	0.925

표 6.4 다임러 데이터베이스의 AlexNet 아키텍쳐 혼동 행렬

	전 방	후 방	좌 측	우 측
전 방	0.99	0	0	0.008
후 방	0.13	0.97	0.008	0.008
좌 측	0.016	0.012	0.95	0.02
우 측	0.0025	0.05	0.029	0.88

표 6.5 Daimler 데이터베이스의 Resnet 아키텍쳐 혼동 행렬

	전 방	후 방	좌 측	우 측
전 방	1	0	0	0
후 방	0.004	0.98	0	0.008
좌 측	0.016	0.004	0.97	0
우 측	0.008	0.04	0	0.93

표 6.6 모로코 데이터베이스의 CapsNet 아키텍쳐 혼동 행렬

	전 방	후 방	좌 측	우 측
전 방	0.758	0.158	0.062	0.020
후 방	0.095	0.779	0.058	0.066
좌 측	0.116	0.120	0.683	0.079
우 측	0.070	0.125	0.083	0.720

Moroccan 데이터베이스와 Daimler 데이터베이스의 결과를 비교하여 두 데이터베이스에서 각각 73.64% 및 97.60%의 정확도를 발견하였다. 표 6.6은 수집된 기반에 대한 CapsNet 아키텍처 혼동 매트릭스를 나타내고 있다.

이러한 두 기지(base) 간의 결과에서 차이는, 보행자가 두 기지를 횡단하는 방식의 차이로 해석할 수 있다. Daimler 데이터베이스의 이미지는 일반적으로 수평으로 횡단하는 보행자를 보여주므로, 방향이 매우 명확하다. 반면에, 우리 데이터베이스의 이미지는 비스듬히 횡단하는 보행자를 나타

내므로, 선택한 4가지 방향 등급에 대해 틀린 분류를 생성한다. 이러한 잘못된 분류는 특히 인접한 두 방향 사이에서 확인할 수 있다. 그림 6.10은 하나의 후방 방향이 오른쪽 방향으로 분류되고, 2개의 왼쪽 방향이 전방(앞)으로 표시되는, 잘못된 분류의 예를 나타내고 있다.

그림 6.10. 잘못된 분류를 나타내는 이미지의 예

이는 모로코에서 보행자가 대각선으로 횡단하기 때문에, 정의된 4개의 보행자 방향이 존중되지 않음을 증명하므로, 8방향의 사용을 적극적으로 권장한다.

6.4. 일반적 결론(General conclusion)

이 장에서 우리는 보행자의 안전을 보장하기 위한 조치가, 종종 부족한, 덜 구조화된 도로에서 불행하게도 매우 만연한 보행자-차량 충돌에 초점을 맞추었다.

우리의 첫 번째 주요 공헌은, SafeRoad라는 보행자 보행방향에 대한 최초의 모로코 데이터베이스를 만든 것이다. 이 데이터베이스는 움직이는 차량 내부에 내장된 카메라를 사용하여, 모로코의 여러 도시에서 수집되었다. 이 데이터베이스는, Capsule 네트워크를 사용하여, 보행자의 보행 방향을 감지하는 시스템을 학습하고 테스트하는 데 사용되었다. 이것이 우리의 두 번째 기여이다.

보행자의 보행 방향을 4가지 방향(앞, 오른쪽, 왼쪽, 뒤)으로 분류하는 접근 방식이다. Capsule 네트워크는 Daimler 기반에서 97.60%, SafeRoad 데이터베이스에서 73.64%로 정확도 측면에서 최고의 결과를 얻었다. 이것은 Daimler 데이터베이스의 AlexNet 및 ResNet 네트워크에 대해 각각 95.52% 및 96.45%와 비교할 수 있다. 결과는 SafeRoad 데이터베이스가 Daimler의 데이터베이스에 비해 정확도가 더 낮다는 것을 나타내고 있다. 이러한 결과 차이는 두 데이터베이스 모두가 수집된 환경이 다르기 때문일 수 있다.

향후 연구를 위해, 이미지에 캡처된 보행자 보행 방향 감지를 비디오 시퀀스로 확장하여, ADAS 시스템에 통합하고, 자율주행 연구 시뮬레이터 중 하나에 구현할 수 있도록 할 계획이다.

chapter06 참고문헌

[DAF 19] DAFRALLAH S., AMINE A., MOUSSET S. et al., "Will Capsule Networks overcome Convolutional Neural Networks on Pedestrian Walking Direction?" International Conference of Intelligent Transportation Systems (ITSC), October 2019.

[ENZ 09] ENZWEILER M., GAVRILA D.M. "Monocular pedestrian detection: Survey and experiments", IEEE Transactions on Pattern Analysis and Machine Intelligence, vol. 31, no. 12, pp. 2179-2195, 2009.

[GAN 06] GANDHI T., TRIVEDI M.M., "Pedestrian collision avoidance systems: A survey of computer vision based recent studies", Intelligent Transportation Systems Conference, ITSC'06 IEEE, Toronto, Ontario, Canada, pp. 976-981, 2006.

[HAM 15] HAMDANE H., SERRE T., MASSON C. et al., "Issues and challenges for pedestrian active safety systems based on real world accidents", Accident Analysis & Prevention, no. 82, pp. 53-60, 2015.

[MET 17] METLE, Recueil des statistiques des accidents corporels de la circulation de l'année 2016. Ministry of Environment, Transport, Logistics and Water, 2017.

[MOU 12] MOUJAHID M., "Accident : 4 222 tué et 12 500 handicapé àvie par an. Jusqu'à quand", La vie éco, 2012.

[NAT 18] NATIONAL TRANSPORTATION SAFETY BOARD, National Transportation Safety Board "Vehicle Automation Report", March 2018.

[PAI 19] PAI C.W., CHEN P.L., MA S.T. et al., "Walking against or with traffic? Evaluating pedestrian fatalities and head injuries in Taiwan", BMC Public Health, vol. 19, no. 1, pp. 12-80, 2019.

[RED 16] REDMON J., DIVVALA S., GIRSHICK R. et al., "You only look once: Unified, real-time object detection," Proceedings of the IEEE Conference on Computer Vision and Pattern Recognition, pp. 779-788, 2016.

[SAB 17] SABOUR S., FROSST N., HINTON G.E., "Dynamic routing between capsules," Advances in Neural Information Processing Systems, pp. 3856-3866, 2017.

[SPA 06] SPAINHOUR L.K., WOOTTON I.A., SOBANJO J.O. et al., "Causative factors and trends in Florida pedestrian crashes", Transportation Research Record, vol. 1982, no. 1, pp. 90-98, 2006.

[TAH 17] TAHMASBI-SARVESTANI A., MAHJOUB H.N., FALLAH Y.P. et al., Implementation and evaluation of a cooperative vehicle-to-pedestrian safety application", IEEE Intelligent Transportation Systems Magazine, vol. 9, no. 4, pp. 62-75, 2017.

[WOR 13] WORLD HEALTH ORGANIZATION. W. H. Organisation, Pedestrian Safety: A Road Safety Manual For Decision-Makers and Practitioners, 3rd edition, Geneva, Switzerland,2013.

자율주행차량: 법적 문제는 무엇인가?

Autonomous Vehicle: What Legal Issues?

7.1. 개요 (Introduction)

이른바 '자율주행차량' 규제에 대한 논란이 뜨겁게 달구고 있어, 일반 대중은 물론이고 자동차 회사, 혁신기업 등 업계 전문가들 사이에서도 뜨거운 화두이다. 교통이 개방된 도로에서 자율주행차량의 사용으로 인한 법적 영향은 상당하다.

자율주행차량 또는 커넥티드카는, 특히 다음과 같은 몇 가지 법적 문제와 질문을 제기한다.

- 관련 차량의 유형
- 목표로 하는 운전 유형
- 다양한 유형의 참가자(운영자, 감독자, 사용자)를 고려한 '운전자'의 개념
- 책임 및 피해자 보상 측면에서 법적 제도의 의미

※ 제7장은 Axelle OFFROY가 집필하였음

- 새로운 핵심 구성요소와 그 역할
- 보험 적용의 유형
- 개인 데이터 보호

차량 이동성에 특별히 적용할 수 있는 양식(modality)의 유용성과 필요성을 고려하기 전에, 기존 프랑스 법 체제의 발전을 반영하는 것이 필수이다.

인터넷 또는, 더 최근에는 블록체인과 같은 기술과 유사한 방식으로, 새로운 기술에 특정한 목적으로 적용할 법적 체제에 대한 기회가 발생하고 있다. 일부 사람들에게 과도한 규제는 혁신에 위험을 초래하고 아이디어가 무너질 가능성에 대한 두려움을 불러일으키지만, 다른 사람들, 특히 프랑스의 다른 사람들은 기술에 포괄적인 법적 프레임워크를 부여하기를 거부할 때, 문제가 되는 것을 잘못 해석한 공공 당국을 비판한다.

이러한 질문 외에도, 이 주요 혁신은 인간/기술 상호작용 측면만 아니라, 기술 자체 측면에서도 많은 안전 관련 두려움을 불러일으키고 있다. 사이버 범죄와 해킹이 증가하는 글로벌 상황에서, 핵심 부품이 자율주행차의 완벽한 안전성을 보장하는 것이 중요해지고 있다.

마지막으로, 기술과 법률은 윤리와 관련된 문제를 무시해서는 안 된다.

사고 발생 시, 인공 지능이 제기하는 모든 문제를 어떻게 파악하고 이해해야 할까요? 자율주행차의 인공 지능이 다른 사람들이 아닌, 한 개인만을 보호하도록 하는 것이 바람직할까요?

이와 관련하여, 저명한 MIT(Massachusetts Institute of Technology)의 국제 연구원 팀 중 한 팀이 2016년에 '도덕적 기계(Moral Machine)'라고 하는 온라인 테스트를 시행하였다. 이 테스트는 전 세계 거의 200만 명(233개

국가 및 지역에서)의 윤리적 선호도와 선택을 수집하였다. 개인은 사고 발생 시 삶과 죽음 중에 선택하도록 고무되었다. 그 결과는, 2년 후에 네이처(Nature) 저널에 발표된 놀라운 분석의 주제였다. 이 기사는 인터뷰 대상자의 문화적, 경제적, 지리적 배경에 따라 윤리가 어떻게 달라지는지를 제시하였다. 설문에 참여한 인터넷 사용자가 대답해야 하는 질문은, 현재 인간 운전자에게 완전히 생소한 것들이었다.

일부 사람들은 이 연구가 비현실적이라고 생각할 수 있지만, 한 가지 질문이 남아 있다. 사람들과 정치 세력이 이러한 질문을 처리하고 결정할 준비가 되어 있는가?

현재 및 미래의 자율주행차량에 적용할 수 있는, 법적 제도를 준비하고 개발하기 위해서는, 이러한 질문과 기타 많은 질문이 먼저 해결되어야 한다.

7.2. 소위 '자율주행' 차량의 정의 (The definition of the so-called 'autonomous' vehicle)

자율주행(autonomous) 차량의 개념에 관한 보편적인 정의는 없다.

자율성(autonomy)은 객체나 개인이 스스로 또는 자신의 규칙에 따라 통치하는 능력에 관한 것이다. 어원학적 의미에서 자율성(autonomy)이라는 용어는 그리스어에서 유래한다. 'autos'는 '자신'을 의미하고, 'nomos'는 '법, 규칙'을 의미한다.

그러므로, 자율주행차량은 특정한 규칙에 따라 스스로 반응할 수 있는 차량이다. 유럽 의회에서 제정한 시민 로봇 규칙에 따르면, 로봇의 자율성은 외부 통제나 영향과 무관하게, 외부 세계에서 결정을 내리고 실행에 옮길 수 있는 능력으로 정의할 수 있다.

주제의 교차성(transversality)을 감안할 때, 정의는 실제로 복잡하다. 한편으로는 기술적인 측면을 고려하고, 다른 한편으로는 법적 측면을 고려하여, 그러한 정의에 접근하는 것이 필수적이다.

실제로 자율주행차량은 여러 가지 기술과 관련이 있으며, 그러한 이유에서 자율주행 수준에 따라 차량을 지정, 분류하는 대상이 되어 왔다.

SAE(이전의 미국 자동차 엔지니어 협회)라는 국제기구는, 차량을 5가지 범주로 구분, 나열하는 그리드(grid)를 개발하여, 다양한 수준의 자율성을 설정하였다.

마지막 수준(level 5)은, 차량 운전자가 운전 작업을 차량에 완전히 위임할 가능성을 고려한다. 차량, 또는 오히려 이를 관리하는 시스템은 차량과 승차자의 안전을 보호하는 데 필요한 모든 비상조치를 취할 수 있다.

레벨 5 자율주행차량(완전 자동화)에 대한 전망은 가장 큰 기대를 불러일으킨다. 그러나 일부 사람들은 외부 제약에 적응하는 능력이 엄청난 도전을 제기한다는 점을 고려할 때, 그러한 차량은 절대로 존재하지 않을 것이라고 믿는다. 음성 비서 Siri의 발명가 중 한 사람이자, 현재 Samsung의 혁신 담당 부사장인 Luc Julia의 경우가 그러하다. 그는, 이러한 수준의 자율성을 가진 차량은 대낮의 빛(the light of day)을 볼 수 없다고, 극도로 실용적인 방식으로 설명하고 있다. 도로 기반 시설 및 개인 습관과 관련된 제약. 특히 그는 차량이 회전교차로를 돌아다녀야 할 때 시스템에 발생하는 기술적인 어려움을 언급하였다.

법률적인 관점에서, '자율주행차량'이라는 표현은 불완전하게 보일 수 있다. '제어 위임(control delegation)'이라는 용어가 더 적절해 보인다. 이 용어는 다양한 문서(text)에서 프랑스 법률에 따라 광범위하게 유지되고 신성시(consecrated)되어왔다.

7.3. 법적 프레임워크 및 실험 (Legal framework and experiments)

자율주행차량의 운전 조건은 현재 여러 문서에서 찾을 수 있다.

- 에너지 전환에 관한 2015년 8월 17일 법률 No. 2015-92(2018년 업데이트)
- 공공 도로에서 통제 위임 차량의 테스트에 관한 2016년 8월 3일 조례 No. 2016-1057
- 공공 도로에서 통제 위임 차량의 테스트에 관한 2018년 3월 28일 조례 No. 2018-211
- 공공 도로에서 제어 위임 차량의 실험에 관한 2018년 4월 17일 시행령
- 기업의 성장 및 변화에 관한 2019년 5월 22일, PACTE 법률은 테스트 단계의 안전을 보장하기 위한 승인, 발급 조건을 열거하고 있다.

이 문서는 테스트 목적, 즉 기술 테스트를 수행하거나 이러한 차량의 성능을 평가할 목적으로 전체 또는 부분 제어 위임이 있는 차량의 공공도로 순환주행을 승인하고 있다.

이러한 테스트는 교통을 담당하는 장관과 여러 당국(도로 관리자, 교통 경찰 등의 문제에 대한 권한을 가지고 있는 당국)에서 발급한 사전 승인을 받아야 한다.

PACTE 법은 기존 법률에 저촉되지 않으면서 교통 상황을 지정한다. 자율주행차량(개인 및 대중교통용)이 특별 허가를 받아야 공공 도로를 주행할 수 있도록 허가하는 원칙을 명시하고 있다.

법적 프레임워크는 엄격한 조건을 부과하고 있다. 제어 위임 시스템은 운전자가 언제든지 무력화하거나 비활성화할 수 있는 능력이 있어야 한다.

운전자가 자율주행차량 외부에 있는 경우는, 제어권을 회수해야 한다.

마지막으로, PACTE 법은 주요 조항을 도입한다. 제어 위임 시스템이 활성화되면, 자율 차량 운전자의 형사 책임(criminal responsibility)은 면제된다. 그리고 형사 책임은 테스트 목적에 대한 승인의 소유자에게 이전된다.

7.4. **'운전자'의 개념**(The notion of the 'driver')

'운전자(driver)'의 개념은 민사 책임법의 주요 개념이다. 도로 법규가 만들어진 것은, 실제로 이 핵심 구성 요소를 중심으로 이루어졌다.

운전자는 일반적으로 '*운전대 앞에 앉아 차량의 제어 및 조향 장치를 조작하는 자연인(natural person)'으로 정의된다*(자동차 보험 매뉴얼, 4th J. Landel 및 L. Namin Edition: Argus Insurance).

1968년 11월 8일에 채택된, 비엔나 협약은 협약당사자 간에 통일된 규칙을 채택하여, 국제 도로교통을 촉진하고 도로 안전을 개선하는 것을 목표로 하고 있다.

비엔나 협약은 운전자를 "*자동차(자전거 포함)를 운전하거나, 단독으로 또는 무리를 지어 가축을 인도하거나, 길에서 동물을 끌어안거나, 꾸리거나, 타고 가는 사람으로 정의하고 있다. 그들은 계속해서 자신의 차량을 통제해야 하고, 필요한 신체적, 정신적 능력을 소유하고, 운전하기에 적합한 신체적, 정신적 상태에 있어야 한다.*"

그러나, 자율주행차량과 관련해서는 문제가 발생한다. 운전석 뒤에 있는 개인을 운전자로 간주할 수 있는가? 제어 위임 또는 자율주행차량을 사용하면 전환이 발생한다. 원래 차량 운전자가 조작한 조종은 자동화 수준에 따라 지능형 시스템으로 완전히 또는 부분적으로 이관된다.

2016년 3월 23일, 유엔 유럽 경제 위원회는 자율주행을 승인하는 비엔나 협약의 초안 개정안을 채택하였다. 이 개정안을 비준하는 것은 여전히 개별 회원국의 몫이다.

2019년 PACTE법 제125조는 "*제어 위임 시스템은 운전자가 언제든지 무력화 또는 비활성화할 수 있다*"는 원칙으로 자율주행차량의 운행 허가 발급을 조건으로 한다. 그러나 법에 따르면 "*운전자가 탑승하지 않은 경우, 신청자는 운전자가 차량 외부에 있음을 증명하는 증거를 제공해야 한다.*"

그러면 인간 '감독자(supervisor)'의 개념이 완전한 의미가 있다. 운전자가 차량 밖에 있는 경우, 운전자(또는 다른 사람)는 테스트 중에 차량을 감독해야 하며, 언제든지 제어를 회복하고, 장애가 발생한 경우, 즉시 개입할 수 있어야 한다.

그러므로, 물리적 의미에서 운전자의 위치는 중요하지 않다.

그러나, 자연인인 운전자의 요건은 현행법상 그대로 유지되는 것으로 보이며, 법인에 대한 운전자의 자질은 정하지 않는다.

7.5. '관리인'의 개념(The notion of the 'custodian')

관리인(custodian)의 개념을 소유자(owner)의 개념과 동화시키는 것이 일반적이며, 이는 특정 논리를 따른다. 관리권(custody)의 원래 개념은 물건 소유자(owner)의 책임을 기반으로 한다. 그러나 이 개념은 소유자(owner)가 차량을 운전하지 않는 때에도, 책임을 져야 한다는 점에서, 확실한 한계를 보여주었다.

개념이 진화되었다. 법적 관리권(또는 양육권)은 사람이 사물이나 사람에 대해 행사하는 사용, 통제 및 지시의 권한을 특징으로 한다. 이것이 Cour de Cassation에 의해 채택된 정의이다(CCass 판결, 2nd Civil Chamber, 2006년 10월 19일, 항소 번호 04-141777).

자율주행차량의 경우, 운전 업무의 전체 또는 일부를 이전할 수 있다. 운전자/승차자 및 차량 소유자와 함께 제조업체, 설계자, 감독자, 소프트웨어 설계자 등이 있다.

1946년에 Goldman의 논문에서 제시된 구분은 완전한 의미가 있다. 서로 다른 주요 구성요소 간의 책임 분담을 제공할 필요가 있다는 점에서 사물(그것의 구조)의 보관과 행동의 보관을 구분하는 것이 중요하다.

7.6. 어떤 책임 제도(What liability regime)?

제어 위임 차량의 맥락에서, 민사 책임에 관해 법률 문서상에 표시는 없다. 자율주행차량에 관한 책임이라는 개념에 대한 이러한 법적 공백은, 기존 법률과 제도를 고려할 때, 다음과 같은 가정을 하도록 유도하고 있다.

- **민법 제1242조의 규정에 따라 확립된 사실에 대한 책임**: "*우리는 자기 행동으로 인해 발생된 피해뿐만 아니라, 우리가 책임져야 하는 사람들의 행동으로 인해 발생된 피해, 또는 우리가 관리하는 것들에 대해서도 책임이 있다.*"

문제는 자율주행차량의 관리권을 결정하는 것이다. 행동(behavior) 관리(운전자 / 감독자 / 사용자)와 구조(structure) 관리(제조업체 / 자동차 디자이너 / 프로그래머 그리고 하청업체) 간의 차이를 설정하는 것이 필수적인 것으로 보인다.

이러한 구분은 연쇄적 책임을 결정하고 식별하는 데 필요할 것이다.

- **민법 제1245조의 규정에 따라 확립된 결함 제품에 대한 책임**: '*생산자는 피해자와의 계약 여부와 관계없이, 자신의 제품 결함으로 인한 모든 손해에 관한 책임을 진다.*', 그리고 제1386조 민법 중 -1: "*생산자는 피해자와의 계약 여부와 관계없이, 자신의 제품 결함으로 인한 손해에 관한 책임을 진다.*" 이 제도는 제품의 결함으로 인한 손상에 관해 제조업체의 책임 추정을 규정하고 있다. 자율주행차량은 앞서 언급한 책임 정의의 맥락에서 '제품'으로 식별될 수 있다. 그런데도, 언급된 세 가지 조건에 관한 증거가 필요하다. 제품의 안전 결함과 관련된 중대한 결함의 존재, 손상의 증거 및 둘 사이의 인과 관계.

- 1985년 7월 5일 자 Badinter Law No. 85-677은 교통사고 피해자의 상황을 개선하고, 보상 절차를 가속하는 것을 목적으로 하며, 육상 차량(LMV: Land Motor Vehicle)과 관련된 교통사고 발생 시에 적용된다. 이 법은 교통사고 피해자에 대한 특별 보상 제도를 마련하고 있다. 이 제도는 교통사고의 피해와 결과를 복구하는 것을 가능하게 한다. 세 가지 조건이 충족되어야 한다. 즉, LMV의 개입, 사고 및 LMV가 사고 자체에 관여한다. 그러나 자율주행차량의 경우에는 법이 엄격하게 적용되지는 않는 것 같다. 특히, '승객(passenger)'이라는 개념을 통합하여, 다양한 경우를 반영한 보다 균일한 보상 체계를 제공하기 위해, 운전자와 비운전자 구분을 폐지해야 한다.
- '로봇'의 행동에 대한 책임. 자율주행차량과 일반적으로 신기술의 사용은 법적 인격(legal personality)을 부여받은 로봇 자신의 책임을 고려하는, 특별 제도에 대한 아이디어를 제기하였다.

유럽 차원에서 시작된 이러한 반성은, 자율주행차량과 교통사고라는 엄격한 틀을 훨씬 넘어선 것이다. 그것은 로봇과 넓은 의미의 인공 지능에 초점을 맞추고 있다.

이 아이디어는, 2017년 2월 16일 의회에서 로봇화에 적용할 수 있는 민법 규칙에 관한 권고 사항을, 유럽 위원회에 제공하는 결의안 채택[1]으로 전달되었다. 로봇은 현재 법인과 마찬가지로 전용 등기부에 등재되고 자본이 부여될 수 있다. 자체 보험 혜택도 받을 수 있다.

[1] 2017년 2월 16일 유럽 의회 결의안, 로봇 공학에 적용되는 민법 규칙에 관한 위원회 권고 사항 (2015/2103(INL)).

이 결정은 많은 비판을 받았다. 2018년 4월 14일 유럽 위원회에 보낸 서한에서, 14개국의 200명 이상의 인공 지능 전문가, 변호사, 산업가, 과학자와 철학자가 로봇에 법적 지위를 부여하는 위험에 관해 경고하였다. 윤리에 관한 질문과 그 체제에 수반되어야 하는 권리와 의무에 관한 질문 외에도, 그 지위의 모호성에 관한 질문이 있다.

2020년 1월 17일에 공개된 유럽 위원회의 인공 지능 초안은 인공 지능에 관한 다음 정의를 채택하고 있다.

> 인간이 설계한 소프트웨어 시스템(하드웨어일 수도 있음)은 복잡한 목표를 부여받고, 실제 또는 디지털 세계에서 작업을 전개하여, 자료(데이터)수집을 통해 자신의 환경을 인식하고, 자신이 수집하는 정형 또는 비정형 데이터를 해석함으로써, 추론을 지식 또는 정보처리에 적용하여, 이 데이터에서 추론하고 미리 설정된 목표를 달성하기 위해 취해야 할 최상의 조치를 한다.

초안에서, 위원회는 이전에 의회에서 예상한 것처럼, 로봇에 법인격을 부여하는 것을 궁극적으로 배제하고 있다.

7.7. 자율주행차량 보험(Self-driving vehicle insurance)?

전문가들에 따르면, 자율주행차량의 보급은 궁극적으로 사고 건수를 줄이거나 감소시킬 수 있다고 한다. 도로 안전 측면에서 예상되는 효과는, 배치를 구조화하는 데 도움이 되었다.

KPMG(Autonomous Vehicle Readiness Index, 2nd Edition, 2019)에서 발표한 연구에 따르면, 자동차 사고의 거의 90%가 사람의 실수로 인한

것으로 알려져 있다.

도로교통과 관련하여 프랑스는 차량 소유자를 관련 사고로부터 보호하기 위해 의무 보험 원칙을 도입하였다. 이 강제적인 법적 틀은 1958년 2월 27일 법률 번호 58-208에 의해 도입되었으며,

1972년 4월 24일 지침 번호 72/166/EEC를 통해 유럽 연합의 모든 회원국에서 확립되었다.

일반적으로 '제3자 보험'으로 알려진 의무 보험은 육상 자동차('LMV'로 알려짐) 자격을 갖춘 모든 기계에 적용되며, 보험법 및 고속도로법의 규정이 적용된다.

LMV(육상 주행 차량)는 각각 다음과 같이 정의된다.

- 지상 주행을 목적으로 하는, 모든 자체 추진 차량으로, 철도 트랙에 연결되지 않은 상태에서 기계적 힘으로 작동될 수 있으며, 연결되지 않은 트레일러도 포함한다. (보험법 L211-1조).
- 철도를 주행하는 차량을 제외하고, 자체 수단으로 도로를 주행하는 무궤도 전차를 포함하여, 추진 엔진이 장착된 모든 육상 차량 (고속도로법 L110-1조).

다른 육상 자동차와 마찬가지로 자율주행차량도 의무 보험에 가입해야 한다. 그러나, 프랑스에는 현재 자율주행차량을 위해 특별히 설계된 보험이 없다. 자율주행차량의 사용은 보험의 세계를 뒤흔들 것이며, 특히 '위험'이라는 개념에 영향을 미칠 것이다.

보험법 및 고속도로법의 규정에 따라 육상 자동차(LMV) 기준이 자율 차량이 의무 보험이 적용되는 ‘차량’의 정의를 충족한다고 고려할 여지가 있다고 가정하면, 그러한 보험이 적용되는 법인에 관한 문제는 여전히 해결되지 않았다.

실제로 프랑스 보험법에는 보험 의무가 차량 자체가 아니라 자연인에게 부과된다고 명시되어 있다. 그러나 운전자의 부분적 또는 전체적 수동성을 초래하는, 인공 지능의 적극적인 역할은 자율주행차량의 운전자를 보호하기 위한, 보험의 보장에 필수적이다.

운영자(operator), 감독자(supervisor), 사용자, 운전자, 관리인(custodian), 제조업체, 하청업체, 소프트웨어 게시자 등, 다양한 이해 관계자들을 감안할 때, 자율주행차량과 관련된 사고에 대한 책임이 있는 사람을 결정하는 문제도 대단히 복잡하다.

의무 보험과 함께 선택 보험의 구현은, 자율주행차량과 관련하여 완벽하게 가능하다. 실제로, 계약상의 자유 원칙은 법률과 보험법에 규정된 공식적인 규칙을 준수해야 한다.

미래의 보험을 구상하는 것은 보험사의 몫이다. 보험은 수정된 위험뿐만 아니라, 연결 자동차와 관련된 위험, 그리고 사이버 위험과 같은 새로운 위험을 통합할 것이다. 자율주행차량은 아마도 해커 커뮤니티(사이버 범죄, 해킹, 차량 통제, 개인 데이터의 도난 등)의 호기심에서 벗어날 수 없을 것이다. 자동차 부문의 핵심 부품은 안전 관련 문제를 잘 알고 있다. 제조업체, 공공 기관, 프랑스 감독 기관, CNIL 및 국가 정보 시스템 보안국(ANSSI)은 이 주제에 노력을 집중하고 있다.

7.8. 개인정보와 자율주행차량 (Personal data and the autonomous vehicle)

2018년 5월 25일은 개인정보 보호를 위한 중요한 날이다. 그날 이후로 2016년 4월 26일의 일반 데이터 보호 규정(GDPR)은 기관 활동의 틀 안에서 수행되는 개인 데이터의 처리에 적용되었으며, 데이터 관리자는 EU 영토 안에서, 그리고 EU 외부에서도 정보를 처리한다.

이 유럽 규정은 형식적인 측면에서 중대한 변화를 나타내고 있다. 이제부터 규정에 언급된 모든 데이터 컨트롤러는 이를 준수해야 한다. 그때까지 지배적이었던 선언적 원칙은 사라졌다.

GDPR의 4조는 개인 데이터를 매우 광범위하게 정의하고 있다. 개인 데이터는 다음을 의미한다.

> **식별되거나 식별 가능한 자연인과 관련된 모든 정보**; 데이터 주제는 특히 이름, 주민등록 번호, 위치 데이터, 온라인 식별자, 또는 이들 자연인의 신체적, 생리적, 유전적, 정신적, 상업적, 문화적 또는 사회적 정체성을 표현하는, 여러 가지 특별한 특성 중 하나 등이다.

이름, 나이, 이메일 주소, IP 주소뿐만 아니라 운전 면허증 번호, 지리적 위치 데이터 등도 개인 데이터로 간주한다는 점을 빠르게 기억해 두자.

센서와 블랙박스가 연결된 자율주행차량도 개인정보 규제에서 면제되지 않는다. 기능을 수행하고 특정 기능을 보장하려면, 기본 기능이든 아니든, 데이터를 수집, 처리해야 한다.

차량 데이터 중에는 개인, 더 정확하게는 차량 소유자/운전자를 식별하기 위해 교차 확인이 가능한 한 개인 데이터가 있다.

차량의 자율성에 따라 역할과 기능이 달라지고, 운전자 행동을 '추적'할 수 있는 센서에서 얻은 데이터뿐만 아니라, 차량의 지리적 위치 및 수행된 여정에서 얻은 데이터도 참조한다.

따라서, 이 데이터의 수집 및 처리가 개인 정보 보호 위반의 주요 위험으로 보인다는 사실을 심각하게 반박할 수는 없다.

법적 및 규제 프레임워크는 악의적 및 무기한 수집으로부터 개인을 보호하기 위해 최선을 다할 것이다. 데이터 보존 한도는 자율주행차의 생존을 위한 필수 조건이다. 핵심 구성요소는 데이터 안전을 보장하고, 개인정보를 보호하고, 안전하게 보관할 수 있는 모든 수단을 제공해야 한다.

GDPR의 규정에 따른 데이터 보호는, 자율주행차량의 설계가 시작되는 첫 순간부터 고려되어야 한다. 주요 구성요소는 차량이 시행 중인 규정을 준수하도록 하는 데 유용하고 필요한 기능을 제공해야 한다.

특히, 모든 주의를 환기해야 하는 하나의 장비 장치가 있다. 이것이 자율주행차량의 블랙박스인 데이터 로거(data logger)이다.

공공 도로에서 제어 위임 차량의 실험을 목적으로 하는, 프랑스 법령(2018년 3월 28일)의 제11조에는 "차량에는 차량이 부분 또는 전체 제어 위임 모드로 구동되었는지 여부를 언제든지 확인할 수 있는, 기록 장치가 장착되어 있어야 한다."고 규정하고 있다.

데이터 로거에서 수집한 데이터는 성격이 다를 수 있다. 차량 자체에서 생성된 자료일 테지만, 다른 차량에서 생성된 데이터도 있을 것이다.

센서와 마찬가지로, 이는 자율주행차량 오작동의 원인을 찾는 데 필수적인 도구이다. 이 외에도 교통사고 재구성에 큰 관심이 있다.

데이터 로거뿐만 아니라, 차량에 이미 존재하는 다양한 로거(logger)는 오작동의 특정 원인을 정확하게 식별하고, 증거 수집을 위한 관련 방법을 나타내는 데 도움이 된다.

이는 차량 지리 정보의 분석, 차량 자동화 시스템 또는 기타 관련 기능의 활성화/비활성화, 차량에 대한 운전자의 행동(제동 시스템, 전화의 사용) 결정 등을 위한, 자동차 전문 지식의 맥락에서 기본적인 도구이다.

마지막으로, 소송의 경우 판사에게 분명하게 알려주고, 교통사고의 경우에는 책임(민사 및 형사)을 결정하는 한 가지 유형의 증거가 있다.

2018년 3월 법령에 따르면, 사고 전 5분 동안의 기록은 1년 동안 보관해야 한다. 현재, 법령 위반의 경우에, 보험사는 운전자의 동의 없이 데이터에 접근할 수 없다. 피해자 보상 프로세스의 핵심 구성요소인 보험회사는 중요한 정보에 대한 접근권한을 요구하고 있다. 그들에 따르면, 이러한 장치들은 사고 발생 시 책임 사슬을 더 쉽게 결정할 수 있다는 이점이 있다. 다양한 플레이어와 이해 관계자를 감안할 때, 자율주행차량에는 복잡한 책임 사슬이 있다.

그러나, 이 장치는 그 자체로 고결하기는 하지만, 제대로 보정되지 않고 잘못 제어된 사용의 경우에 초래될, 결과를 잊게 해서는 안 된다.

자유의 문제에서 항상 그렇듯이, 중재는 관련된 다양한 자유, 즉 정보의 자유에 대항하는 사생활 존중 사이에서 이루어진다. 최선의 이익을 보호하는 실행은, 이것이 유도할 수 있는 주관성의 부분과 타협해야 할 것이다.

자료(data)수집을 제한하고, 데이터의 무결성을 보장하고, 데이터의 삭제를 제공해야 하는 필요성 외에도 레코더가 수집한 데이터에 대한 제한적이고 통제된 접근을 유지하는 것이 필수적인 것으로 보인다.

2019년 12월 24일의 MOL(Mobility Orientation Law)에 따라, 사고 발생 시 장치의 데이터에 접근할 수 있다. 그래서

> 1985년 7월 5일 법률 제85-677호를 적용하여, 교통사고 피해자의 상황을 개선하고, 보상 절차를 가속하기 위한, 피해자 보상을 목적으로, 차량 제어 위임의 활성화 여부를 결정하는 데 엄격하게 필요한, 데이터에만 접근할 수 있다.

이 데이터는 사법경찰관과 대리인, 조사 및 보안을 담당하는 기관, 보험회사, 강제보험 보증기금이 접근할 수 있다. 이 데이터의 목적은 법률적 책임을 결정하는 것이다.

MOL(Mobility Orientation Law)은 자율주행차량에 관한 대책을 도입한다. 따라서, 정부는 헌법이 정하는 바에 따라, 법률의 범위에 해당하는 모든 대책을 마련하여 법률을 개정할 수 있으며, 해당 법률의 공포로부터 24개월 이내에 시행할 수 있다.

결론적으로, 자율주행차량에 데이터 로거의 대규모 도입은 개인 데이터 보호 및 더 일반적으로 사생활 보호에 관한 규정을 준수하도록, 엄격하게

감독 되어야 한다. 개인 데이터 보호 및 사생활 존중에 관한 규정 준수를 보장하는 것과 같은, 이러한 제한 사항은, 이 시스템을 필수 도구로 만들 것이다.

7.9. 통일된 법규의 필요성(The need for uniform regulation)

유럽 의회는 2017년 2월 16일 로봇 공학에 관한 민법 규칙(2015/2013 INL)과 관련하여, 위원회에 권고 사항을 포함하는 결의안을 제출하면서, 로봇 공학 및 인공 지능의 발전으로 인해 제기된 도전 과제를 강조하였다.

> 이제 인류는 로봇, 지능형 알고리즘, 안드로이드 및 기타 형태의 인공 지능이 점점 더 정교해지면서, 사회의 모든 계층에 영향을 미칠 새로운 산업 혁명을 일으키려 하는 것처럼 보이는 시대의 여명을 맞이하고 있다. 입법자가 혁신을 억제하지 않으면서, 이러한 혁명의 결과와 법적, 윤리적 영향을 조사하는 것은 근본적으로 아주 중요하다.

유럽과 초국가적 법적 체제의 연계 문제도 배제할 수 없다. 통일된 법적 제도가 없는 경우, 특히 유럽 영토에서 자율주행차량이 서비스에 진입하면, 이들의 사용의 일반화를 위태롭게 할 수 있다. 기대치가 높으므로, 이것은 당연히 바람직하지 않다.

2020년 6월 유엔 유럽경제위원회 세계포럼에서 프랑스를 비롯한 50여 개 국가가 '레벨 3' 자동차의 자동 차선유지 시스템에 대한, 구속력이 있는 규정을 채택하였다.- 블랙박스 장착 의무를 포함함. 이 규정은 제한속도 60km/h를 포함하여, 강력한 안전 요구 사항을 도입하고 있다. 이 규정은

2021년 초에 발효될 예정이다. 이 새로운 국제 규정은 자율주행차량의 배포에 중요한 단계를 나타내고 있다.

ㄴ ㄷ

ㄹ ㅁ

ㅅ

ㅌ ㅍ

ㅎ

영문

AI & ADAS 융복합 **자율주행차량의 하이테크**

초판 인쇄 | 2022년 6월 13일
초판 발행 | 2022년 6월 20일

지 은 이 | Abdelaziz Bensrhair · Thierry Bapin
옮 긴 이 | 김재휘
편 집 | 정승환

발 행 인 | 김길현
발 행 처 | (주)골든벨
등 록 | 제 1987－000018 호
I S B N | 979-11-5806-582-9
가 격 | 35,000원

이 책을 만든 사람들

디 자 인 | 조경미, 남동우
웹매니지먼트 | 안재명, 서수진, 김경희
공 급 관 리 | 오민석, 정복순, 김봉식
제 작 진 행 | 최병석
오 프 마 케 팅 | 우병춘, 이대권, 이강연
회 계 관 리 | 문경임, 김경아

㊥ 04316 서울특별시 용산구 245(원효로1가 53-1) 골든벨빌딩 5~6F
• TEL : 도서 주문 및 발송 02-713-4135 / 회계 경리 02-713-4137
편집· 디자인 02-713-7452 / 해외 오퍼 및 광고 02-713-7453
• FAX : 02-718-5510 • http : // www.gbbook.co.kr • E-mail : 7134135@ naver.com

이 책에서 내용의 일부 또는 도해를 다음과 같은 행위자들이 사전 승인없이 인용할 경우에는 저작권법 제93조 「손해배상청구권」에 적용 받습니다.
① 단순히 공부할 목적으로 부분 또는 전체를 복제하여 사용하는 학생 또는 복사업자
② 공공기관 및 사설교육기관(학원, 인정직업학교), 단체 등에서 영리를 목적으로 복제· 배포하는 대표, 또는 당해 교육자
③ 디스크 복사 및 기타 정보 재생 시스템을 이용하여 사용하는 자

※ 파본은 구입하신 서점에서 교환해 드립니다.

관련도서

자율주행의 모든것

자율주행 기초 지식(인공지능 및 센서의 역할), 자율주행 로드맵, 자율주행에 필요한 법률, 자율주행이 변화시켜 나갈 모습, 자동차 안전성, 멀티센서가 만드는 전방위 가상방어, 충돌안전, 세계의 충돌안전기준

자율주행자동차

자율운전 기술 개발의 흐름, 양산 자동차 기술을 기본으로 한 자율운전, 인간의 시각 및 운전상황에서의 탐사 능력, 자동차에서 안전지원 시스템용 센서의 기초, BMW 등 자율운전 실험차 인버터와 정류기, 와이어링, 점화코일, LED와 HID 램프, 리튬이온과 니켈수소 배터리

친환경 모빌리티 구조 원리 애니메이션

하이브리드카 · 전기자동차 · 수소연료전지차 관련 기초 전기 · 전자의 원리를 애니메이션으로 쉽게 볼 수 있다.
자동차 시스템 장치에 커서를 누르면 구조와 기능이 작동된다.

전기차 스펙 판독과 에너지 회생

전 세계 전기자동차의 구조와 하이브리드, 플러그 아웃, 효율적인 회생을 위한 메커니즘 연구, 에너지를 회생하는 방법, 배터리로 편성

찬환경전기동력자동차

친환경전기동력자동차 용어의 정의와 역사, 구동 전기기계, 연료전지자동차 시스템, 에너지 저장장치, 고전압 온-보드 회로의 구성 및 안전대책, 전동 파워트레인용 변속기

자동차 소음·진동

자동차 소음 · 진동의 개요와 기초 이론 / 인간의 청각기관과 심리음향 / 소음 · 진동의 측정 및 분석 / 파워트레인의 소음과 진동 / 가스교환 장치의 소음 / 타이어 · 도로의 소음과 진동 / 메카트로닉스 장치와 조작장치, 차체의 진동과 소음 / NVH 고장진단 및 수리

첨단자동차공학백과 시리즈

공학박사 김재휘 著

자동차가솔린기관
자동차디젤기관
전자제어연료분사장치
자동차섀시
자동차전기전자
카 에어컨디셔닝